JN099386

桑名由美【著】
吉積情報株式会社【監修】

グーグル ワークスペース
Google Workspace
完全マニュアル［第3版］

秀和システム

■本書の編集にあたり、下記のソフトウェアを使用しました

・Windows11　ブラウザ（Chrome）
・iOS 16.6
・Android13

上記以外のバージョンやエディション、OSをお使いの場合、画面のバーやボタンなどのイメージが本書の画面イメージと異なることがあります。

■注意

(1) 本書は著者が独自に調査した結果を出版したものです。
(2) 本書は内容について万全を期して作成いたしましたが、万一、ご不備な点や誤り、記載漏れなどお気付きの点がありましたら、出版元まで書面にてご連絡ください。
(3) 本書の内容に関して運用した結果の影響については、上記(2)項にかかわらず責任を負いかねます。あらかじめご了承ください。
(4) 本書の全部、または一部について、出版元から文書による許諾を得ずに複製することは禁じられています。
(5) 本書で掲載されているサンプル画面は、手順解説することを主目的としたものです。よって、サンプル画面の内容は、編集部で作成したものであり、全て架空のものでありフィクションです。よって、実在する団体・個人および名称とはなんら関係がありません。
(6) 商標
本書で掲載されているCPU、ソフト名、サービス名は一般に各メーカーの商標または登録商標です。
なお、本文中では™および® マークは明記していません。
書籍中では通称またはその他の名称で表記していることがあります。ご了承ください。

本書の使い方

このSECTIONの機能について「こんな時に役立つ」といった活用のヒントや、知っておくと操作しやすくなるポイントを紹介しています。

このSECTIONの目的です。

このSECTIONでポイントになる機能や操作などの用語です。

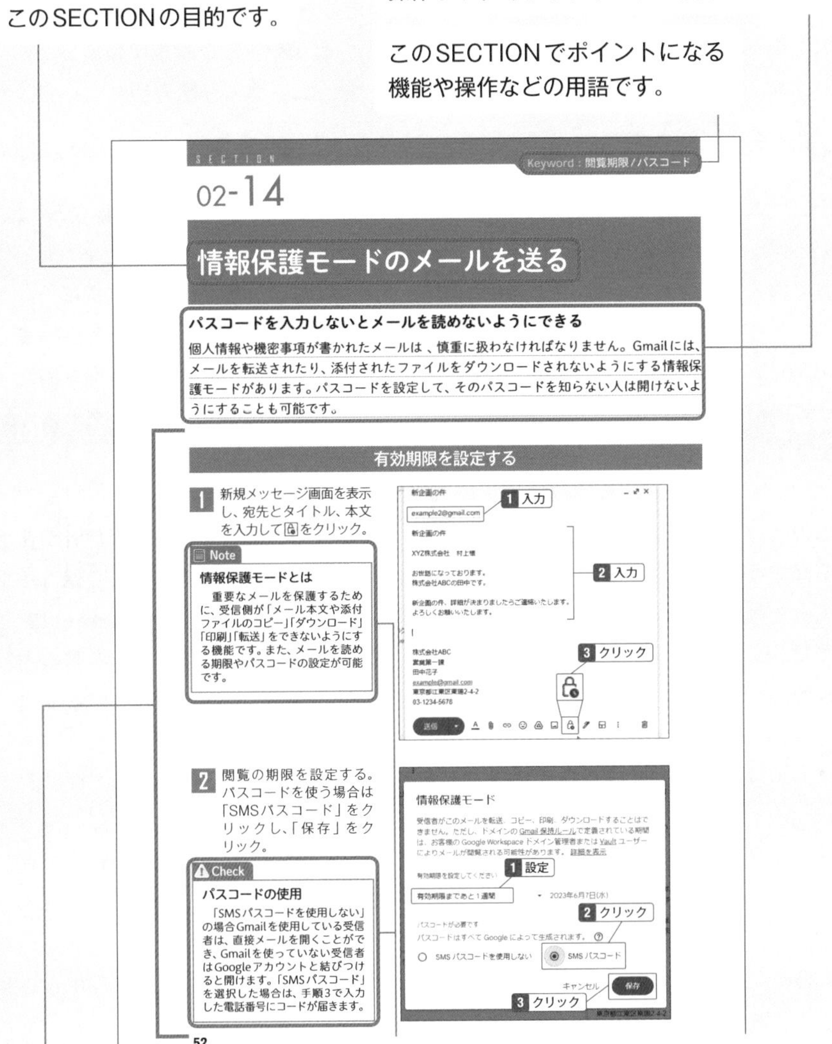
SECTION

Keyword：閲覧期限／パスコード

02-14

情報保護モードのメールを送る

パスコードを入力しないとメールを読めないようにできる

個人情報や機密事項が書かれたメールは、慎重に扱わなければなりません。Gmailには、メールを転送されたり、添付されたファイルをダウンロードされないようにする情報保護モードがあります。パスコードを設定して、そのパスコードを知らない人は開けないようにすることも可能です。

有効期限を設定する

1 新規メッセージ画面を表示し、宛先とタイトル、本文を入力して🔒をクリック。

Note

情報保護モードとは

重要なメールを保護するために、受信側が「メール本文や添付ファイルのコピー」「ダウンロード」「印刷」「転送」をできないようにする機能です。また、メールを読める期限やパスコードの設定が可能です。

2 閲覧の期限を設定する。パスコードを使う場合は「SMSパスコード」をクリックし、「保存」をクリック。

Check

パスコードの使用

「SMSパスコードを使用しない」の場合Gmailを使用している受信者は、直接メールを開くことができ、Gmailを使っていない受信者はGoogleアカウントと結びつけると開けます。「SMSパスコード」を選択した場合は、手順3で入力した電話番号にコードが届きます。

52

操作の方法を、ステップバイステップで図解しています。

用語の意味やサービス内容の説明をしたり、操作時の注意などを説明しています。

Check：操作する際に知っておきたいことや注意点などを補足しています。

Hint：より活用するための方法や、知っておくと便利な使い方を解説しています。

Note：用語説明など、より理解を深めるための説明です。

はじめに

IT技術の急速な進歩により、ビジネス環境が大きく変化しています。そのため、企業や組織には素早い適応力と効率的な生産性が求められています。その手段として、政府も推進するDXを導入することで、作業効率の改善や新たな収益源の創出が期待されます。しかしながら、準備期間や費用の面で懸念し、導入に踏み切れない企業が存在するのも事実です。

そこでおすすめしたいのが、「Google Workspace」です。「Google Workspace」は、DXを推進するための優れたツールと言えます。インターネット環境さえあれば、低予算で導入することができ、多くのビジネスニーズに対応可能な機能が豊富に用意されています。インターネットを使うので情報漏洩や改ざんが気になるかと思いますが、Google Workspaceは、情報の安全性に配慮し、最新のセキュリティ基準を満たすように設計されています。また、社内の管理者がデータを監視し、不正アクセスに対処できる仕組みも備わっているので、万が一の際にも安心です。

本書は、Google Workspaceの解説書です。一般ユーザーだけでなく、管理者が使用する機能も紹介しています。Chapter01 でGoogle Workspace の概要と登録方法を解説した後、Chapter02から11で各アプリの基本操作を紹介します。Chapter12 と13では、管理者の操作方法を解説しました。さまざまな機能があるので、業務の内容や目的、従業員数などに合わせて必要な機能を選んで活用してください。

さらに今回は、吉積情報株式会社の皆様に監修のご協力と、巻末に『プロに聞く「Google Workspace」で変わるビジネス』を寄稿していただきました。実際の運用経験を持つ方々からのメッセージは、Google Workspace導入を検討中の皆様への貴重な道しるべとなるでしょう。

本書によって、皆様の業務が効率的になり、より効果的なビジネスが実現することを心より願っております。

2023 年9月

桑名由美

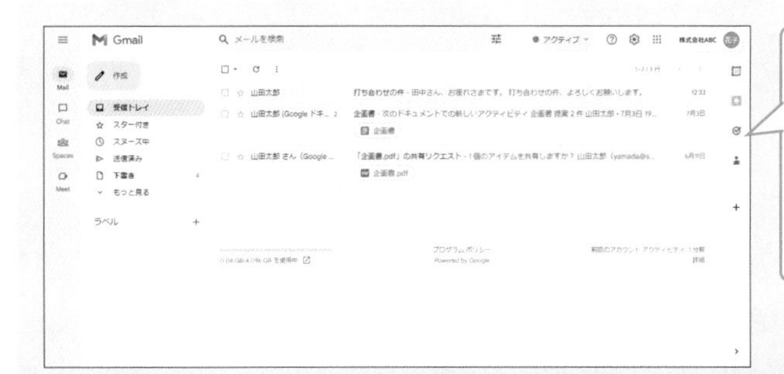

Googleアプリでも特に利用者の多い「Gmail」。検索やセキュリティに優れているだけでなく、ドライブやカレンダーなど他のGoogleアプリともスムーズに連携できる。

今や日常的に行われるようになったビデオ会議のための「Google Meet」。画面共有や録画、文字でのチャットなど、ビデオ会議に必要な機能がすべて揃っている。

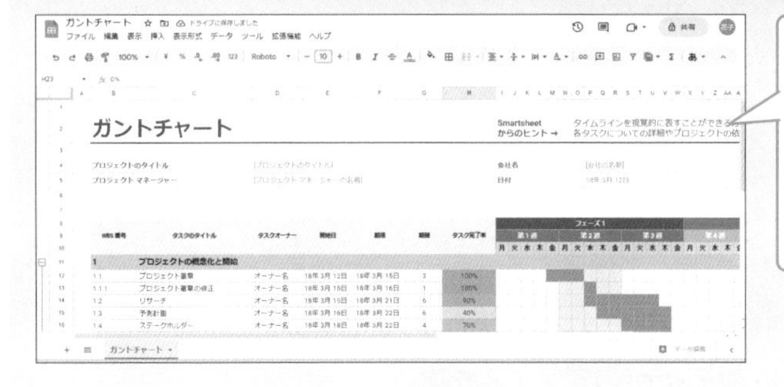

ビジネスシーンにおいて、使用頻度の高い表計算ソフト。Googleの「スプレッドシート」では、Microsoft Excelのようにグラフの作成や関数など、一通りのことができる。

Google Workspaceのサービスを一元管理できる「管理コンソール」。アカウントや支払いの管理などを行える。管理者としての権限を持っているユーザーのみが使える。

目次

Chapter04 「Google Meet」でビデオ会議を行う

Chapter13　安全に使うための管理とセキュリティ強化を行う

SPECIAL　プロに聞く「Google Workspace」で変わるビジネス

Chapter

01

グループウェアサービス「Google Workspace」とは

Googleが提供する「Google Workspace」は、多くの企業で使われているビジネスツールです。Google Workspaceを導入すれば、ユーザーとデータを一元管理することができ、仕事の効率化やセキュリティの強化を図ることができます。利用するには有料となりますが、試用期間があるので、まずは登録して試してみるとよいでしょう。このChapterでは、Google Workspaceの概要と登録作業について解説します。

01-01

Google Workspaceの概要

データの利用と共有、管理に最適なツール

無料のGmailやGoogleカレンダーを使っている人でも、Google Workspaceについて詳しくない人も多いと思います。そこで、まずはGoogle Workspaceとはどのようなものかを説明しましょう。また、Google Workspaceを使うとどのようなメリットがあり、どのようなことができるかも紹介します。

Google Workspaceとは

Google Workspaceは、Google社が提供するグループウェアサービスです。通常、グループウェアを導入するには時間と費用がかかりますが、Google Workspaceの場合はすぐに始めることができ、しかも月払いの安価な料金で利用できます。

GmailやGoogleカレンダーなどは、無料のアカウントでも使えますが、Google Workspaceには無料版の機能に加えてビジネス向けの機能が追加されています。たとえば、外出している日時をGoogleカレンダーに設定しておくと、出席できない会議への招待が来たときに辞退のメールが自動返信されます。また、プランによっては500人までのビデオ会議ができるので、わざわざ会場を用意して大人数を集める必要がなくなります。

アプリを利用する側だけでなく、管理する側の機能も充実しており、管理者は管理コンソール画面を使って、ユーザーのアプリ利用状況やログイン状況、不審なアクセスなどを常にチェックすることができます。

Google Workspaceのメリット

最大のメリットは、リモート環境での仕事に適しているという点です。自宅で仕事をする場合や出張中の場合でもデータにアクセスして作業ができ、他の社員と共同作業をしたり、ビデオ会議で話し合いができたりなど、会社にいなくても同僚と仕事ができる環境を作れます。

安全面が心配かもしれませんが、Google Workspaceは厳格なプライバシー基準とセキュリティ基準に準拠して設計されているので安心して利用できます。また、Google では、複数の独立した第三者機関による監査を定期的に受けているので、セキュリティやプライバシー、コンプライアンスの管理も維持されています。万が一、トラブルが発生した場合でも、Google Workspaceの全プランにサポートが付いているので安心です。

ユーザー	メール	会社ドメインを使ったアドレスでメールのやり取りができる。
	文書作成	ブラウザ上で文書を作成し、そのまま Google ドライブに保存できる。また、リアルタイムでの共同編集なども可能。
	データの共有	Google ドライブにアップロードしたデータを社員で共有して使うことができる。
	アプリ間の連携	メールで届いた会議の予定を Google カレンダーに書き込んだり、Google カレンダーから Google Meet のビデオ会議を開始したりなど、アプリ間で連携している。
	ビデオ会議	同じ場所にいなくても、インターネットを使って他の社員の顔を見ながら会議ができる。
管理者	ユーザーの管理	社員を Google Workspace ユーザーとして登録し、社員と使用データを管理コンソールという画面で管理できる。
	管理の役割分担	社員数が多い会社では、1 人の管理者では管理しきれないので、役割を分担することが可能。
	モバイル端末の管理	会社の端末としてスマホやタブレットなどを登録して管理できる。
	レポート	組織内のアプリの使用状況や操作ログを見ることができる。
	セキュリティ	紛失時や悪意のある侵入からデータを守るために高度なセキュリティ設定ができる。

Note

Google Workspace for EducationとGoogle Workspace Essentials Starter

Google Workspace for Educationは、教育機関向けのGoogle Workspace で、学校内の連携やオンライン授業のツールとして小中学校などで使われています。プランには、「Education Fundamentals」「Education Standard」「Teaching and Learning Upgrade」「Education Plus」があり、「Education Fundamentals」は、利用資格がある機関なら無料で利用できます。

また「Google Workspace Essentials Starter」というものもあり、こちらは100人までのチームで使用するエディションで、会社のアドレスを使って使用します。無料ですが、Gmailは含まれず、ストレージ容量が1人あたり15GBです。有料のEnterprise Essentialsにすると1TBまでです。

本書では、多くの企業で使われている「Google Workspace」で解説を進めます。

Google Workspaceのプラン

企業向けのGoogle Workspaceには、「Business Starter」「Business Standard」「Business Plus」「Enterprise」のプランがあります。いずれも同じようにアプリが使えますが、プランによってGoogleドライブの容量やビデオ会議に参加できる人数などが異なります。また、「Business Starter」では、「ビデオ会議の録画」やGoogle Workspace内を検索できる「Cloud Search」などが使えません。

すべてのプランに「2段階認証プロセス」や「グループベースのポリシー管理」「高度な保護機能プログラム」が含まれ、それに加えて「Enterprise」プランには「ライブストリーミング」や「データ損失防止（DLP）」、「Cloud Identity Premium」、「S/MIME暗号化」など大規模ビジネスに適した機能が含まれています。

いずれのプランもサポート付きで、Business Standard以上は24時間365日対応しています。なお、「Enterprise」についてはネットからは申し込めないので、希望する場合はGoogle営業担当者または販売パートナーに問い合わせてください。

各エディションの比較は（https://support.google.com/a/answer/6043385）を参照してください。

Google Workspaceのプラン	月額料金（1ユーザーあたり）	ユーザー数の上限	クラウドストレージ
Business Starter	680円	300	30GB
Business Standard	1,360円	300	2TB
Business Plus	2,040円	300	5TB
Enterprise	問い合わせ	上限なし	要相談

Note

Google Workspace Individualとは

Google Workspace Individualは、個人事業主や小規模ビジネス用のGoogle Workspace有料プランです。誰でも申し込むことができ、ビデオ会議の録画やブレイクアウト、カレンダーの予約機能は使えるのですが、ドメインが入るメールアドレスは使えず、1ユーザー向けなので本書の後半で解説する管理操作はできません。無料のGoogleアカウントでは足りない場合に選択するプランです。

Google Workspaceで使える主なアプリ

●Gmail（Chapter02）

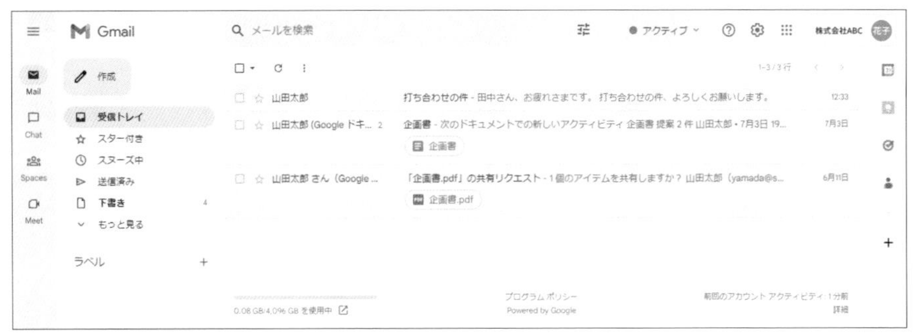

▲メールの送受信ができるアプリ。検索機能や迷惑メール防止機能が優れている。

●Googleカレンダー（Chapter03）

▲予定や仕事を管理するカレンダーアプリ。他のユーザーと予定を共有することが可能。

●Google Meet（Chapter04）

▲カメラとマイクを使って離れた場所で会議ができるオンライン会議アプリ。

●Googleチャット（Chapter05）

▲文字でのやり取りができるチャットアプリ。

●Googleドライブ（Chapter06）

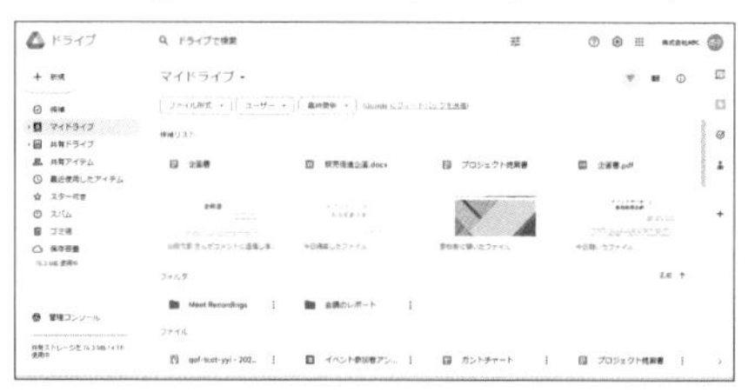

▲ネット上にファイルを保管して利用できるオンラインストレージ。

●Googleスプレッドシート（Chapter07）

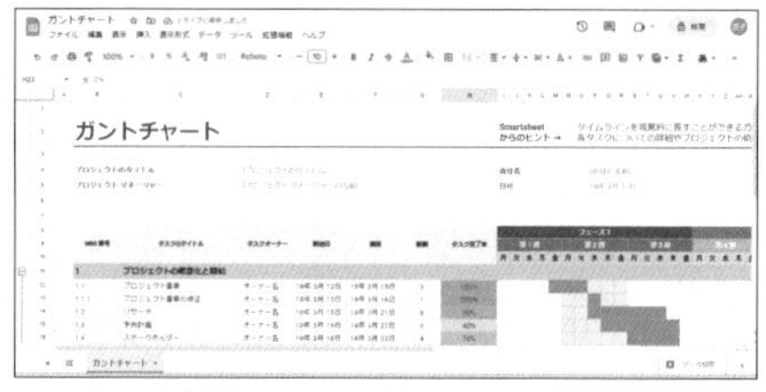

▲入力した数値を元に計算やグラフの作成ができる表計算アプリ。

●Googleドキュメント（Chapter08）

▲文書を作成できるワープロアプリ。

●Googleスライド（Chapter09）

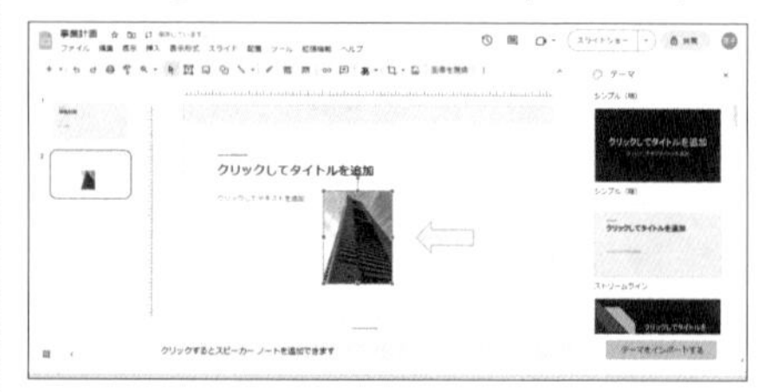

▲プレゼンテーション用のファイルを作成できるアプリ。

●Googleフォーム（Chapter10）

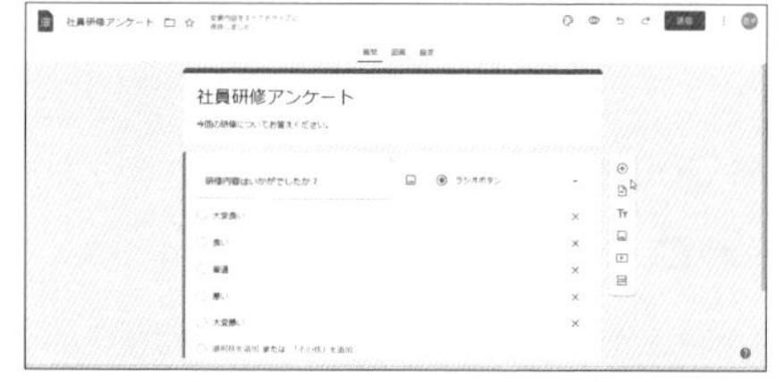

▲アンケートフォームやテスト問題などを作成できるアプリ。

●Googleサイト（Chapter11）

▲ホームページを作成できるアプリ。社内専用にすることもネット上に公開することも可能。

Check

Google Workspaceの サポート対象ブラウザ

Google Workspaceがサポートしているブラウザは、「Chrome」「Firefox」「Safari」「Microsoft Edge」ですが、Chrome以外は、対応していない機能もあるので、Googleが提供しているChromeを使用することをおすすめします。

Google Workspaceの管理画面

●管理コンソール（Chapter12、13）

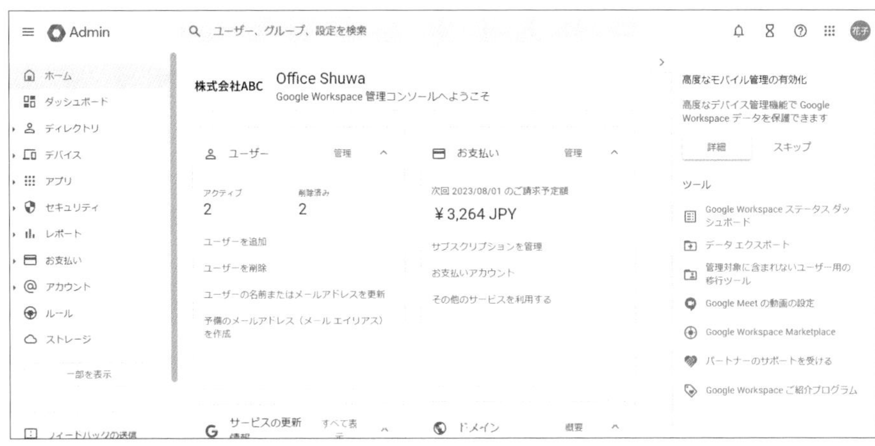

▲Google Workspaceの管理者はこの画面を使ってユーザーを管理する。

Hint

Google Workspaceに関する問い合わせ

　Google Workspaceのすべてのプランでサポートを利用できます。不明な点がある場合は、管理コンソール画面の右上にある ⓘ をクリックし、「サポートに問い合わせる」をクリックして問い合わせ内容を送信してください。

Hint

自然すぎて気付かない Google Workspace のコアサービスはAIが満載

　ChatGPTの出現以降、世間のAIへの興味が高まっています。 Google も Duet AI という Google Workspace のさらなるAIサービスを発表しました。

　しかし、現在利用できる Google Workspace はそもそもAI機能を中心としたサービスといっても過言ではありません。

　たとえば、Gmail では、AIがスパムメールを自動的に分類したり、重要なメールを優先的に表示したりします。宛先の追加提案をしたり、簡単な返信文章なども提案してくれます。

　Google ドキュメントでは、AIがスペルミスや文法ミスを自動的に修正したり、Google スプレッドシートでは、AIがデータの分析や予測を行う機能を提供します。

　Google カレンダーでは、ゲストの空きスケジュールからおすすめの会議時間や会議室の提案も行います。

　またGoogle ドライブ では自分がよく使うデータなどを分析し、候補として提案してくれるスペースもあります。

　Google Workspaceは、ユーザーの作業をより効率的かつ創造的に行うための強力なツールです。

　そのコアサービスはAI機能によって支えられており、今後もAI機能を継続的に強化していく予定です。

　それにより、ユーザーの利便性向上やビジネスの成長に貢献していくことが期待されています。

01-02

Google Workspaceを開始する

無料で試して気に入れば契約しよう

Google Workspaceを始めるには、会社名や住所などの登録が必要です。また、Google Workspaceを管理する人が必要なので、そのためのアカウントを登録時に作成します。試用期間内は利用料が発生しないので安心してください。

Google Workspaceの無料試用を開始する

1 https://workspace.google.co.jp/にアクセスし、「無料試用を開始」をクリック。

2 会社名を入力し、従業員数を選択して「次へ」をクリック。

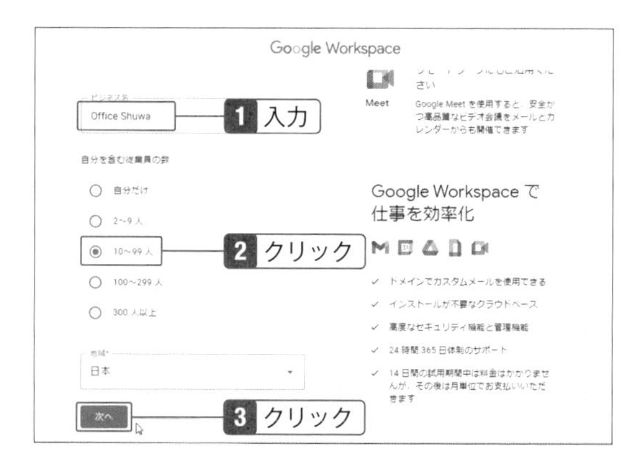

Check

Google Workspaceの無料試用

Google Workspaceは、14 日間の無料試用期間があります。試用期間中は10人までのユーザーを登録でき、アプリを利用する側の機能と、管理する側の機能の両方を試すことができます。試用期間中に利用料を請求されることはありません。なお、ここでの操作で進めると「Google Workspace Business Standard」の試用となります。他のプランを試したい場合は、メニューの「お支払い」→「その他のサービスを利用する」の画面で、試したいプランの「無料試用を開始」をクリックします。本書では「Google Workspace Business Standard」をメインに解説しています。

3 管理者の名前とメールアドレス、会社の電話番号(手順2で10人以上を選択した場合)を入力し、「次へ」をクリック。

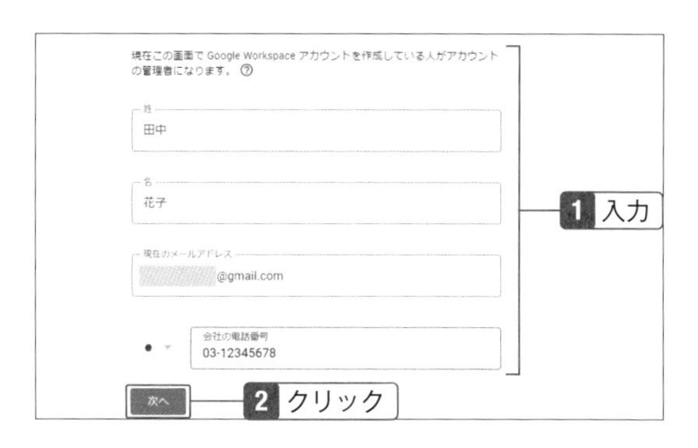

Check

使用アドレス

手順3の後で「会社アドレス」か「Gmailアドレス」かを選択できますが、本書では「会社アドレス」を選択します。

4 「使用できるドメインがある」をクリック。

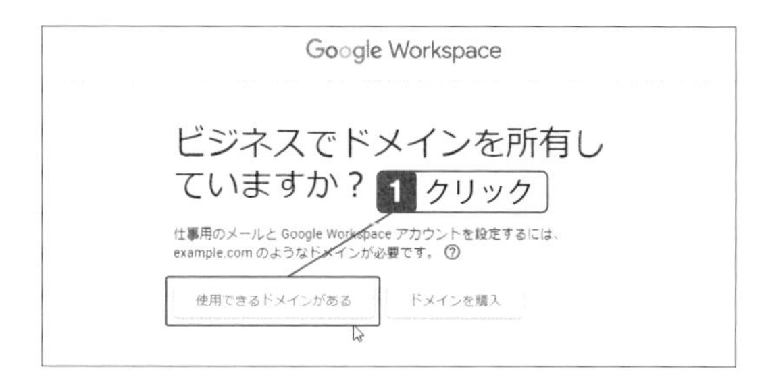

5 ドメイン名を入力し、「次へ」をクリック。

Note

ドメインとは

ドメインは、ホームページのアドレスの末尾にあたる部分です。たとえば、https://www.shuwasystem.co.jp/ の場合、「shuwasystem.co.jp」がドメインとなります。また、メールアドレスの@の以降にもなります。

Hint

ドメインを取得していない場合

まだドメインを取得していない場合は、お名前.com (https://www.onamae.com/) やXserverドメイン (https://www.xdomain.ne.jp/) などのドメイン取得サービス会社で取得してください。Googleのドメインサービスを利用する場合は、手順4で「ドメインを購入」を選択し、希望のドメイン名を検索して指定し、契約することができます。なお、ドメインを購入するとその日から利用開始となり、1年契約でドメイン使用料を支払うことになります。

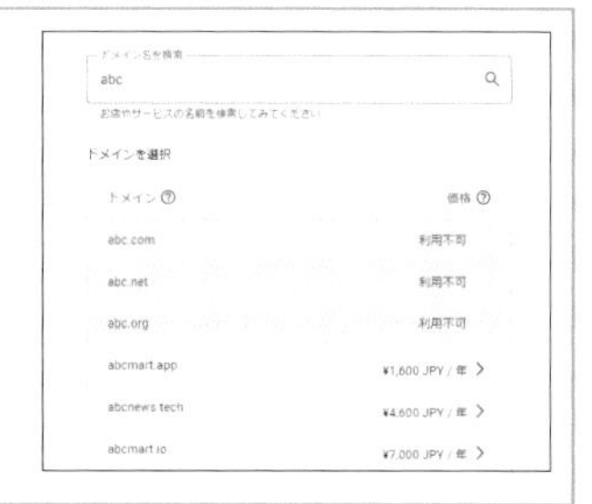

6 ドメイン名を確認し、「次へ」をクリック。次の画面でお知らせを受け取るか否かを選択。

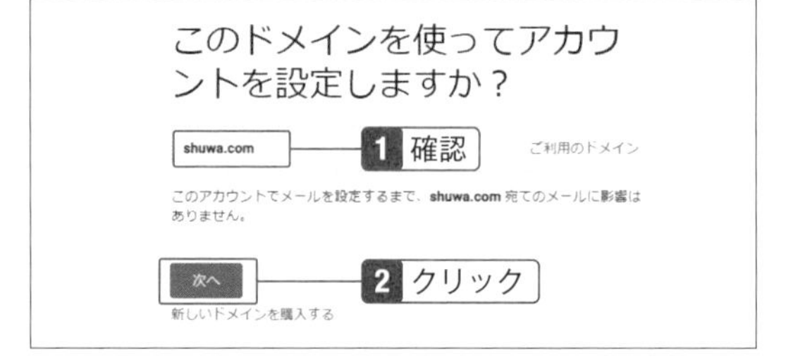

7 ユーザー名とパスワードを入力し、「私はロボットではありません」にチェックを付けて、「同意して続行」をクリック。

Check

画像が表示された

「私はロボットではありません」にチェックを付けたときに画像が表示された場合は、指示に従って該当する画像（信号機や横断歩道など）をクリックします。

8 「設定を続行」をクリック。

9 「理解しました」をクリックし、次の画面で「次へ」をクリック。次のSECTIONに続く。

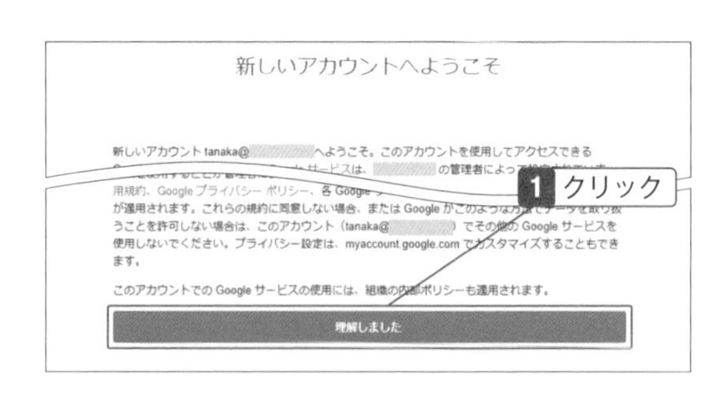

Google Workspaceを設定する

会社のドメインでアプリを使えるようにする

Google Workspaceのメールアドレスを使って送受信するには、使用しているドメインサービスのDNSサーバーにMXレコードを追加します。また、ドメイン所有権を証明する必要があるのでここで一緒に設定しましょう。ここではドメイン取得サービス「お名前.com」を例に解説します。

DNSサーバーにレコード値を追加する

1 「保護」をクリック。

2 「ドメインを保護」をクリック。

Note

所有権の証明

第三者がそのドメインを使ってGoogle Workspaceに申し込めないようにするために、ドメイン所有者であることの証明を必須としています。

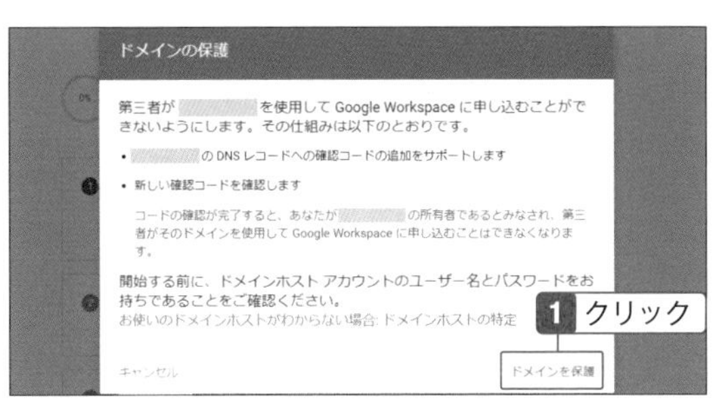

3 「次へ：手順2に移動」をクリック。

Check

解説画面について

執筆時点での画面で解説しています。今後、画面と操作方法が変わる場合があります。

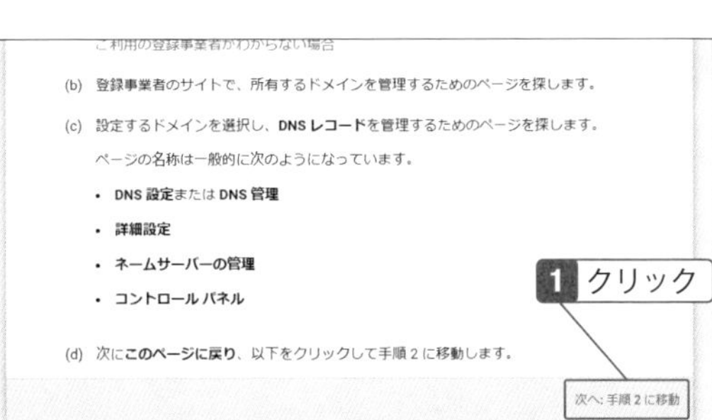

4 画面に表示されているレコードをクリックしてコピーする。

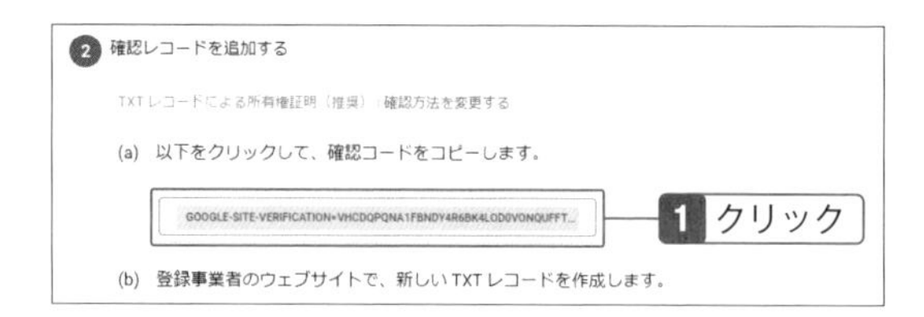

5 使用しているドメインサービスのDNSレコードの設定画面にアクセスし（ここではお名前.com）、指定された通りに入力して「追加」をクリック。その後画面下部のボタンで保存する。

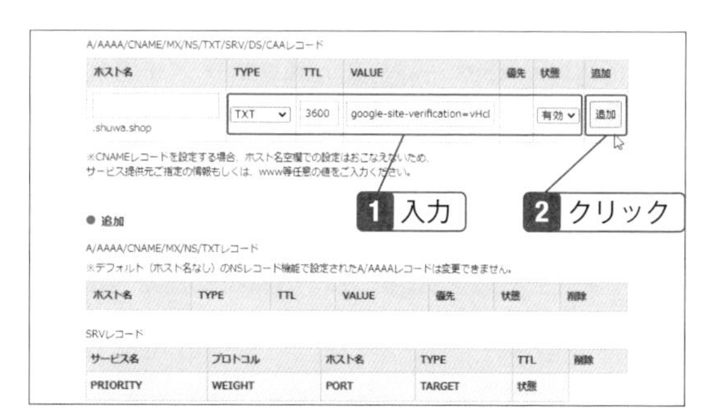

Check

レコードの設定

利用しているドメイン取得サービスの管理画面で設定します。たとえば、お名前.comの場合は、管理画面上部の「ドメイン」→「機能一覧」→「DNS関連機能の設定」をクリックし、ドメインを選択して「次へ」をクリックします。「DNSレコード設定を利用する」の「設定する」をクリックした画面に入力します。なお、反映されるまでに時間がかかる場合があります。

6 Google Workspaceの画面に戻り、「続行」をクリック。

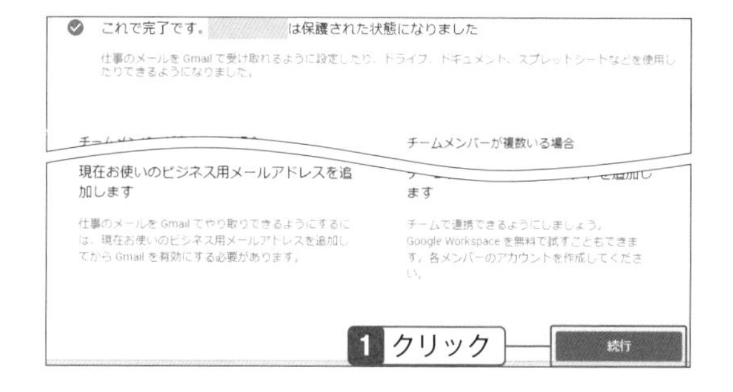

7 次の画面で「〇〇におけるGmailの有効化」の「有効化」をクリック。

8 「GMAILを有効にする」をクリック。

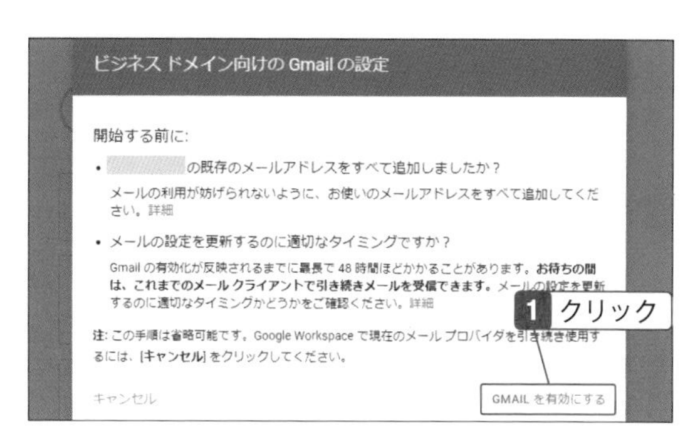

Note

MXレコードとは

MX レコードは、メール送信の際に郵便局のような役割を果たします。誰かがメールを送信すると、MX レコードに沿ってメールが Gmail の受信トレイに配信されます。

9 「次へ：手続2に移動」をクリック。

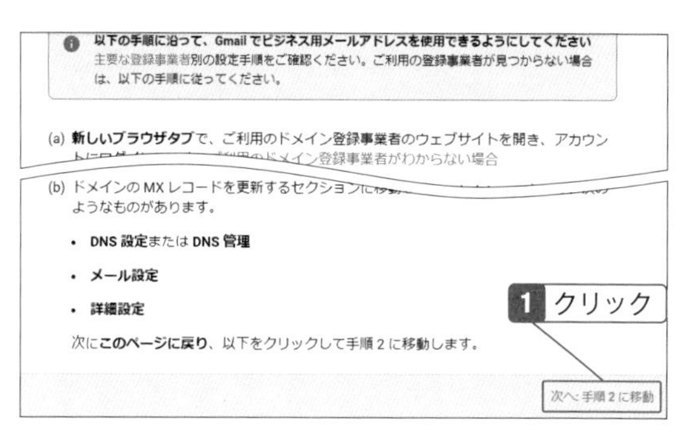

10 画面に記載されているMXレコードをコピーする。

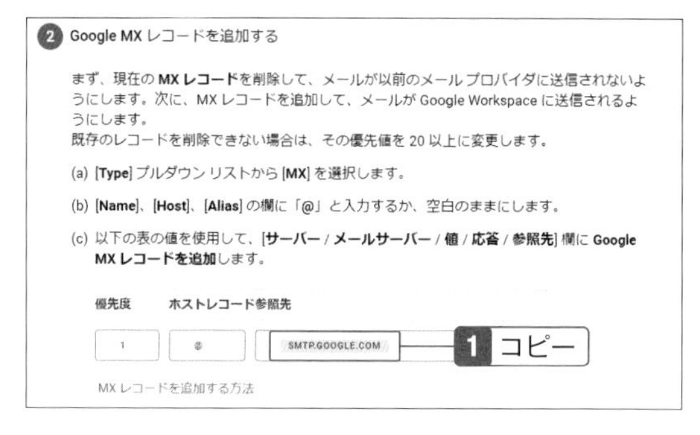

11 DNSサーバーの設定画面に移動し、MXレコードを入力して「追加」をクリック。その後下部のボタンで設定を保存する。

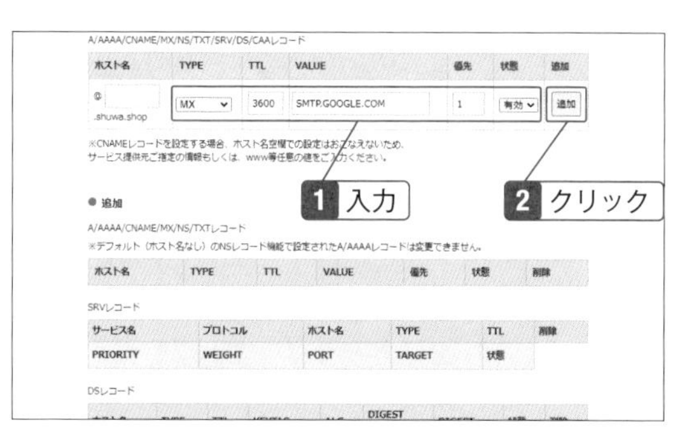

12 設定が済んだら、Google Workspaceの画面に戻り「GMAILを有効にする」をクリック。

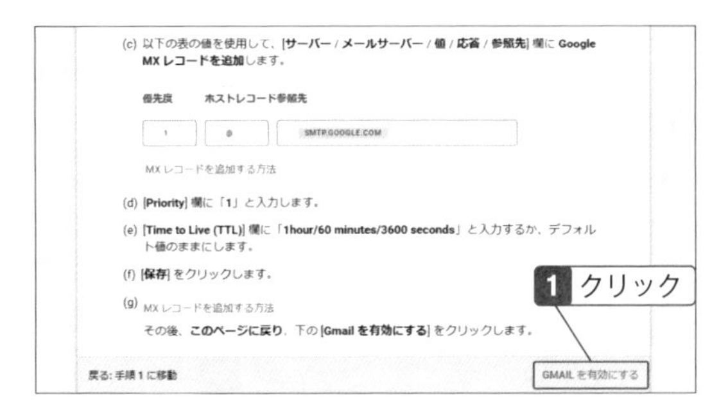

13 Gmailが有効になった。「完了」をクリック。

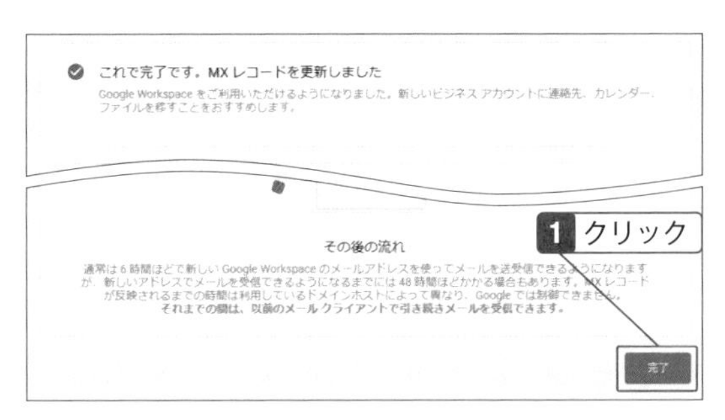

14 「または後で設定する」をクリック。画面左上の「Admin」をクリックすると管理画面が表示される。

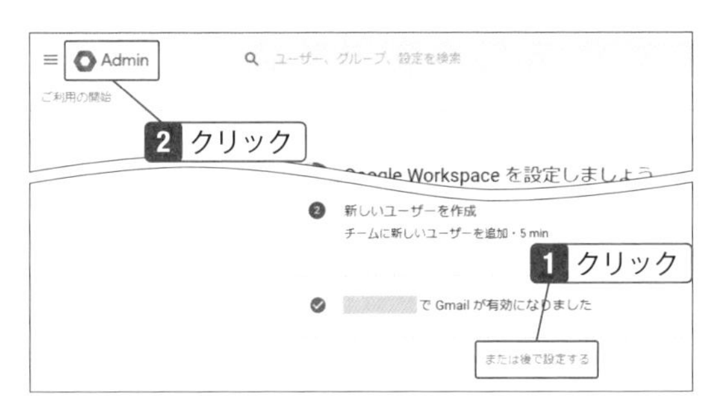

Check

Google Workspaceを解約するには

お試しだけで、正式に使わない場合は、メインメニューの「お支払い」→「サブスクリプション」をクリックします。プランをクリックし、左下の「その他」をクリックして「サブスクリプションをキャンセル」をクリックします。続けて、「サブスクリプションを解約」をクリックし、次の画面で解約の理由を選択し「続行」をクリックします。最後の画面でチェックを付け、管理者のメールアドレスを入力して「サブスクリプションを解約する」をクリックします。

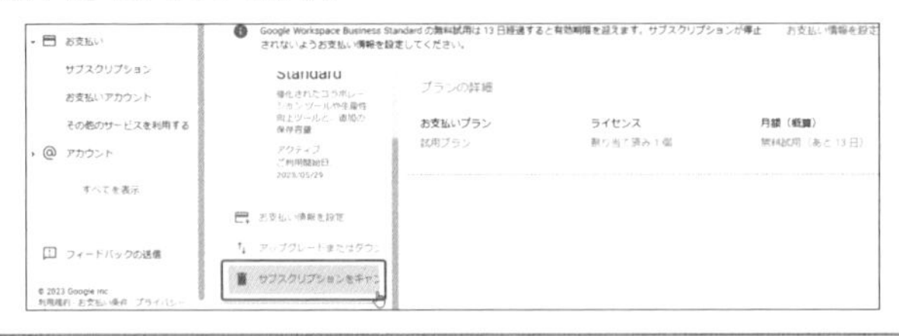

Chapter

02

「Gmail」で会社でも外出先でもメールをやり取り

Google Workspaceで使えるアプリの中で、ユーザーがよく利用するのがメールアプリのGmailです。Gmailは、目的のメールを素早く検索することができ、迷惑メールの排除機能も優れているので、個人だけでなくビジネスにおいても高く評価されています。このChapterでは、Gmailの基本的な操作について解説します。

Gmailの概要と画面を確認する

Gmailは多機能のメールサービス

まずはGmailにアクセスしてみましょう。機能は豊富にありますが、画面自体は比較的シンプルで、誰でも使いやすい構成になっています。無料アカウントで使えるGmailとほぼ同じ操作ですが、本書ではGoogle Workspaceのアカウントでログインした状態で解説します。

Gmailとは

Gmailは、Googleが提供しているメールサービスです。目的のメールを素早く探し出すことができ、迷惑メールを遮断する機能も優れています。Googleドライブやカレンダーと連携しているので、ドライブに保存してある大容量のファイルを送ったり、メールで届いた内容をカレンダーに追加するなども可能です。指定した時間に送信できる機能やパスワードがないとメールを開けないようにする機能など、高度な機能も備わっています。

1 https://google.com にアクセスし、「Gmail」をクリック。

Hint

Gmailを開く方法

各アプリの右上の「Googleアプリ」ボタンをクリックした一覧から開くこともできます。また、管理者がカスタムURLを設定している場合は指定されたアドレスでアクセスできます。

2 Google Workspaceのアカウントでログインする。

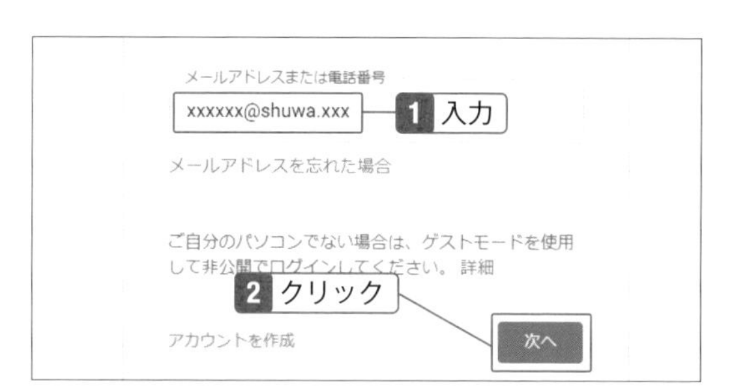

Check

スマート機能とパーソナライズ

はじめてGmailを開くと、「スマート機能」と「他のGoogleサービスをパーソナライズ」を使用するか否かのメッセージが表示されます。スマート機能は、宣伝メールの振り分けやスマートリプライ（返信文の候補）が使えるので有効にすることをおすすめします。他のGoogleサービスをパーソナライズは、メールやチャットのデータに基づいて、レストランの予約をGoogleマップに表示したり、Google Travelに旅行プランを表示するなどです。使わなければオフでかまいません。

後から設定を変える場合は、設定画面の「全般」タブにある「スマート機能とパーソナライズ」「他のGoogleサービスのスマート機能とパーソナライズ」で変更できます。

Gmailの画面構成

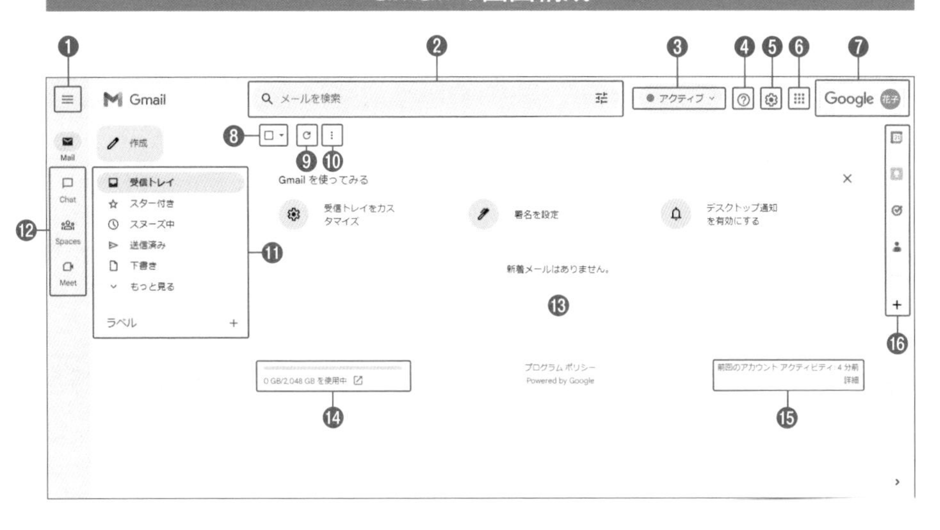

❶**メニューの表示・非表示**：クリックして、メニューを閉じる、または開く

❷**検索ボックス**：キーワードを入力してメールを検索できる

❸**ステータスインジケータ**：ミュートの切り替えやチャットの通知設定ができる

❹**サポート**：お知らせやヘルプを見ることができる

❺**設定**：Gmailの設定を変更する際に使用する

❻**Googleアプリ**：Googleの他のサービスを利用するときは、ここから移動できる

❼**Googleアカウント**：クリックすると、ユーザー名の確認やログアウト、アカウントの追加などができる

❽**選択**：すべてのメールを選択するときに使う

❾**更新**：最新のメールを確認できる。

❿**その他**：クリックするとすべてのメールを既読にできる。メールを選択している場合は、クリックすると未読にしたり、スターを付けたりできる

⓫**メインメニュー（折りたたみサイドパネル）**：送信済みメール、下書きメール、ラベルを付けたメールなどに切り替えるときに使う

⓬**メインメニュー（アプリ）**：Mail、Chat、Spaces、Meetメール、チャット、Meetの画面に切り替える

⓭**メールリスト**：ここにメールの一覧が表示される

⓮**容量の表示**：Gmailの容量をどのくらい使ったかがわかる

⓯**アクティビティ**：前回ログインした日時や他の端末からのログイン数が表示される

⓰**サイドパネル**：カレンダーやToDoリストなどのツールを使用するときにクリックする

メールを送信する

メールの形式は2タイプある

Gmailで作成するメールには、文字を装飾できる「リッチテキスト」とテキストのみの「プレーンテキスト」があり、設定を変更しないとリッチテキストで作成されます。また、メールが自動保存されるので、万が一途中で画面を閉じてしまっても、下書きとして残っているので安心です。

リッチテキストのメールを送る

1 「作成」をクリック。

2 送り先のメールアドレスを入力。続いて件名と本文を入力し、「送信」をクリックするとメールが送られる。

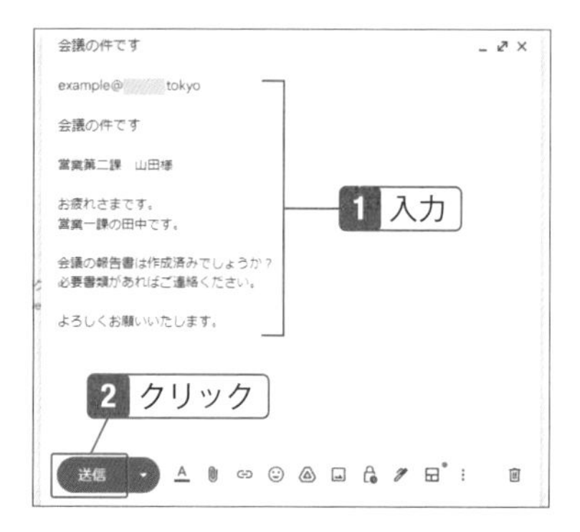

Hint

文字を装飾するには

リッチテキストのメールは、文字サイズを変えたり、色を付けることができます。文字をドラッグして選択し、「書式設定オプション」をクリックします。「サイズ」をクリックすると文字サイズを変更でき、「テキストの色」をクリックすると色を選択できます。

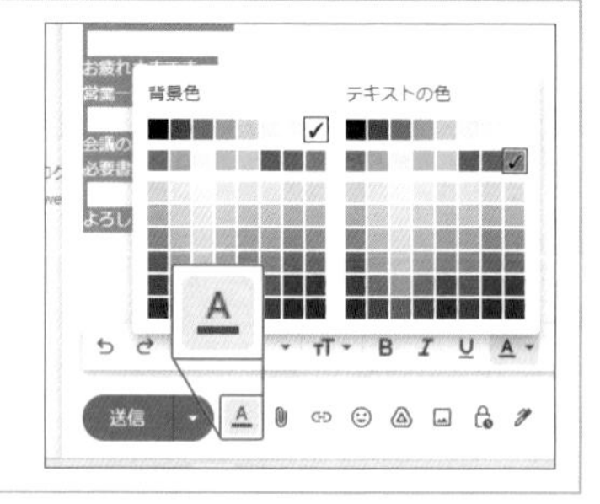

テキスト形式のメールを送る

1 「その他のオプション」をクリックし、「プレーンテキストモード」をクリック。

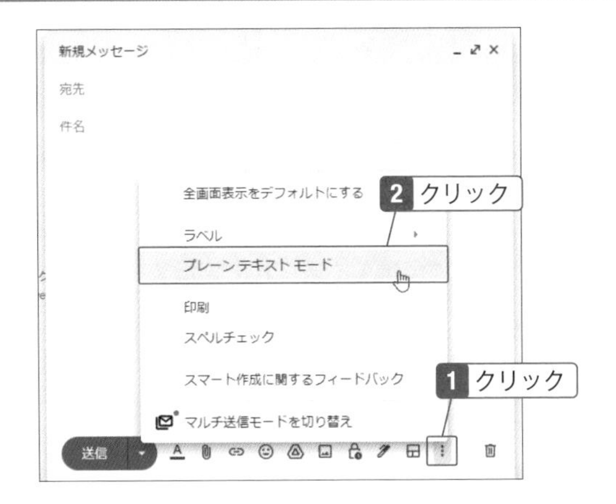

Note

プレーンテキストモード

プレーンテキストは、文字だけのシンプルなメールで、文字サイズを変えたり、色を付けたりなどができません。ビジネスでは、シンプルなメールの方が好まれるので、テキスト形式で送る人もいます。

2 一瞬だけ「書式なしのテキスト」と表示される。文章を入力して送信する。

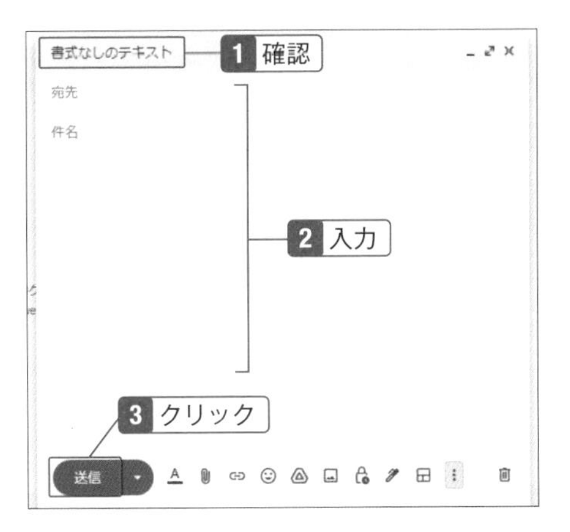

Hint

下書き保存

Gmailでは、自動的に下書きが保存されます。続きを入力する場合は、左のメニューの「下書き」をクリックして一覧から開けます。

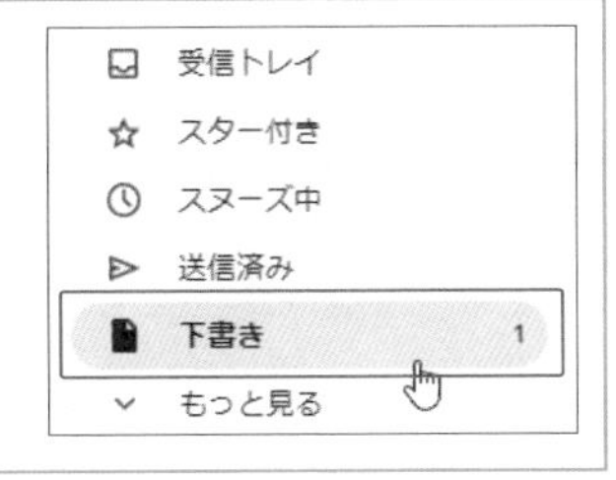

02-03

受信したメールに返信・転送する

受け取ったメールを複数人に返信することも第三者に送ることも可能

送られてきたメールは、「返信」ボタンを使って返信します。メールの右上またはメール本文の下部に「返信」ボタンがあり、クリックすると元のメールの内容が含まれた返信画面が表示されます。連名で送られてきたメールは、差出人だけに返信することも、全員に返信することも可能です。

受信したメールに返信する

1 「受信トレイ」をクリックし、メールをクリックして開く。

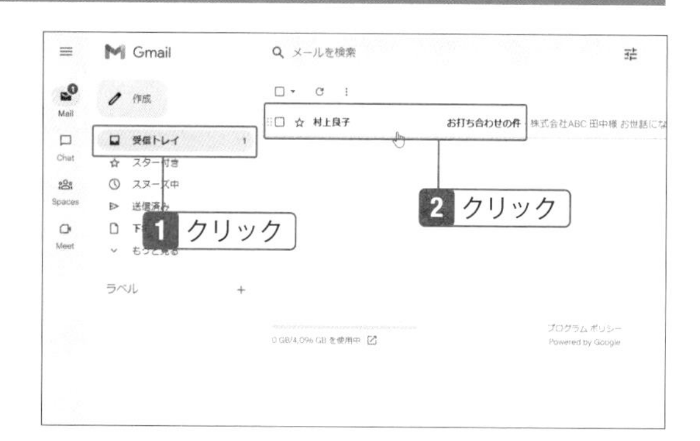

2 「返信」ボタンをクリック。またはメール本文の下部にある「返信」をクリック。

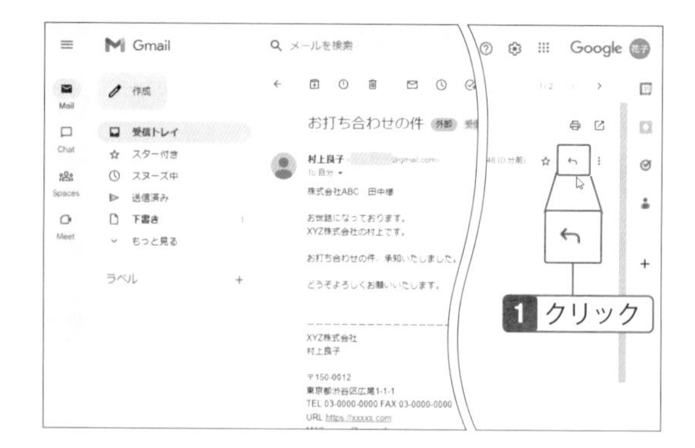

Check

元の文章を表示するには

「返信」をクリックした画面では、元のメールは折りたたまれています。確認したい場合は … をクリックすると表示されます。

Hint

全員に返信するには

複数の人に送られたメールの場合は、送信者のみに送るか全員に送るかを選択できます。全員に送る場合は、「返信」ボタンの右にある「その他」ボタンをクリックして「全員に返信」をクリックします。

3 連絡先に登録していない組織外の人に返信しようとするとメッセージが表示される（管理者が設定している場合）。「×」をクリックすると閉じる。返信の本文を入力し、「送信」をクリック。

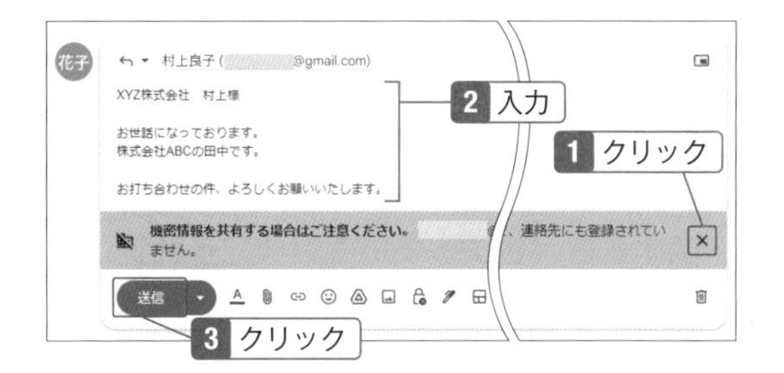

メールを転送する

1 「その他」ボタンをクリックし、「転送」をクリック。

> **Note**
>
> **転送とは**
>
> 受け取ったメールを差出人以外に送る場合に転送を使います。転送の場合は、メールの下部に「転送メッセージ」として元のメールの内容が表示されます。

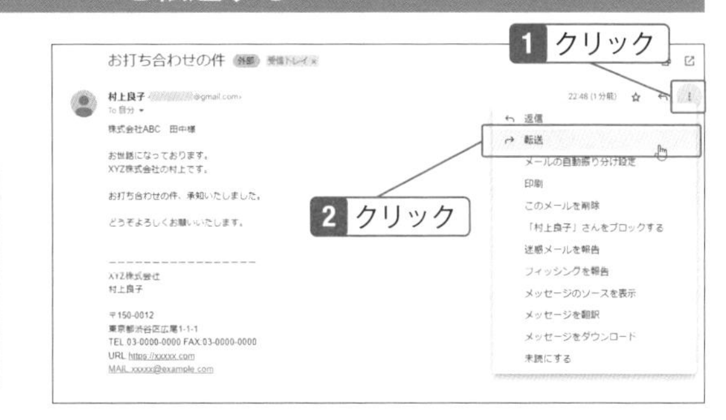

2 宛先と本文を入力し、「送信」をクリック。

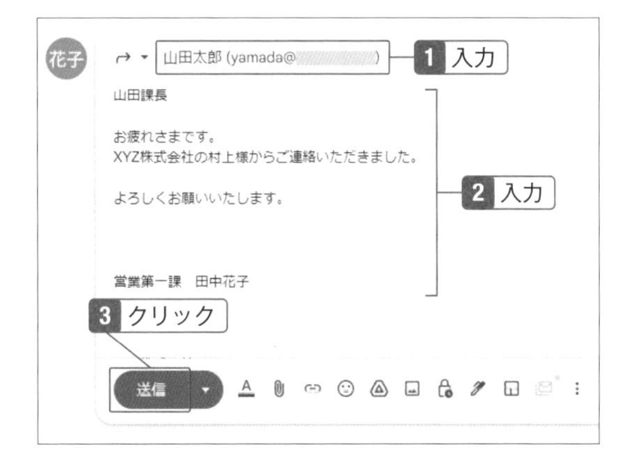

> **Check**
>
> **メールを削除するには**
>
> メールを削除するには、メールをクリックして上部の「ゴミ箱」ボタンをクリックします。元に戻す場合は、左の一覧の「もっと見る」をクリックし、「ゴミ箱」をクリックした画面にあるので、メールを選択し、上部の「移動」ボタンをクリックして「受信トレイ」をクリックします。なお、ゴミ箱に移動させたメールは、30日後に自動的に削除されますが、すぐに削除したい場合は、ゴミ箱内のメールにチェックを付け、上部の「完全に削除」をクリックします。

時間を指定して送信する

公開する日が決まっている場合は予約送信する

Gmailでは、メールの送信日時を設定して送信予約ができるので、公開日まで送信できない情報があるときに便利です。また、送信する予定のメールを忘れないうちに作成しておけるというメリットもあります。予約したメールを間違えたときや取り消したいときは、簡単にキャンセルできます。

送信予約をする

1 宛先と本文を入力し、▼をクリック。

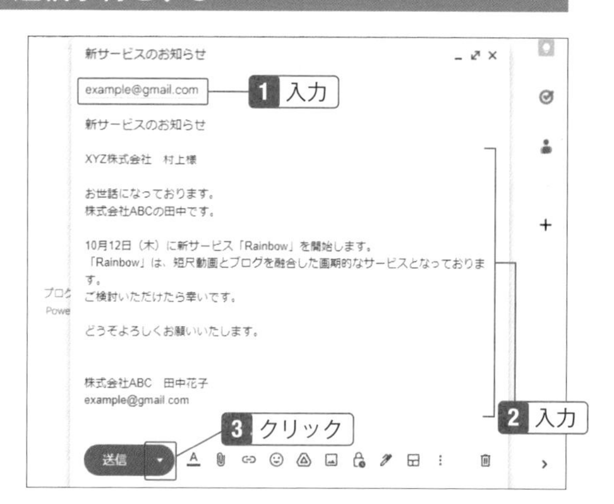

2 「送信日時を設定」をクリック。

Check

送信日時の設定

メールの送信日時を設定して、後で送信することができます。ただし、指定した時刻から数分遅れて送信される場合があります。最大 100 件のメールに設定可能です。

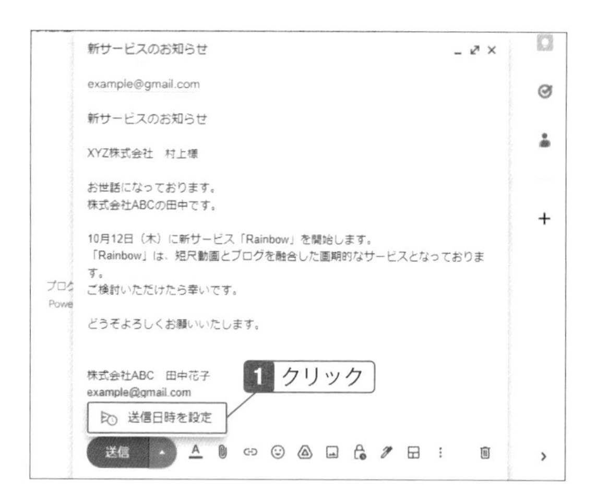

3 「日付と時刻を選択」をクリック。

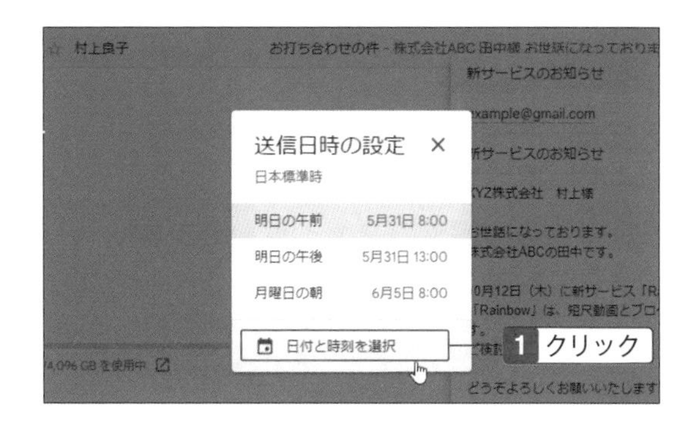

4 日時を選択し、「送信日時を設定」をクリック。メッセージが表示されたら「OK」をクリック。

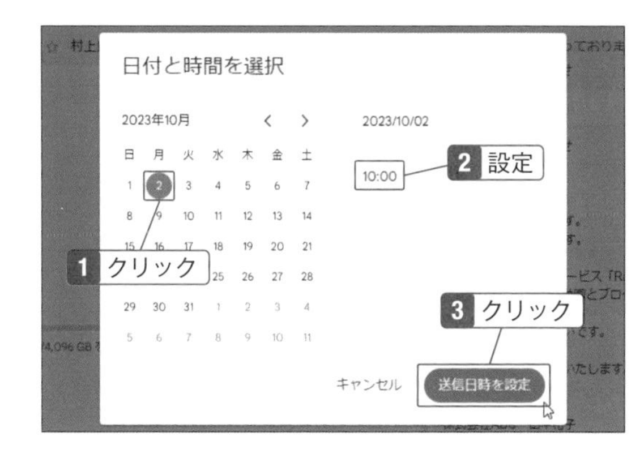

5 「予定」をクリックすると予約したメールが表示される。

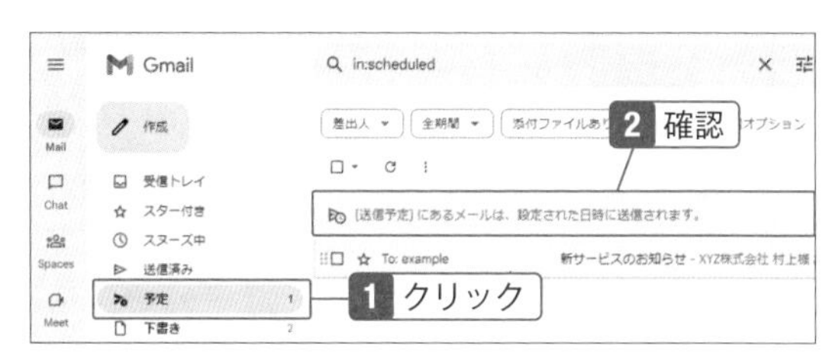

Check

送信予定のメールを取り消すには

手順5で、取り消したいメールをクリックして開き、「送信をキャンセル」をクリックすると予約をキャンセルできます。その場合、下書きとして保存されます。

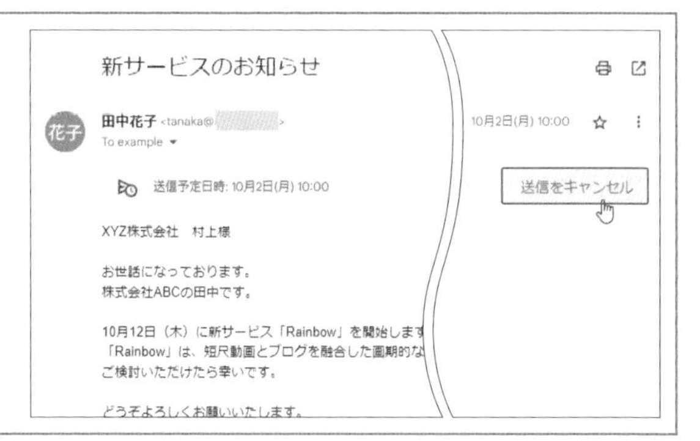

PDFやExcelのファイルを送る

Gmailなら大容量のファイルも送れる

写真が多数入っている文書ファイルは、ファイルサイズが大きいため、場合によってはメールで送信できません。ですが、GmailではGoogleドライブを使えるのでファイルサイズを気にせずに送信することができます。

ファイルを添付する

1 宛先、件名、本文を入力し、「ファイルを添付」をクリック。

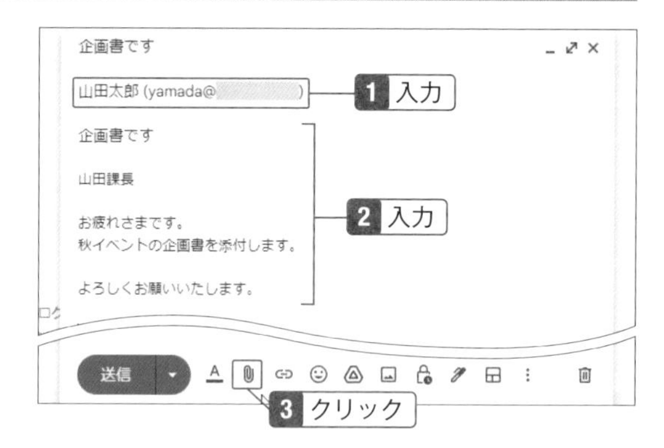

Hint

画像を送信するには

手順1で🖼をクリックすると、写真やイラストを送信することが可能です。

2 ファイルを選択して、「開く」をクリック。

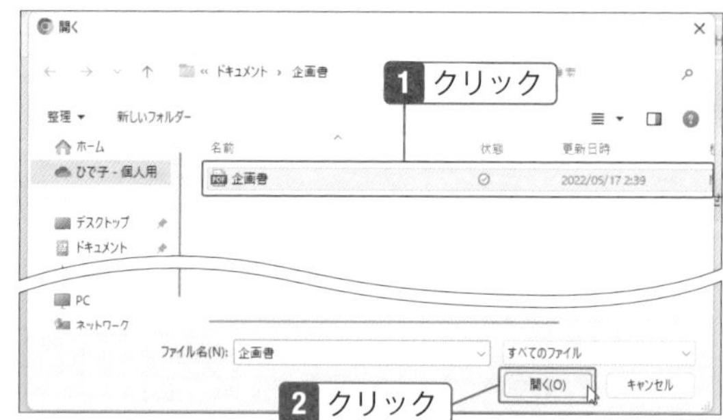

Check

大容量のファイルを送るには

1通のメールに添付できるファイルサイズは25MBまでです。それ以上のサイズのファイルを添付しようとするとメッセージが表示されます。「OK」をクリックすると、自動的にGoogleドライブにアップロードされ、メールにはファイルへのリンクが追加されます。

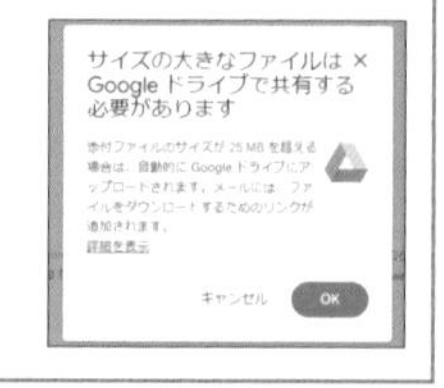

Googleドライブのファイルを送る

1 宛先、件名、本文を入力し、「ドライブを使用してファイルを挿入」をクリック。

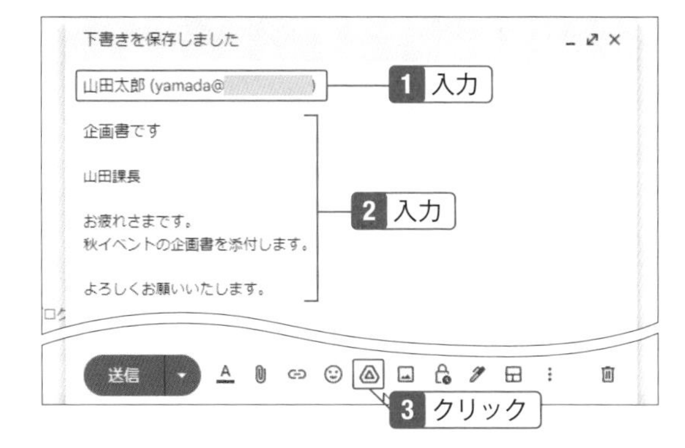

2 ファイルを選択して「挿入」をクリック。

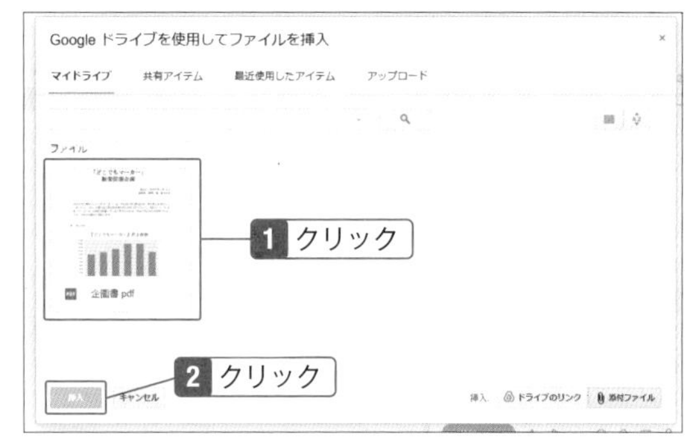

3 「送信」をクリック。

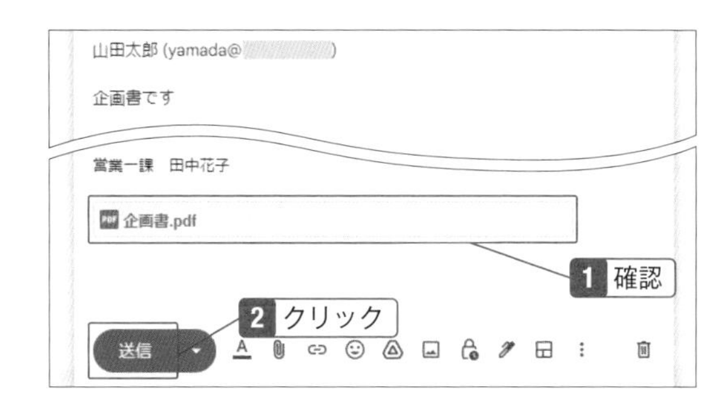

Hint

ドライブへのリンク

ファイルを共有していないユーザーにリンクを送る場合は、「送信」ボタンをクリックした後にアクセス許可の画面が表示されます。なお、スプレッドシートやドキュメントなどのGoogleのファイル以外の場合は、手順2で「添付ファイル」をクリックしてファイルを添付することも可能です。

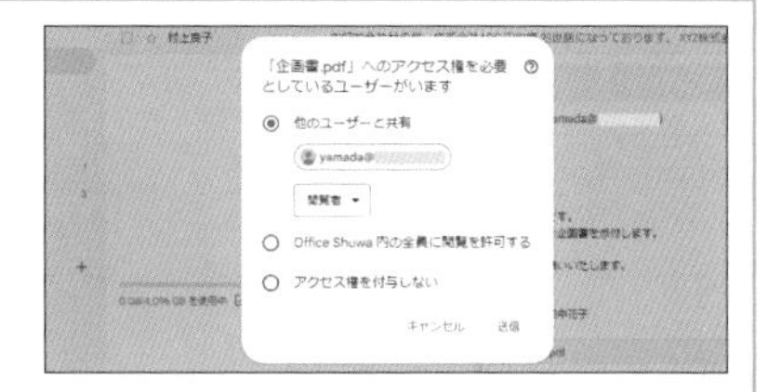

第三者にメールのコピーを送る

Ccを使えば転送する必要がなくなる

たとえば、「部下にメールで伝えることを、上司にも伝えておきたい」といったときには、Ccに上司のアドレスを入力してメールのコピーとして送信します。ただし、その場合は上司に送ったことがわかるので、他の人にも送っていることを知られたくない場合は、Bccにアドレスを入力します。

Ccでメールを送る

1 メールの作成ウィンドウの「Cc」をクリック。

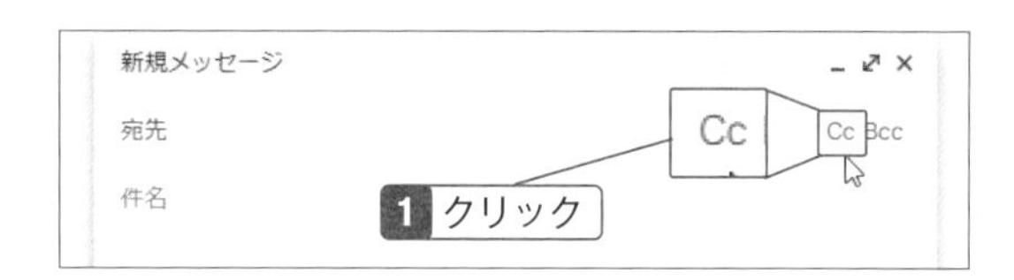

2 宛先に送り先のアドレスを入力し、Ccに第三者メールアドレスを入力して送信する。

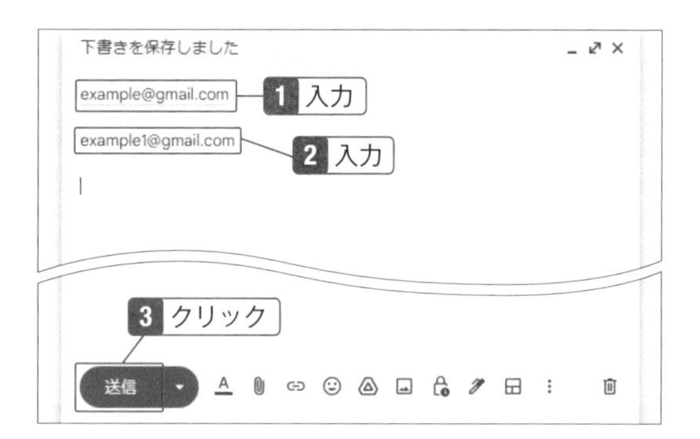

Note

CcとBcc

Ccに入力したアドレスは、他の人のメールにも表示されます。他の人に送ったことがわからないようにしたい場合は、Ccの右にあるBccをクリックして入力してください。特に、不特定多数の人に送る場合は、アドレスを知られないようにするためにBccを使うようにしましょう。

▲Ccの場合は第三者にも送ったことがわかる

メールをアーカイブして受信トレイを整理する

受信トレイにメールを溜めなければ読みやすくなる

受信トレイに届いたメールをそのままにしておくと日に日に溜まっていきますが、アーカイブを使うと、読み終わったメールを移動させ、常に受信トレイをきれいな状態にしておくことができます。そうすることで、届いたばかりのメールのみが受信トレイに表示されるので読み忘れることがなくなります。

メールを受信トレイから移動させる

1 メールをポイントし、「アーカイブ」をクリック。

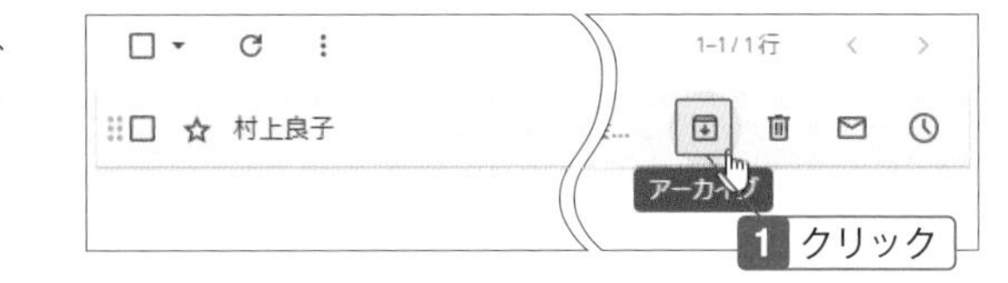

Note

アーカイブとは

アーカイブとは、メールを受信トレイからすべてのメールに移動させることです。受信トレイをきれいな状態にしておくことで、新着メールが読みやすくなります。受信トレイからメールが消えても削除されたわけではないので必要なときに取り出せます。

2 アーカイブされたメールは、メニューの「もっと見る」をクリックし、「すべてのメール」で見られる。表示されていない場合はスクロールする。

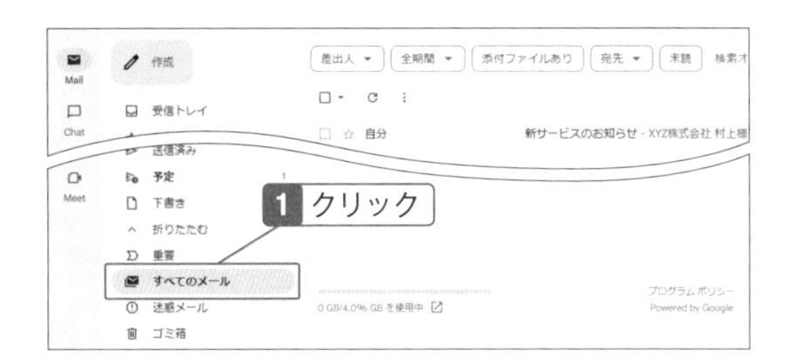

Check

アーカイブしたメールを元に戻すには

アーカイブしたメールを元に戻したい場合は、すべてのメールにあるメールにチェックを付け、上部の「受信トレイに移動」をクリックします。

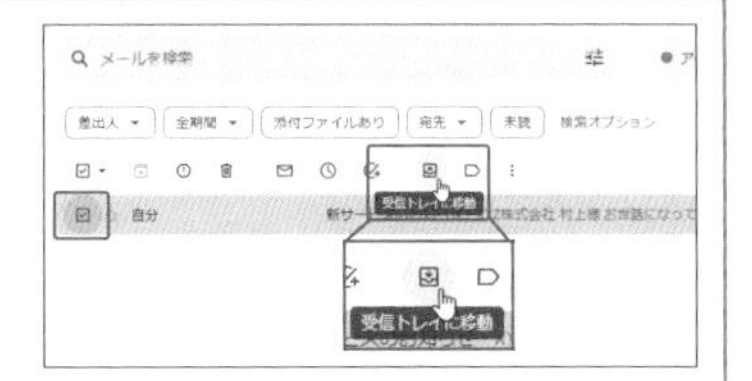

よく使う文章をテンプレートに登録する

ひな型にすれば入力の手間を省ける

Gmailには、メールの文章をテンプレートとして登録して再利用できる機能があります。毎回、似たような文章のメールを入力するのは手間がかかるので、よく使う文章は登録しましょう。ただし、テンプレートを使えるように設定を変更する必要があります。

テンプレートを有効にする

1 画面右上の⚙をクリックし、「すべての設定を表示」をクリック。

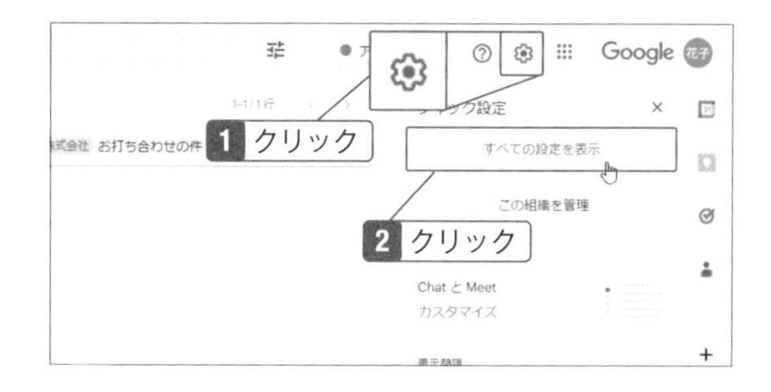

2 「詳細」タブをクリックし、「テンプレート」の「有効にする」をクリックして、「変更を保存」をクリック。

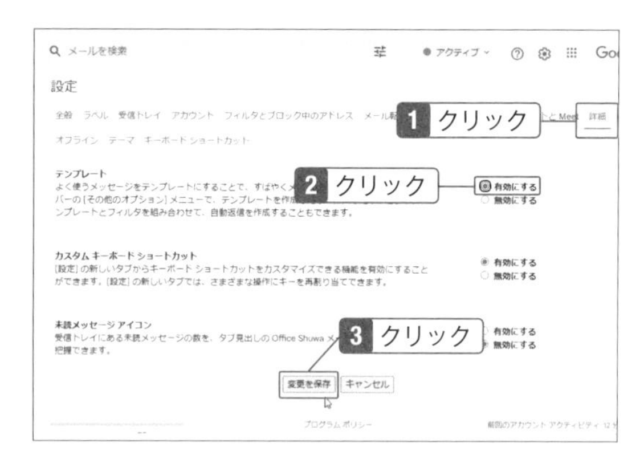

Note

テンプレートとは

テンプレートは、メールの定型文を登録できる機能です。よく使う文章をテンプレートとして登録しておけば、入力の手間を省くことができます。デフォルトでは使用できないので、手順2でテンプレートを有効にしてから使用してください。

テンプレートを作成する

1 メールを作成し、「その他のオプション」をクリック。

2 「テンプレート」をポイントし、「下書きをテンプレートとして保存」をポイントして「新しいテンプレートとして保存」をクリック。

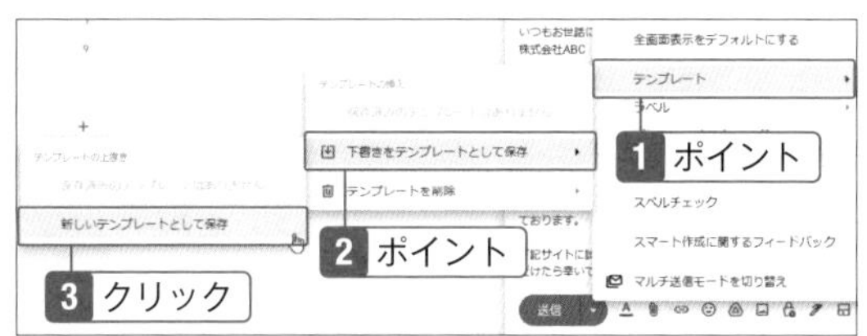

3 テンプレートの名前を入力し、「保存」をクリック。

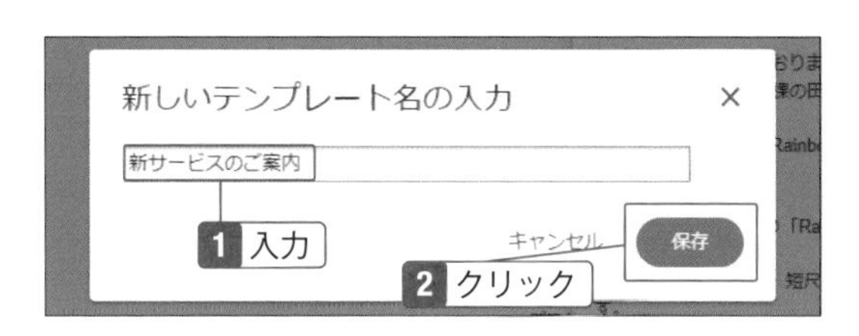

4 新しいメールを作成して「その他のオプション」をクリックする。続いて「テンプレート」をポイントし、作成したテンプレートをクリックすると挿入される。

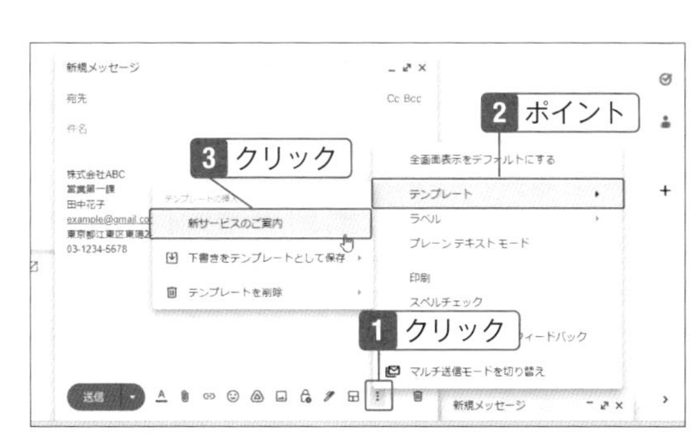

02-09

迷惑メールを振り分ける

不快なメールはシャットアウトできる

まれに不快な内容のメールや怪しいホームページへのリンクが載っているメールが届くことがあります。Gmailは、そのような迷惑なメールを遮断する機能を備えています。ただし、連絡先に登録されていない人からのメールが迷惑メールと判断された場合は受信トレイに戻しておきましょう。

受信したメールを迷惑メールに移動する

1 メールにチェックを付け、「迷惑メールを報告」をクリック。

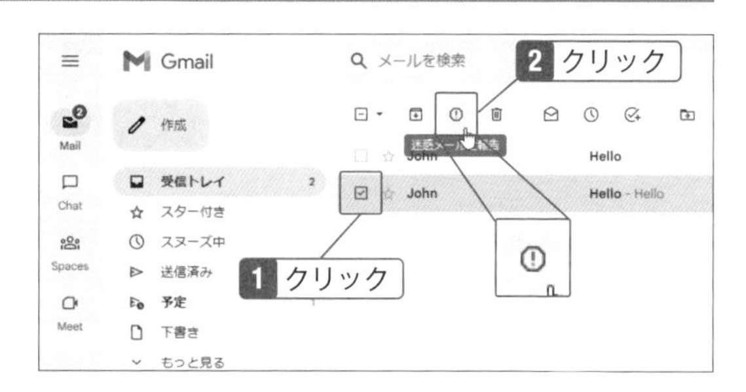

Note

迷惑メールとは

不快なメールや怪しいメールなどを迷惑メールと言いますが、Gmailには、強力な迷惑メール防止機能があるので、頻繁に不快なメールを見ることが少なくなります。もし、迷惑メールが届いた場合は、解説の手順で迷惑メールにしておけば、Gmailは学習して判断の精度を上げていきます。

2 メニューの「もっと見る」をクリックし、「迷惑メール」をクリックすると移動したメールが表示される。

Check

迷惑メールを解除するには

間違えて迷惑メールと判断されてしまうこともあります。その場合は、迷惑メールにあるメールにチェックを付け、上部の「迷惑メールではない」をクリックします。

02-10 不在時に自動返信する

自動で返信できるので多忙時にも役立つ

メールは休日でも夜間でも日時に関係なく届きます。何らかの事情でインターネットが使えないときに届くかもしれません。そのようなときは、不在通知の設定をしましょう。お店に届くメールの場合も、「○○まで休業中です」や「○日から再開します」などを設定しておけばお客様は安心します。

不在通知を設定する

1 画面右上の⚙をクリックして「すべての設定を表示」をクリックし（SECTION02-08の手順1）、「不在通知ON」をクリック。「開始日」をクリックして不在にする日にちを選択。同様に終了日も設定する。

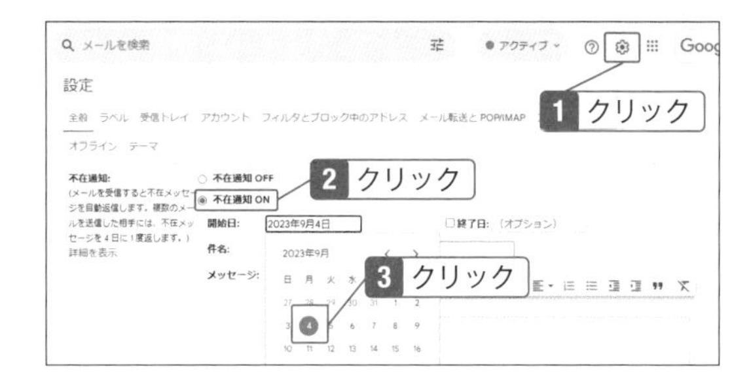

2 件名と本文を入力。「連絡先に登録されているユーザーにのみ返信する」にチェックを付けて「変更を保存」をクリック。

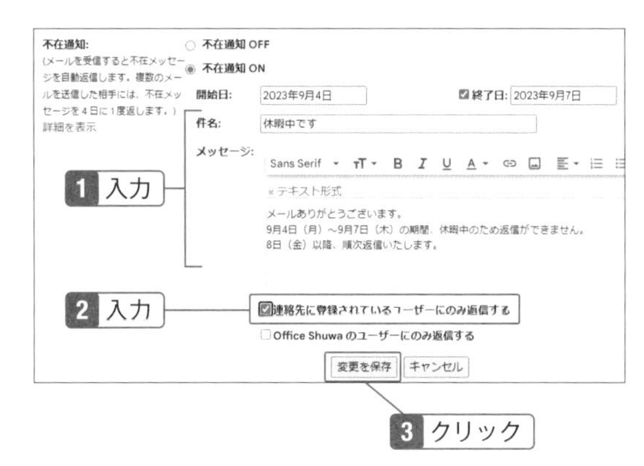

Check

連絡先リストのメンバーのみ返信する

不在通知は受け取ったメールに自動返信します。宣伝や無意味なメールに自動返信しないようにするには、手順2の画面で「連絡先に登録されているユーザーにのみ返信する」にチェックを付けます。

Check

不在通知を終了する

設定した期間になると画面上部にメッセージが表示されるので、「今すぐ終了」をクリックすると手順2の不在通知の設定が「不在通知OFF」に切り替わり、不在の通知が終了します。

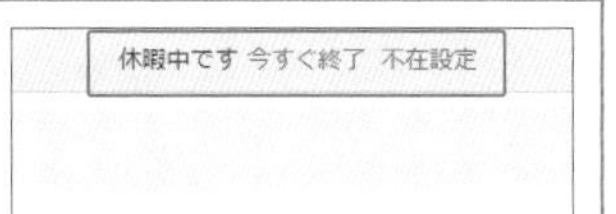

02-11

自動的に署名を入れる

複数の「署名」を作成し、使い分けることもできる

メールの最後に入れる名前やメールアドレスなどを「署名」と言います。Outlookなどのメールアプリにも同じ機能がありますが、Gmailでも署名を入れられます。自動的に入れることも、毎回指定することも可能です。

署名を作成する

1 画面右上の⚙をクリックして「すべての設定を表示」をクリックし（SECTION02-08の手順1）、署名の「新規作成」をクリック。

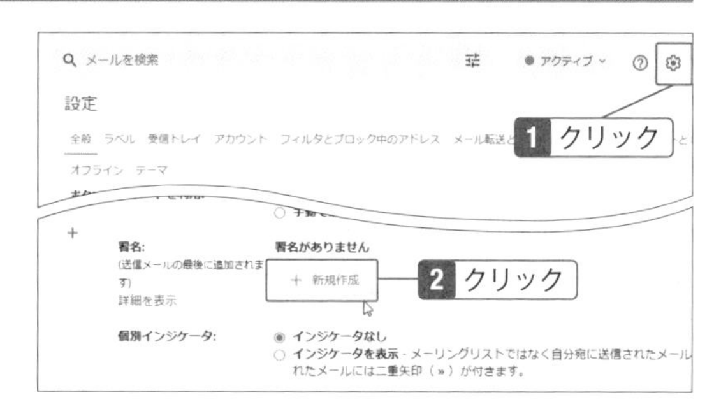

Note

署名とは

署名は、送信者の氏名やメールアドレス、住所などをメールの末尾に記載するものです。Gmailでは、毎回手入力しなくても簡単に挿入できます。

2 署名に付ける名前を入力し、「作成」をクリック。

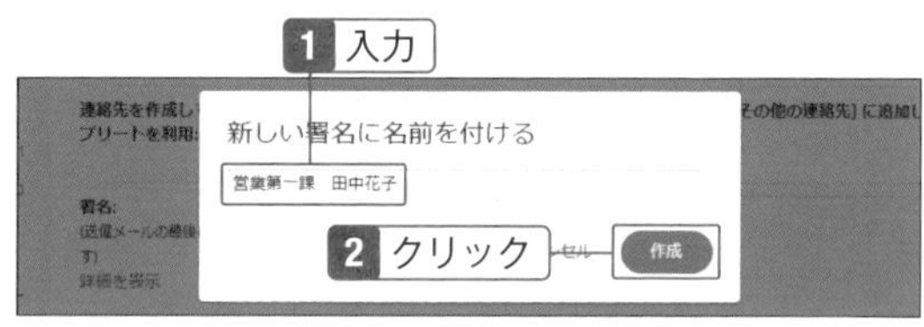

3 署名を入力し、「デフォルトの署名」にある「新規メール用」の「V」をクリックして、作成した署名を選択（返信メールの場合は、「返信/転送用」の「V」をクリックして選択する）。

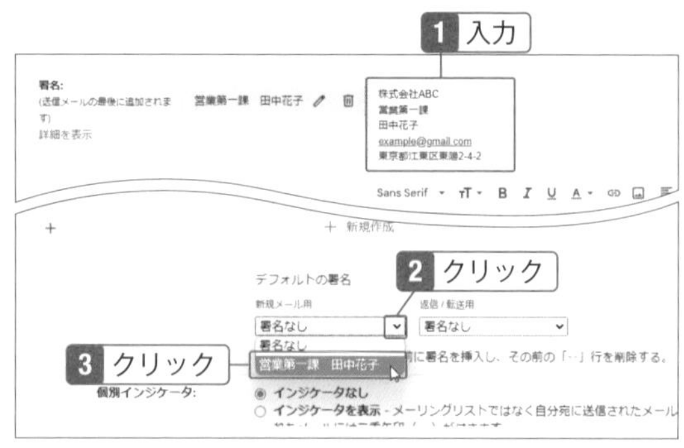

Hint

毎回署名を選択して入れるには

手順3で「新規メール用」を選択しなかった場合は、その都度署名を選択します。新規作成画面の「署名を挿入」ボタンをクリックし、作成した署名をクリックしてください。

4 「返信で元のメッセージの前に～」にチェックを付け、画面をスクロールして「変更を保存」をクリック。

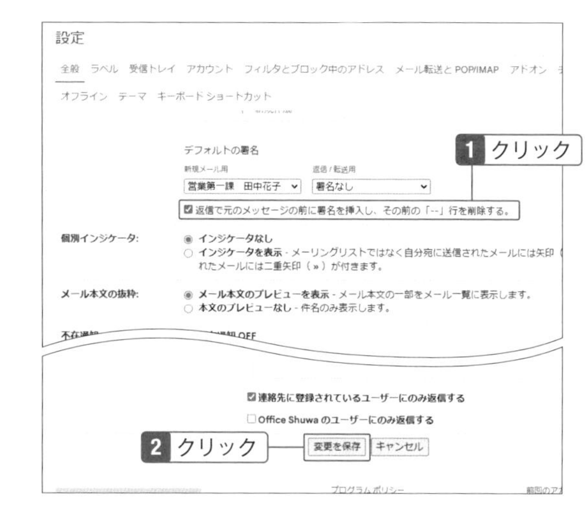

Check

返信メールの署名の位置

手順4で「返信で元のメッセージの前に～」にチェックを付けないと、メールを返信する際に、元のメッセージの最下部に表示されるのでチェックを付けておきましょう。

5 「新規作成」をクリックしてメールを作成すると自動的に署名が挿入される。

02 「Gmail」で会社でも外出先でもメールをやり取り

ラベルを使ってメールを分類する

色違いのラベルを設定できる

大量のメールを同じ場所に置いておくと見分けるのが難しくなるので分類しましょう。Outlookなどのメールソフトでは、フォルダを使ってメールを分類しますが、Gmailではラベルを使って分類します。特定の人からのメールや関連性のあるメールにラベルを付けることで必要なときに探しやすくなります。

ラベルを作成する

1 「もっと見る」をクリック

Check

Gmailのラベル

メールを分類するには、Gmailではフォルダではなく、ラベルを使います。一つのメールに複数のラベルを設定することも可能です。

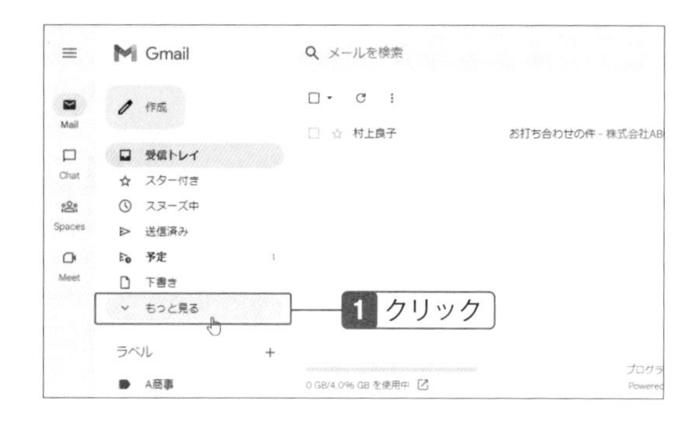

2 「新しいラベルを作成」をクリック。

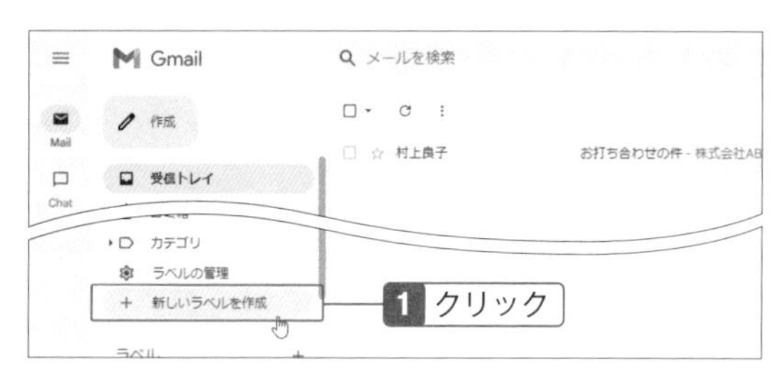

3 ラベルの名前を入力し、「作成」をクリック。

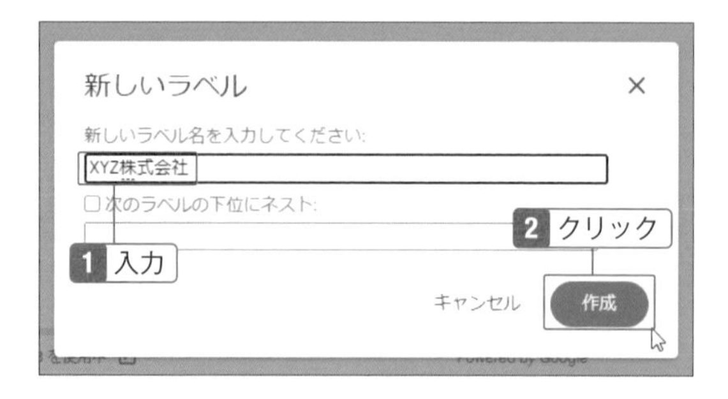

4 メールにチェックを付け、「ラベル」をクリックして、作成したラベル名にチェックを付ける。その後「適用」をクリック。

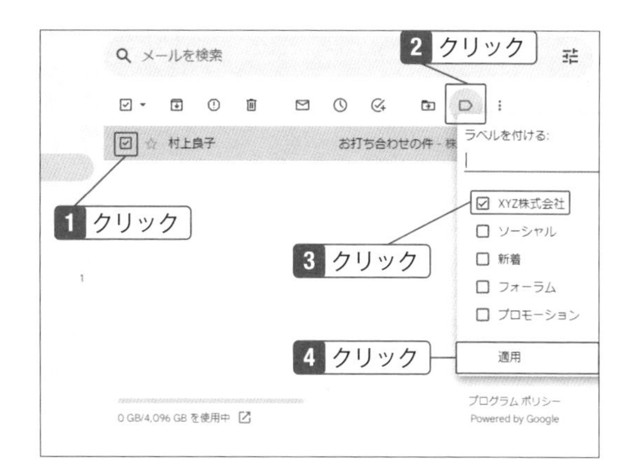

5 ラベルが付いた。メニューにラベルが追加され、クリックすると表示できる。

Check

ラベルを解除するには

メールに設定したラベルを解除したい場合は、メールにチェックを付け、「ラベル」をクリックしてチェックをはずし、「適用」をクリックします。

Hint

ラベルの色を変更するには

ラベルの色を変えて、ひと目でわかるようにできます。メニューのラベル名をポイントし、⋮→「ラベルの色」をポイントして色を選択します。

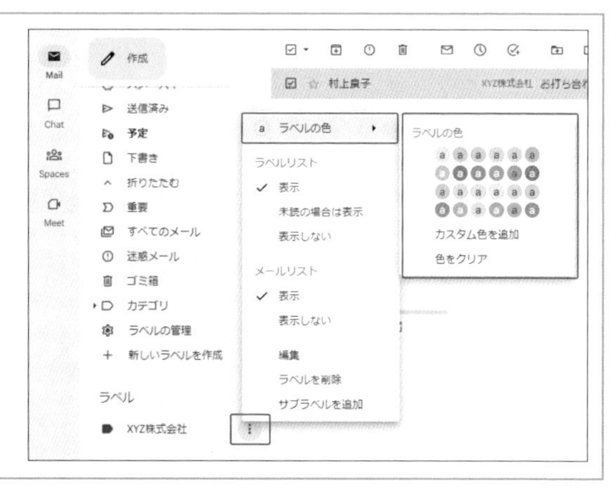

02-13

受信メールを振り分ける

一定の条件でメールを分類できる

前のSECTIONでラベルの設定について説明しましたが、毎回手動でラベルを付けるのは手間がかかります。そこで、受信時に自動的にラベルを付けるように設定しましょう。すでに受信しているメールに付けることも可能です。ここでは例として、特定のメールアドレスから届いたメールにラベルが付くように設定します。

フィルタを設定する

1 「検索」ボックスの「検索オプションを表示」をクリック。

2 「From」ボックスにメールアドレスを入力し、「フィルタを作成」をクリック。

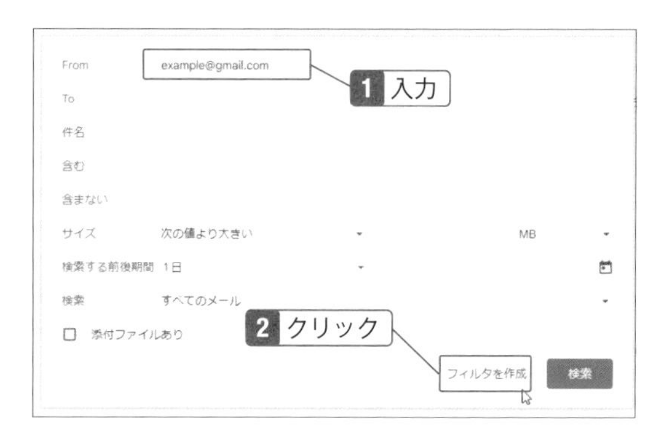

Note

フィルタとは

受信したメールを条件に合わせて振り分けるのがフィルタです。受信と同時に自動的にラベルを付けたり、スターを付けたりなども可能です。すでに受信しているメールも対象にできます。

3 「ラベルを付ける」にチェックを付け、▼をクリック。

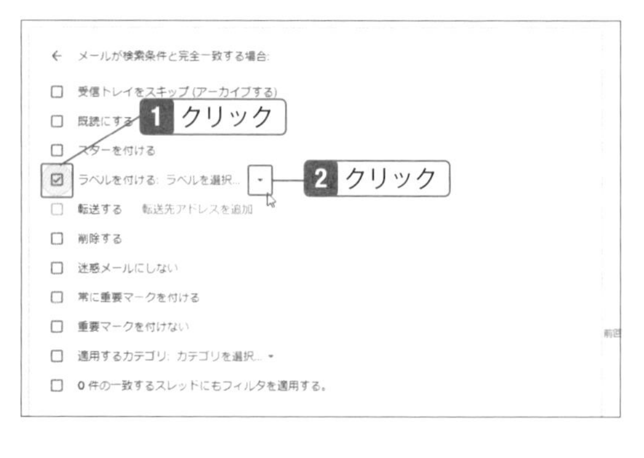

4 ラベルを選択。「新しいラベル」をクリックして新規に作成することも可能。

Check

受信済みのメールを振り分けるには

すでに受信しているメールを振り分けるには、手順4の画面下部にある「〇件の一致するスレッドにもフィルタを適用する。」にチェックを付けます。

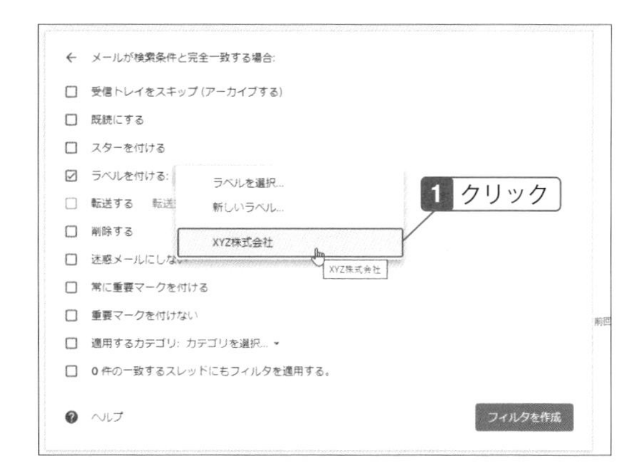

5 「フィルタを作成」をクリック。

Check

フィルタを削除するには

画面右上の⚙→「すべての設定を表示」→「フィルタとブロック中のアドレス」タブで削除したいフィルタの「削除」をクリックして「OK」をクリックします。

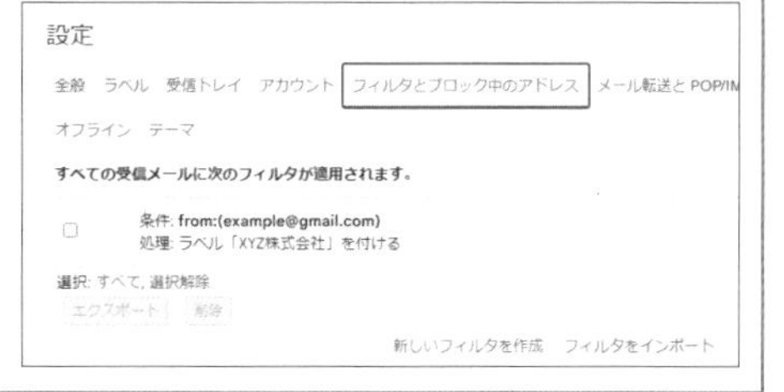

02-14

情報保護モードのメールを送る

パスコードを入力しないとメールを読めないようにできる

個人情報や機密事項が書かれたメールは、慎重に扱わなければなりません。Gmailには、メールを転送されたり、添付されたファイルをダウンロードされないようにする情報保護モードがあります。パスコードを設定して、そのパスコードを知らない人は開けないようにすることも可能です。

有効期限を設定する

1 新規メッセージ画面を表示し、宛先とタイトル、本文を入力して🔒をクリック。

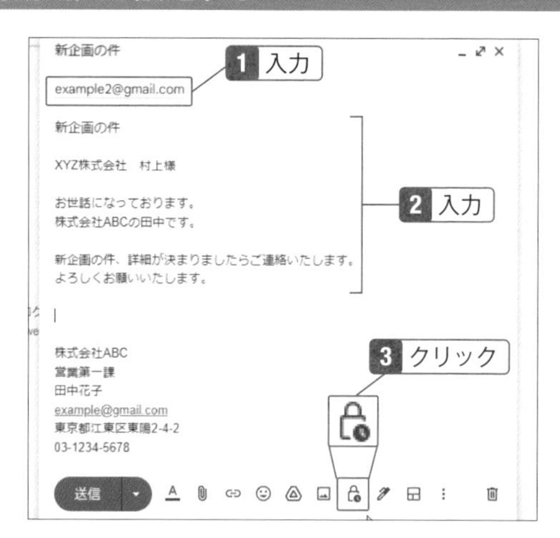

Note

情報保護モードとは

重要なメールを保護するために、受信側が「メール本文や添付ファイルのコピー」「ダウンロード」「印刷」「転送」をできないようにする機能です。また、メールを読める期限やパスコードの設定が可能です。

2 閲覧の期限を設定する。パスコードを使う場合は「SMSパスコード」をクリックし、「保存」をクリック。

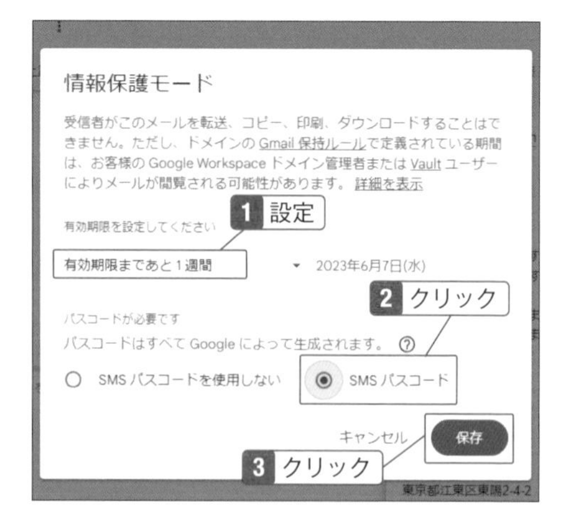

Check

パスコードの使用

「SMSパスコードを使用しない」の場合Gmailを使用している受信者は、直接メールを開くことができ、Gmailを使っていない受信者はGoogleアカウントと結びつけると開けます。「SMSパスコード」を選択した場合は、手順3で入力した電話番号にコードが届きます。

3 「送信」をクリックし、相手の携帯番号を入力して「送信」をクリック。

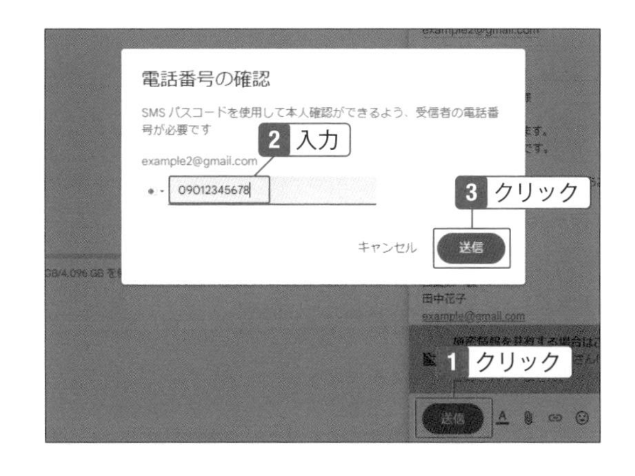

Check

入力する携帯電話番号

自分の携帯電話番号ではなく、相手の携帯電話番号を入力してください。

情報保護モードのメールを受け取る

1 情報保護モードのメールが届いたら、「パスコード」を送信」をクリック。

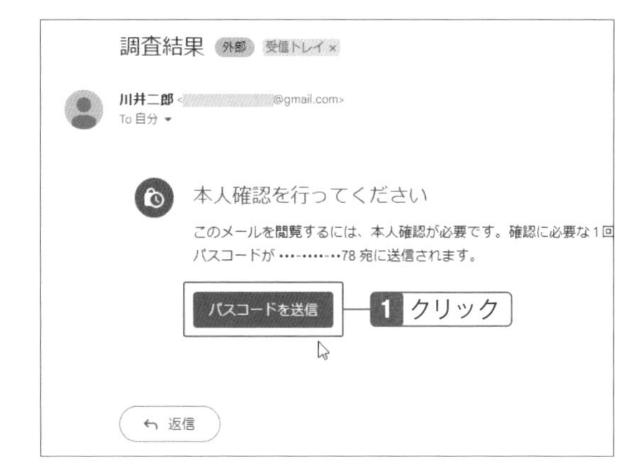

2 SMSで送られてきたコードを入力し、「送信」をクリックするとメールを開ける。

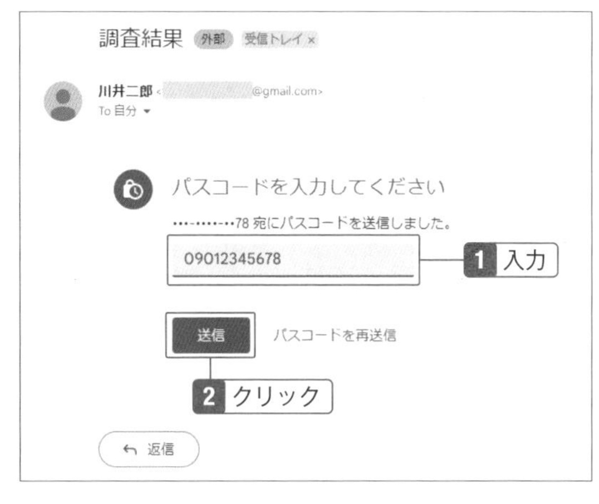

Hint

受信メールを開けないようにするには

情報保護モードで送信したメールを開き、「アクセス権を取り消す」をクリックすると、有効期限より前に相手がメールを読めないようにできます。

再表示したいメールにスヌーズを使う

指定した日時に受信トレイの最上部に表示できる

次から次へとメールが届くと、後で対応しようと思ったメールが埋もれてしまい、うっかり忘れてしまうことがあります。そのようなときには「スヌーズ」という機能がおすすめです。指定した時間になると受信トレイの最上部に表示されるので、大事な用件を見逃すことがなくなります。

スヌーズを設定する

1 メールをポイントし、「スヌーズ」をクリック。

Note

スヌーズとは

一時的にメールを受信トレイから非表示にし、指定した時間になると受信トレイの最上部に再表示させる機能のことです。スヌーズを使えば、メールの対応を忘れたり、大事な用件を放置したままになったりするのを防ぐことができます。

2 再表示させる日時を指定する。指定した時間になるとメールが受信トレイの先頭に表示される。

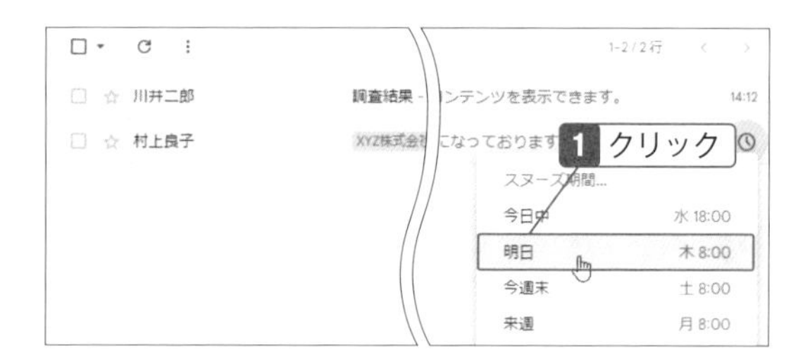

Check

スヌーズの日時を変更または解除するには

メニューの「スヌーズ中」をクリックし、「スヌーズ」をクリックして日時を変更できます。スヌーズを取り消したい場合は、「スヌーズ」をクリックして「スヌーズを解除」をクリックします。

メールをカレンダーやToDoリストに追加する

打ち合わせや会議の予定をメールから追加できる

GmailはGoogleカレンダーやToDoリストと連携しているので、Gmailのサイドパネルに表示させて作業することが可能です。ここでは、打ち合わせや会議の連絡メールが届いたときにカレンダーの予定として追加する方法を紹介します。

メールをカレンダーに追加する

1 メールを開き、上部の「その他」をクリックし、「予定を作成」をクリック。

1 クリック
2 クリック

Hint

サイドパネルにカレンダーを表示する

サイドパネルの「カレンダー」をクリックして、Gmailの画面にカレンダーを表示させることも可能です。

2 カレンダーが開くので、必要事項を入力し「保存」をクリック。

Hint

メールをToDoリストに追加するには

手順1で をクリックすると、SECTION03-09で紹介するToDoリストに追加できます。

Hint

自動的にカレンダーに追加するには

Gmailアドレスで飛行機やレストランを予約した場合、自動的にカレンダーに追加することが可能です。Googleカレンダーを開き、「設定メニュー」ボタン→「設定」をクリックし、「Gmailからの予定」をクリックして「Gmailから自動的に作成された予定をカレンダーに表示する」にチェックを付けます。

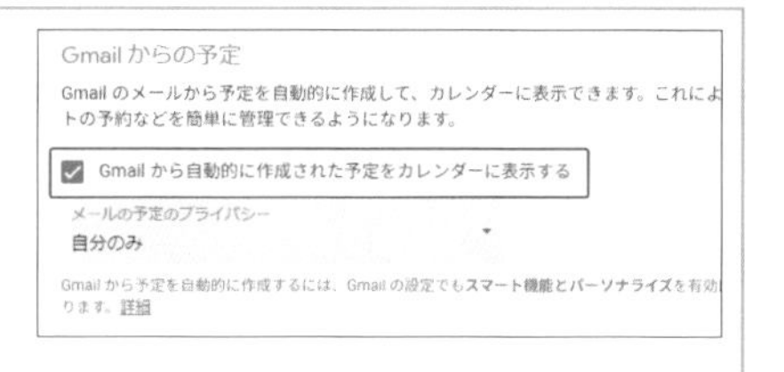

02-17

連絡先のアドレスを使ってメールを送る

社内や社外の人のアドレスを連絡先で管理できる

メールを送るときに、相手のメールアドレスが登録されていれば、わざわざ入力する手間を省けます。すでにやり取りしている相手は自動的に登録されますが、名刺やWebサイトなどに書いてあるメールアドレスは手動で登録しましょう。そうすれば、メールを送りたいときにすぐに送れます。

連絡先を登録する

1 「Googleアプリ」をクリックし、「連絡先」をクリック。

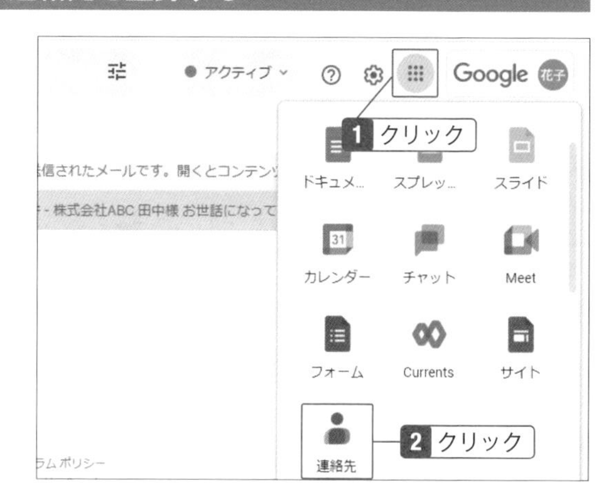

Note

連絡先とは

連絡先は、知り合いの氏名やメールアドレスなどの情報を管理するツールです。登録した情報はインターネット上に保存され、どのパソコンやスマホからでも引き出して使えます。Gmailでメールを送った相手は自動的に連絡先に追加されますが、名刺や口頭で教えてもらった人の情報を登録するには、ここで説明する方法で手入力してください。

2 「連絡先を作成」をクリック。

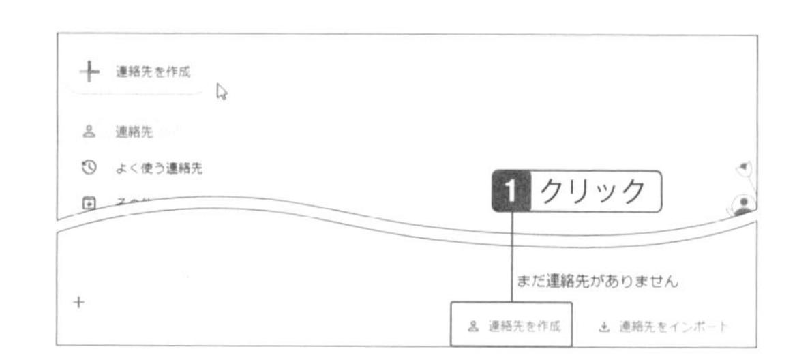

3 「連絡先を作成」をクリック。

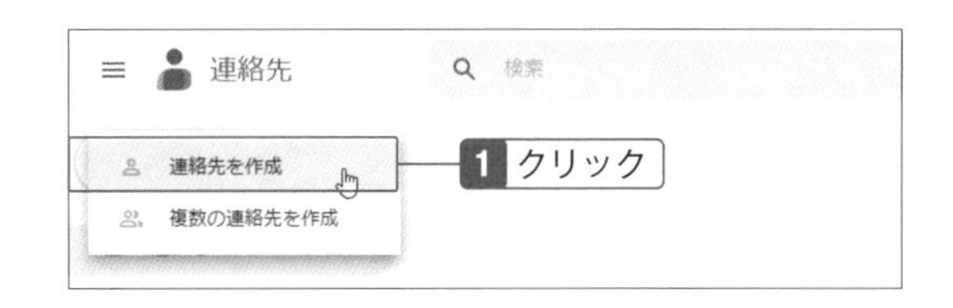

Hint

受信メールから連絡先に追加するには

メールを開き、差出人の名前をポイントして「連絡先に追加」をクリックします。

4 登録する人の名前と名字、メールアドレスを入力し、「保存」をクリック。

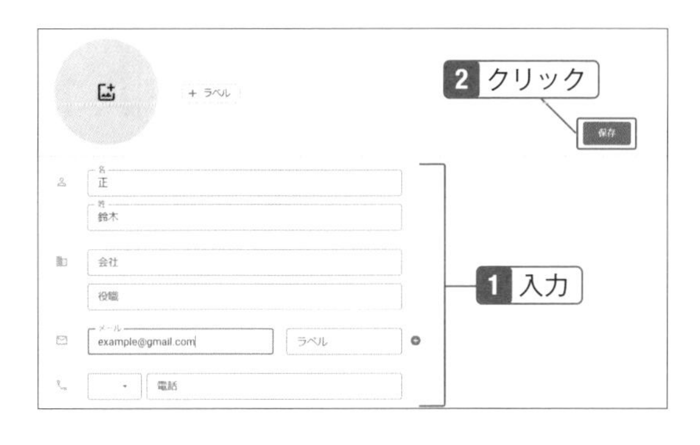

Note

その他の連絡先とは

Google サービスでやり取りしたことがあるユーザーや、連絡先リストで非表示にしている連絡先が「その他の連絡先」として表示されます。画面左にある「その他の連絡先」をクリックし、移動させたい連絡先をポイントして をクリックすると移動できます。

5 メール作成画面の「宛先」欄に相手の名前を入力し始めると候補が表示されるので、クリックして指定する。

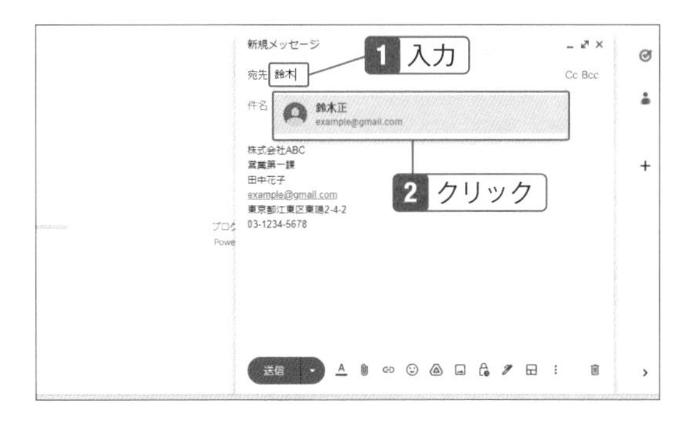

Check

連絡先を削除するには

連絡先を削除したい場合は、「連絡先」画面で削除する連絡先をポイントし、右端にある ⁝ をクリックし、「削除」をクリックします。

02-18

レイアウトを使って見栄えの良いメールを作成する

センスに自信がなくても効果的なメールを作成できる

キャンペーンメールを送りたいが、見栄え良く作成できないという人も多いでしょう。Google WorkspaceのGmailには、簡単に見栄えの良いメールを作成できる機能があります。会社や店舗のロゴを追加してインパクトのあるメールを作成しましょう。なお、Business Starterプランでは使用できません。

レイアウトを指定する

1 メールの作成画面で「レイアウトを選択」をクリックする。レイアウトを選択して「挿入」をクリック。

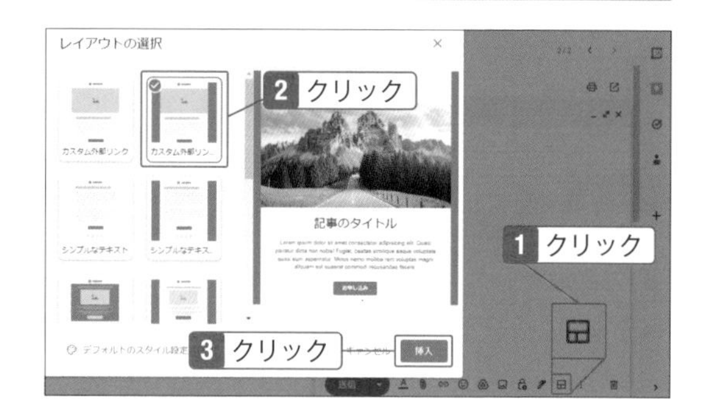

Note

レイアウトとは

サンプルの画像と文章を書き換えるだけで、見栄えの良いメールを簡単に作成できる機能です。メッセージ画面が小さいと作業しづらいので、右上にある ⤢ をクリックして大きな画面で入力してください。

2 画像をクリックし、「画像を変更」をクリックして画像を差し替える。サンプル文章も修正して送信する。

Hint

デフォルトの画像や色を変えたい

手順1の画面左下にある「デフォルトのスタイル設定」をクリックすると、いつも使用するロゴや色、フォントの設定ができます。

02-19

メールへの差し込み機能で複数人に個別送信する

メールキャンペーンやニュースレターの個別配信ができる

複数人に同じメールを送る場合、1件ずつ「○○○様」と入力するのは大変です。また、宛先欄に複数のアドレスを入力すると、受け取った全員に他の人のメールアドレスが知られてしまいます。そのような場合に役立つのがメールへの差し込み機能です。なお、Business Starterプランでは使用できません。

メールへの差し込み機能を使う

1 宛先を入力し、宛先欄の右端にある「メールへの差し込みを使用」アイコンをクリックして「メールへの差し込み」にチェックを付ける。

2 半角の「@：」を入力し、「氏名」を選択すると氏名が差し込まれる。内容を入力して「続行」をクリック。メッセージが表示されたら「OK」をクリック。

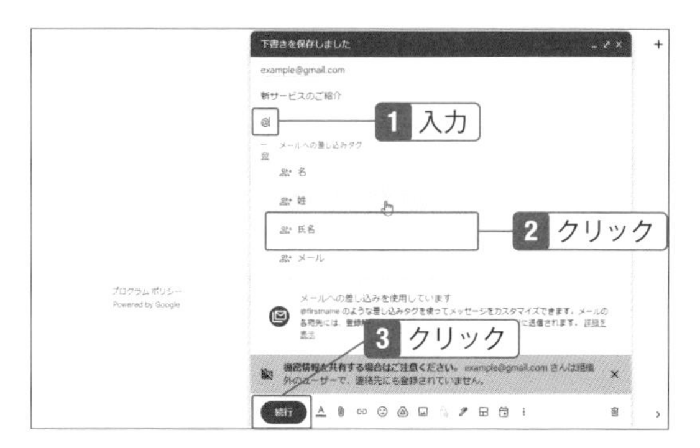

Note

メールへの差し込み機能

Bccを使用せずに、他の受信者のアドレスがわからないようにメール送信ができる機能です。また、@[名]や@[姓]などの差し込みタグで、それぞれの氏名を入力せずに送信できます。宛先欄には最大1500件、CcまたはBccには1件のメールアドレスを指定することが可能です。以前は「マルチ送信モード」という名称でしたが、「メールへの差し込み機能」に変わりました。

Check

氏名やメールアドレスを入れるには

メールの本文に相手の氏名を入れる場合は、半角の「@」を入力し、「氏名」を選択すると連絡先に登録されている氏名が相手に表示されます。連絡先に登録されていない場合は、宛先欄に「田中花子<example@gmail.com>」のように、< >で囲んだメールアドレスの名前に氏名を入力します。なお、「@氏名」の後には、「様」を入力してください。

ショートカットキーを使う

よく使う操作はショートカットキーで時間短縮する

「メールの作成画面の表示」や「アーカイブ」など、よく使う操作のショートカットキーを覚えておくと素早く操作できるので便利です。一部のショートカットキーは、使用するキーを変更することも可能です。

キーボードショートカットを有効にする

1 画面右上の⚙をクリックし、「すべての設定を表示」をクリックして設定画面を表示する。「キーボードショートカットON」をクリックし、下部の「変更を保存」をクリック。

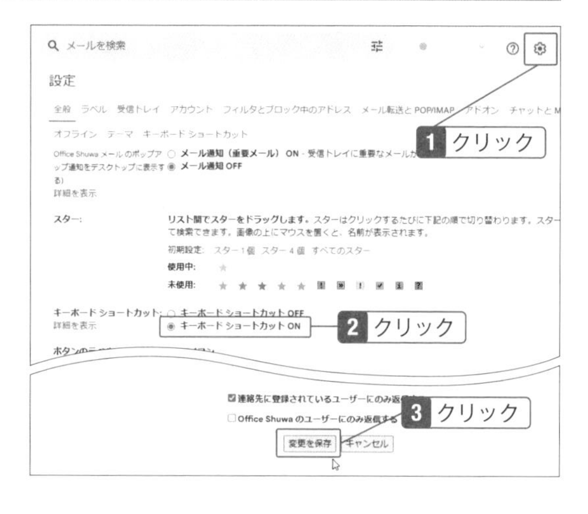

Note

ショートカットキー

キーボードのキーを使って操作できるのがショートカットキーです。クリックするより速いので、よく使用する操作はショートカットキーを覚えるとよいでしょう。

2 キーボードの[?]キーを押すと、ショートカットキーを確認できる。

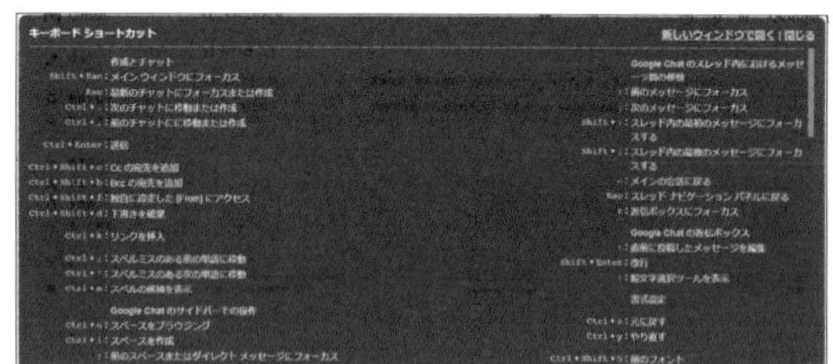

Hint

ショートカットキーをカスタマイズするには

設定画面の「詳細」タブで、「カスタムキーボードショートカット」を「有効にする」にして「変更を保存」をクリックします。すると、設定画面に「キーボードショートカット」タブが表示され、一部のショートカットキーを変更することができます。変更後に最初の状態に戻したい場合は、右下端にある「初期設定に戻す」をクリックしてください。

Chapter

03

「Google カレンダー」でスケジュールを管理する

ビジネスにおいて、スケジュール管理は欠かせません。Google カレンダーを使えば、会議の予定や期限のある提出物を忘れることがなくなります。他のユーザーと予定を共有することも可能です。Google Workspaceには、無料アカウントのGoogle カレンダーにない機能もあり、会議室の空き状況を調べて会議の日程を決めたり、不在時の招待を自動で辞退したりなど、便利な機能が揃っています。

03-01 Googleカレンダーの概要と画面を確認する

スケジュールの共有や会議の招待もできる

まずはGoogleカレンダーにアクセスしましょう。紙のカレンダーと同じような画面で、快適にスケジュール管理ができます。紙の手帳ではどこかに置き忘れてしまうことがありますが、Googleカレンダーなら紛失することがなく、どこにいても見ることができます。

Googleカレンダーとは

Googleカレンダーはスケジュール管理サービスです。Googleカレンダーを使うと、打ち合わせや会議などの日時と場所を追加して、予定が近づいたら通知することが可能です。また、スケジュールの共有や会議への招待の他、会議室や社用車の空き状況を確認しながら予定を入れることもできます。SECTION04-11で説明しますが、ビデオ会議でファイルを使う場合もGoogleカレンダーを使用します。

Googleカレンダーを開く

1 Google Workspaceのアカウントにログインした状態で、画面右上の「Googleアプリ」ボタンをクリックし、「カレンダー」をクリック。あるいは、https://calendar.google.com/calendar/ （またはカスタムURL）にアクセスする。

Googleカレンダーの画面構成

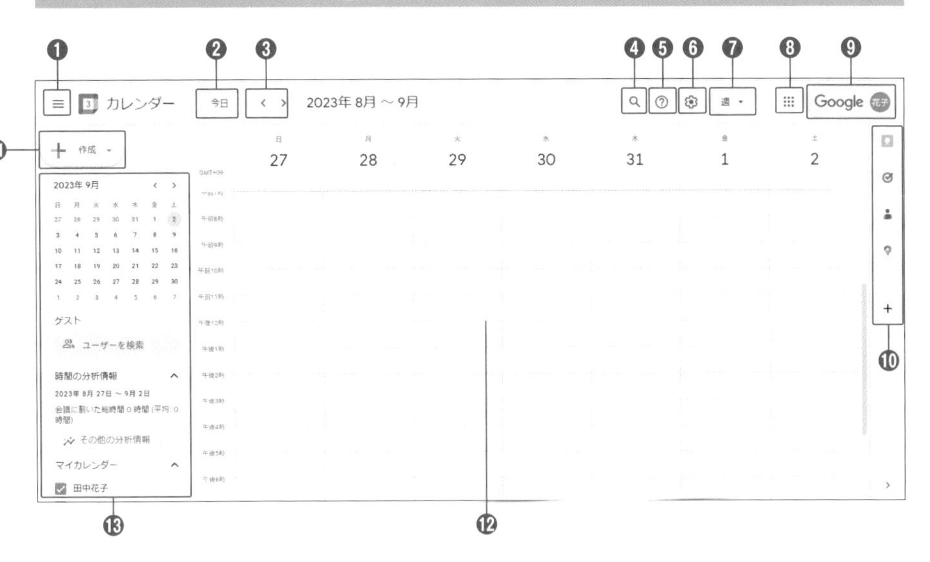

❶**メインメニュー**：クリックするとメニューを閉じることができる。再表示するには再度クリックする

❷**今日**：今日の日付と現在時刻を選択できる

❸**前週・翌週**：別の週を表示する（日表示の場合は別の日、月表示の場合は別の月を表示する）

❹**検索**：予定を検索するときに使う

❺**サポート**：わからないことを調べられる

❻**設定メニュー**：設定や印刷をするときに使う

❼**ビュー**：「日」「週」「月」単位などの表示に切り替えることができる

❽**Googleアプリ**：Googleの他のサービスを利用するときは、ここから移動できる

❾**Googleアカウント**：クリックすると、ユーザー名の確認やログアウト、アカウントの追加などができる

❿**サイドパネル**：KeepやToDoリストが使える。アドオンの追加も可能

⓫**作成ボタン**：クリックして予定やタスクなどを作成できる

⓬**カレンダー**：日にちをクリックして予定を追加できる。月表示、日表示などに変更可能

⓭**メニュー**：日にちの指定やカレンダーを選択できる

Check

カレンダーの画面が異なる

デフォルトではビューが「週」になっていますが、「日」や「月」に変更すると見た目が変わります。

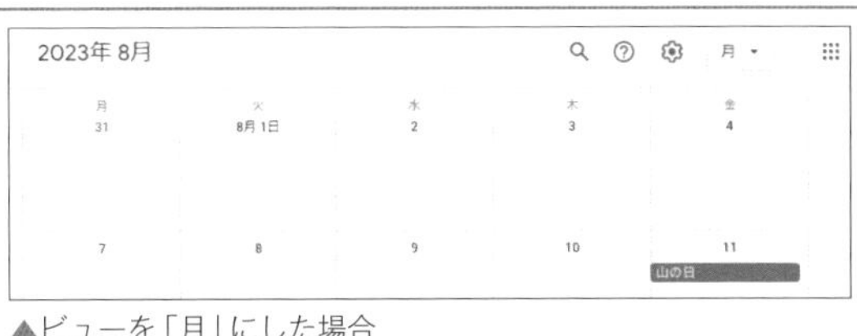

▲ビューを「月」にした場合

03-02

予定を作成する

予定が決まったら忘れないうちに入力しておく

会議や打ち合わせの予定が入ったら、忘れないうちにGoogle カレンダーに追加しておきましょう。日時の変更はいくらでも可能です。時間が決まっていない場合は、終日として入れておき、後から時間を設定することもできます。予定を共有している相手がいる場合は変更の通知が届くので心配いりません。

日時を指定して予定を追加する

1 カレンダーの空いている時間をクリックまたはドラッグ。

Check

予定の作成方法

ここでのようにカレンダー上の日時をクリックするか、画面左上の「作成」をクリックしたメニューから作成します。

2 タイトルを入力。

Hint

予定をコピーするには

同様の予定や、長い英単語などの場所や名前を入力する場合は、予定をコピーして手間を省きましょう。追加した予定をクリックし、右上の「オプション」をクリックします。その後、「複製」をクリックし、タイトルや日時を修正して保存します。

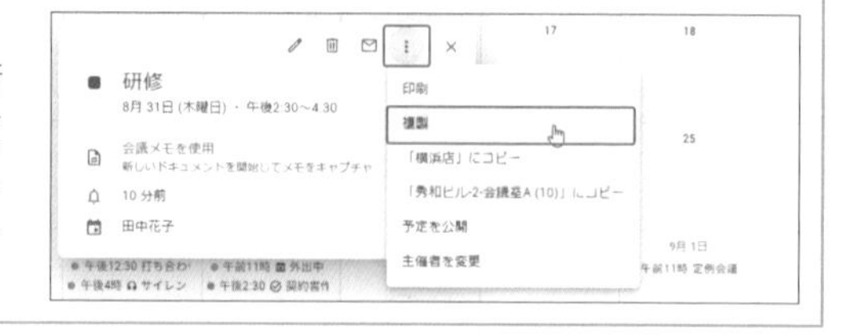

3 時間をクリックして修正が可能。
「終日」をオンにした場合は1日の予定となる。「保存」をクリック。

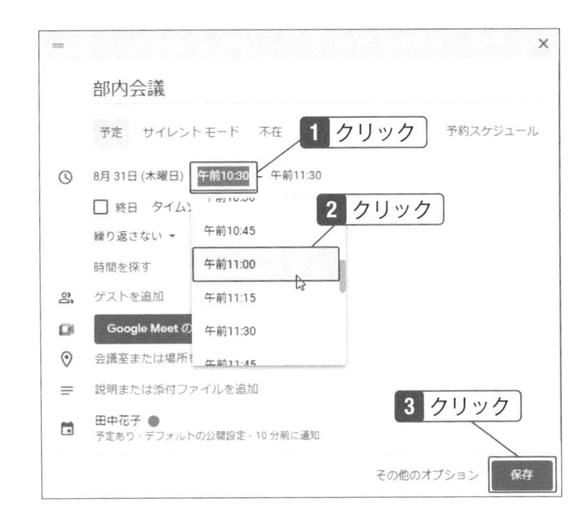

Check

空いている時間に予定を入れるには

手順3の画面で、「時間を探す」をクリックすると、すでに予定が入っている箇所がわかるので空いている時間を指定することができます。

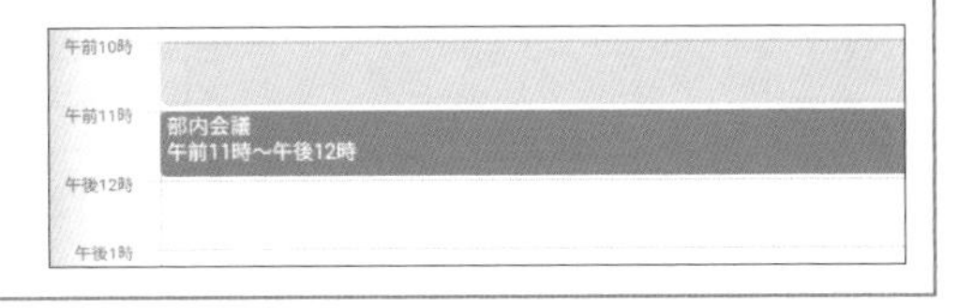

4 予定を追加した。

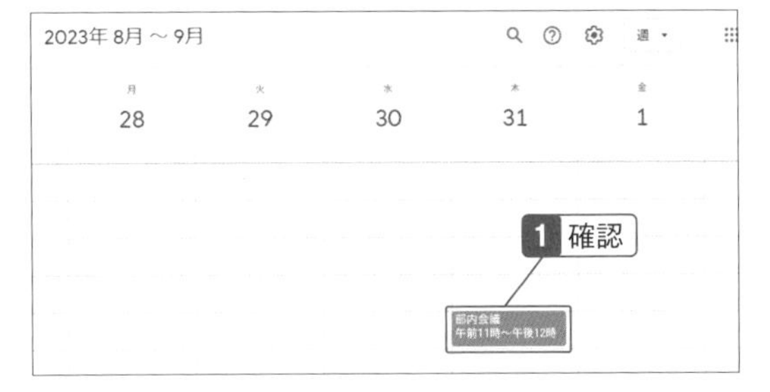

Check

予定を削除するには

削除したい予定をクリックし、🗑をクリックするか、キーボードの［Delete］キーを押します。

Check

予定を変更するには

予定をダブルクリックすると編集できる状態になり、日時の変更が可能です。また、日時を変更したい場合は、予定を他の日時にドラッグしても変更できます。

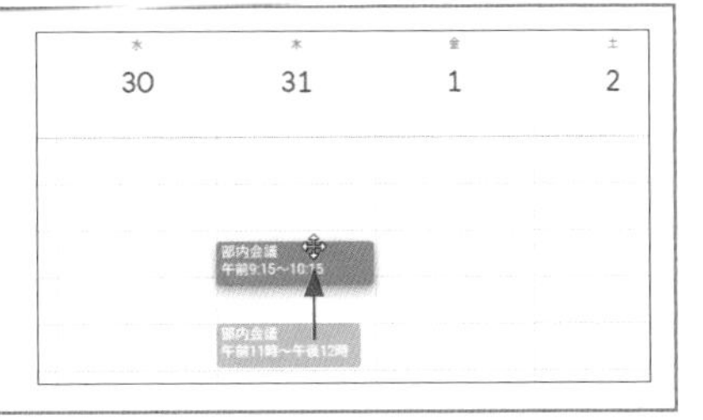

03-03

定期的な予定を作成する

毎週ある予定はその都度入力しなくてもすむ

「毎週金曜の13時から定例会議がある」といった場合、1つ1つ入力していては時間がかかります。まして何か月も続く場合は予定をコピーするのも大変です。そのような場合は、繰り返しの予定として追加しましょう。そうすることで、同じ予定をその都度入力する手間を省けます。

毎週の予定を追加する

1 SECTION03-02の手順3の画面で、タイトルと日時を設定する。「繰り返さない」をクリックして「毎週○曜日」を選択し「保存」をクリック。

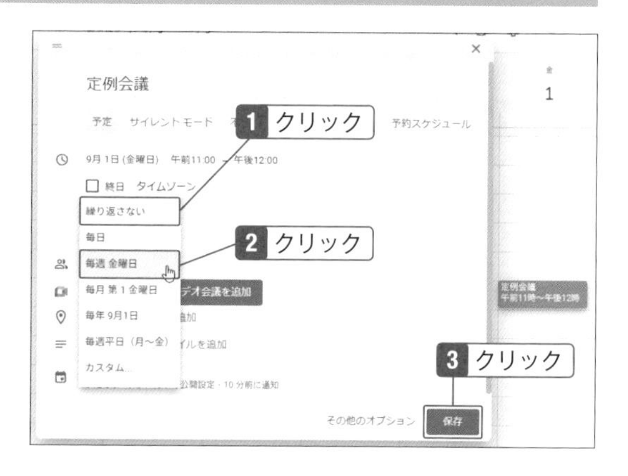

Hint

期間を限定して繰り返すには

繰り返す回数を指定したい場合は、手順1の画面で「カスタム」をクリックすると、「繰り返す間隔」で、「何回繰り返すか」「いつまで繰り返すか」を指定できます。

2 上部の「週」をクリックして「月」を選択し、月表示にすると、毎週予定が入っていることを確認できる。

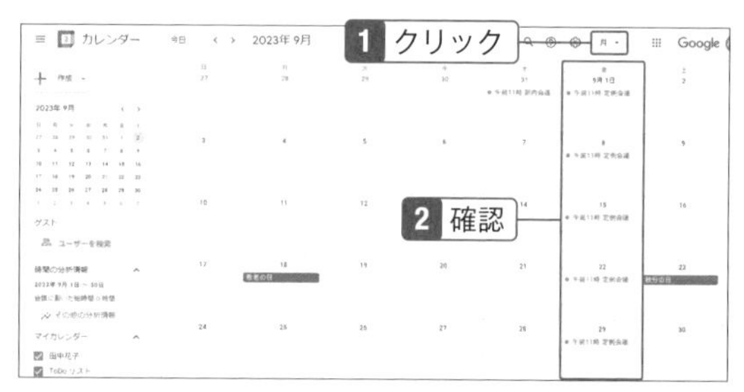

Check

定期的な予定を削除するには

予定をクリックして🗑をクリックします。選択した1つの予定を削除する場合は「この予定」をクリックします。その日以降の予定を削除する場合は「これ以降のすべての予定」、その日以前を含めすべての予定を削除する場合は「すべての予定」を選択します。

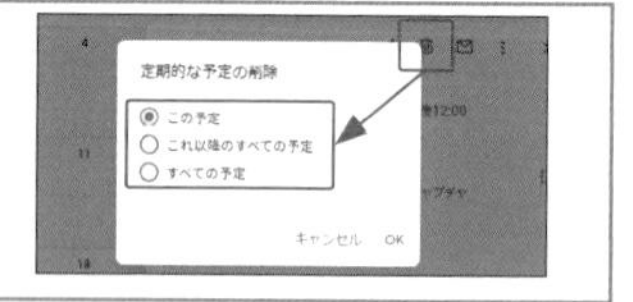

03-04

打ち合わせや会議の場所を設定する

場所を入れておけば即座に地図を表示できる

紙のカレンダーやホワイトボードに書かれている予定を見て打ち合わせに向かったが、場所を確認するのを忘れてしまった、ということがあるかもしれません。Google カレンダーでは、予定の中に場所も入れることができ、クリックすれば地図が開くので便利です。

予定に場所を追加する

1 SECTION03-02の手順3の画面で「会議室または場所を追加」をクリック。

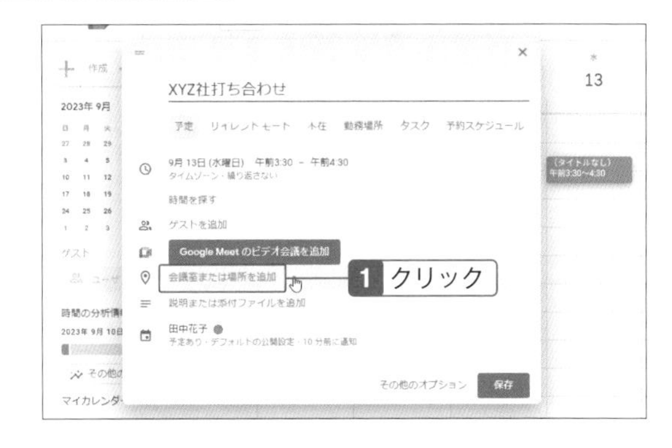

Check

よく利用するオフィスや会議室を設定する場合

管理者がオフィスや会議室などを登録しておくと、手順2で「会議室を追加」をクリックしたときに候補として表示されます（SECTION12-12参照）。

2 「場所を追加」をクリックして、住所を入力する。

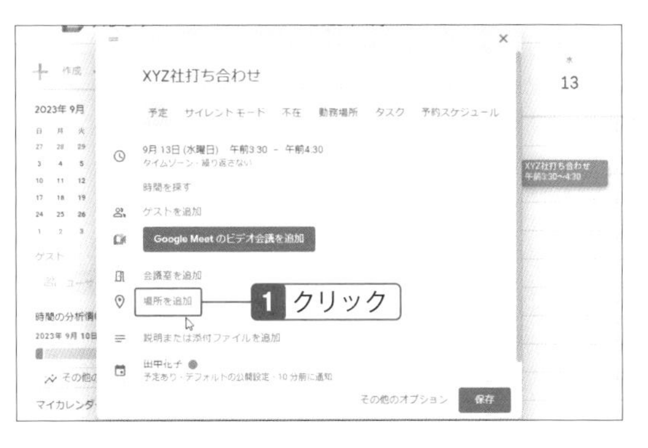

Hint

打ち合わせ場所の地図を見るには

予定に設定した場所をクリックすると、Googleマップが開き、周辺地図を見たり、経路を調べたりできます。

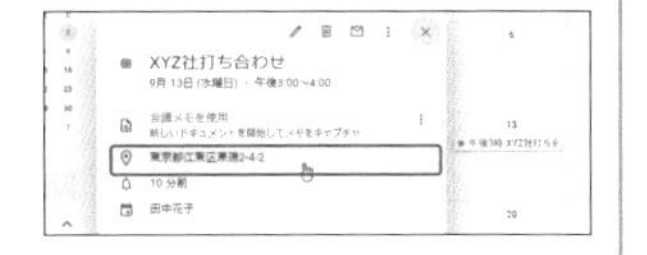

03-05

業務時間と勤務場所を設定する

業務時間外やテレワークの日がわかるので便利

業務時間外に会議の招待が来ても参加できません。予定を入れられないように、業務時間を登録しておきましょう。また、テレワークを実施している場合、テレワークの曜日は「自宅」、出勤する曜日は「オフィス」のように、曜日ごとに勤務場所を設定することができます。

業務時間を設定する

1 「設定」メニューの「設定」をクリック。

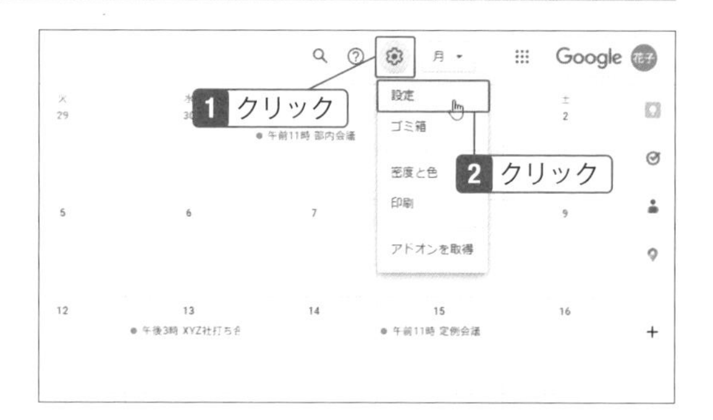

2 「業務時間と勤務場所」をクリックし、「業務時間を有効にする」にチェックを付ける。

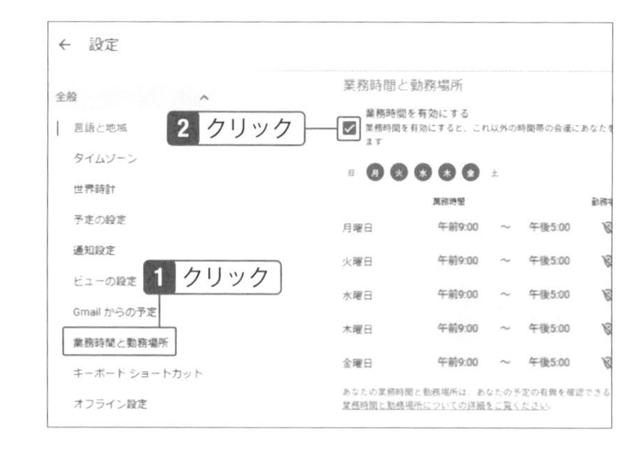

Check

業務時間の設定

業務時間を設定しておくと、予定にユーザーを追加する際、「業務時間外」のアイコンが付き、わかるようになっています。ただし、終日の予定にはアイコンは付きません。

3 勤務しない曜日をチェックしてオフにし、各曜日の勤務時間を設定する。

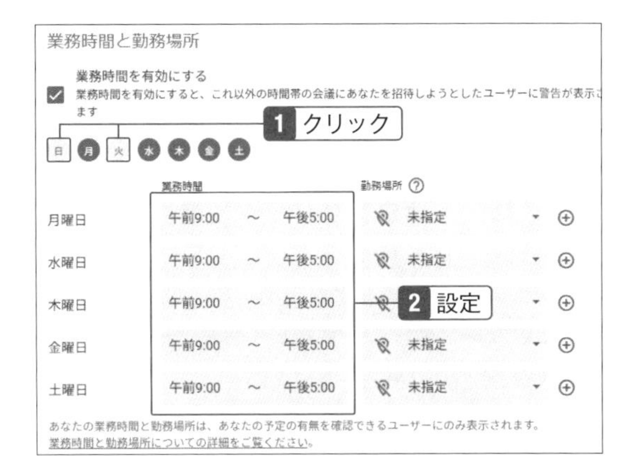

曜日ごとに勤務場所を設定する

1 曜日の▼をクリック。

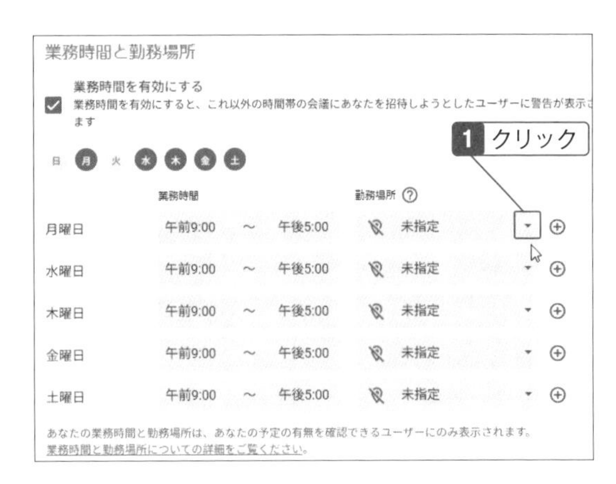

2 勤務場所を選択。他の曜日も設定する。その後画面左上の←をクリックして戻る。

Hint

メインオフィスの場所を設定するには

手順2の下部にある「メインオフィスのビルディング」で、メインの勤務場所を設定できます。ただし、管理者が管理コンソールの「ビルディングとリソース」で登録を完了している場合に選択できます（SECTION12-12参照）。

会議に招待する

招待された人はワンクリックで参加の可否を返答できる

会議や打ち上げなどで、参加メンバーの人数を確認したいとき、Googleカレンダーを使うとメンバーを招待して参加の可否を聞くことができます。参加者は、「参加」の返事をすると、カレンダーに予定として自動で追加されます。Google Workspaceでよく使われる機能なので活用してください。

予定に招待する

1 新しい予定を作成し、「ゲストを追加」をクリック。

Check

Googleアカウントを取得していない人を招待する

Googleアカウントを取得していない人を招待することも可能です。

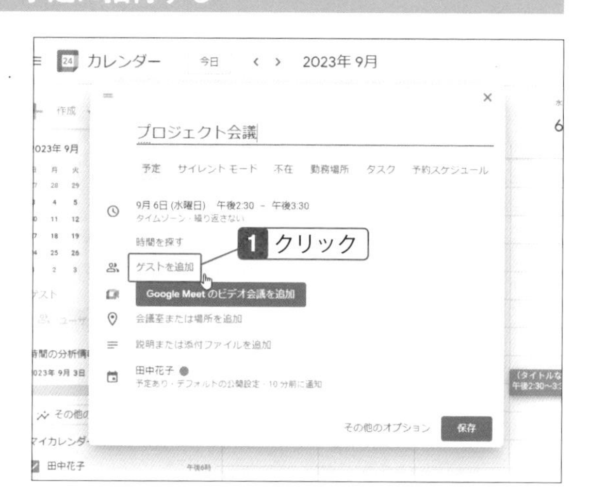

2 招待するユーザーを入力。

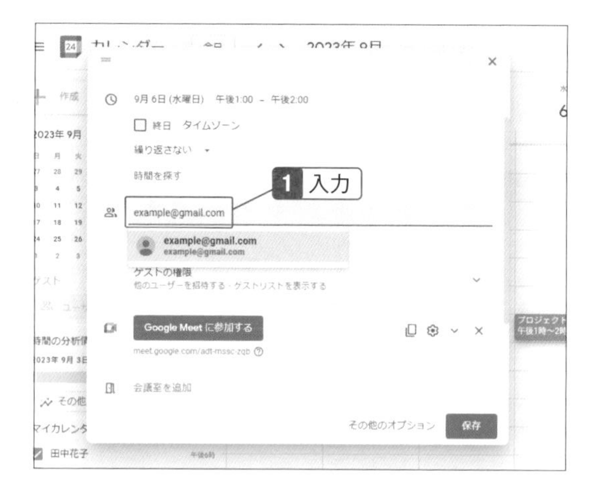

3 「保存」をクリックし、メールで送る場合は「送信」をクリック。

招待を受ける

1 メールに招待が届いたら「はい」の▼をクリックし、「会議室」か「オンライン」かを選択。その後「Google カレンダーで表示」をクリック。

2 カレンダーに追加される。

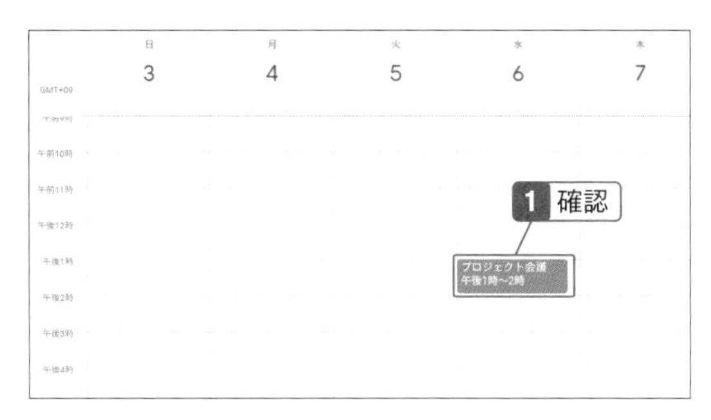

Check

会議の日程が変更になった場合

後から会議の日程を変更した場合は、参加者に変更したことを送信するか否かの選択画面が表示され、メールで参加の可否を選択してもらうようにできます。

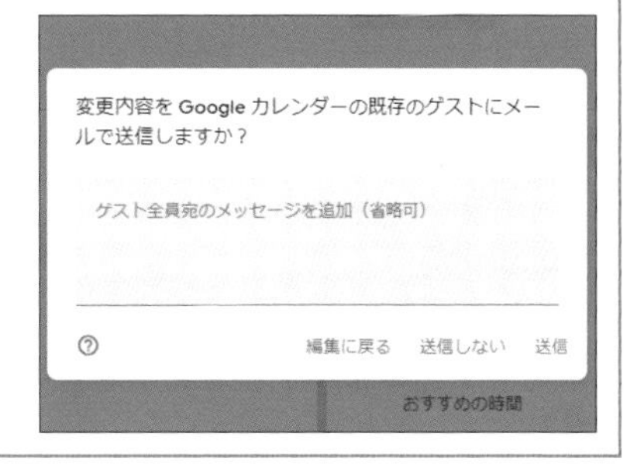

03-07

予定が近づいたら通知を表示する

大事な予定は複数の通知を設定しておく

仕事の予定を入れても、予定表を見忘れることを想定して、予定の日時が近づいたら通知するように設定しておきましょう。既定では予定の10分前に画面に表示されますが、大事な予定は他の時間にも通知するようにしておくことをおすすめします。

1時間前に通知する

1 予定をダブルクリックして開き、「通知を追加」をクリック。

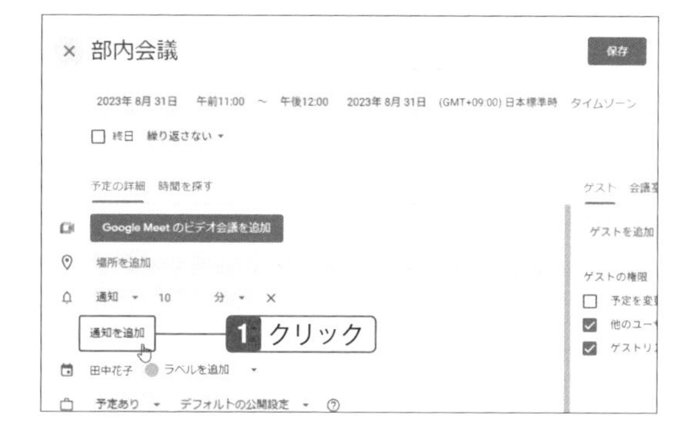

Check

アラームの時間を変更するには

既定では10分前に通知するようになっています。変更したい場合は、「10 分」をクリックして指定します。

2 「1 時間」に設定し、「保存」をクリック。

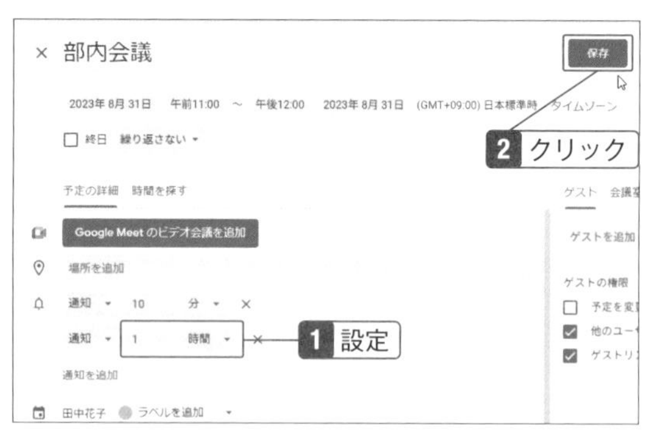

Check

通知の表示

設定した時間になると通知が表示されます。

calendar.google.com の内容
「打ち合わせ」（田中花子）が 6/3/2023 午後5:10 から始まります。
OK

03-08

不在時の設定をする

辞退の返信が自動でできる

あらかじめ不在とわかっている場合は、「不在」の設定をしておくと、招待メールが届いたときに自動的に辞退の返信をしてくれます。返信の文章も自由に設定できるので、その都度手動で返信する必要がなくなります。この機能は無料のGoogleアカウントでは使うことができず、Google Workspaceのみで使えます。

不在の日時を追加する

1 作成画面で、「不在」をクリック。対応できない日時と返信のメッセージを入力する。「会議への招待を自動的に辞退する」にチェックを付け「保存」をクリック。メッセージが表示されたら「保存して自動的に辞退」をクリック。

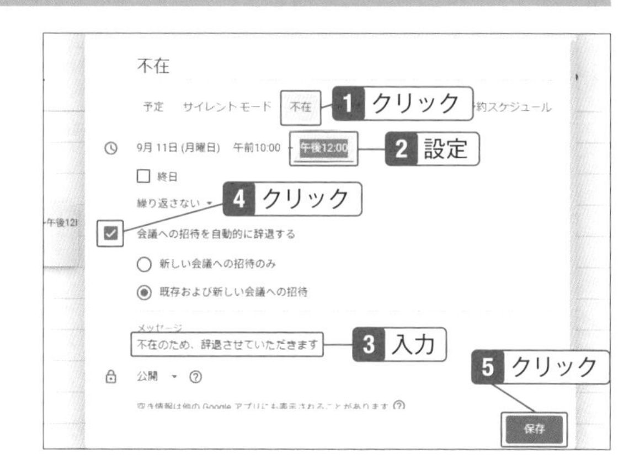

2 不在が表示される。

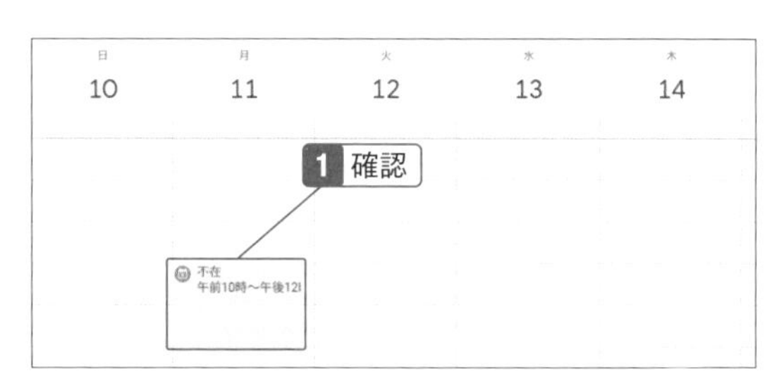

Note

不在とは

外出時や予定がある時間に不在の設定しておくことで、会議への招待が来たときに自動で辞退でき、招待した人に辞退する旨のメールが届きます。

03-09

期限がある仕事をタスクで管理する

To Doリストと連携してタスクを管理できる

Googleカレンダーに入力するのは、予定だけではありません。やらなければならない仕事や期限を守らなければならない仕事の管理にも使えます。入力したタスクは、Gmailの画面右端にあるサイドパネルの「To Doリスト」にも表示されるので、いつでも確認することができます。

やらなければいけないことを追加する

1 作成画面で「タスク」をクリックして件名を入力し、「保存」をクリック。「マイタスク」の▼をクリックすると、リストを選択できる（次ページのCheck参照）。

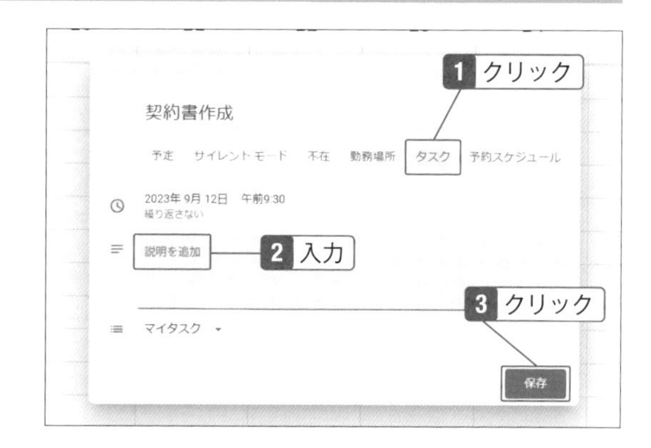

2 タスクを設定した。やることが済んだら「完了とする」をクリック。

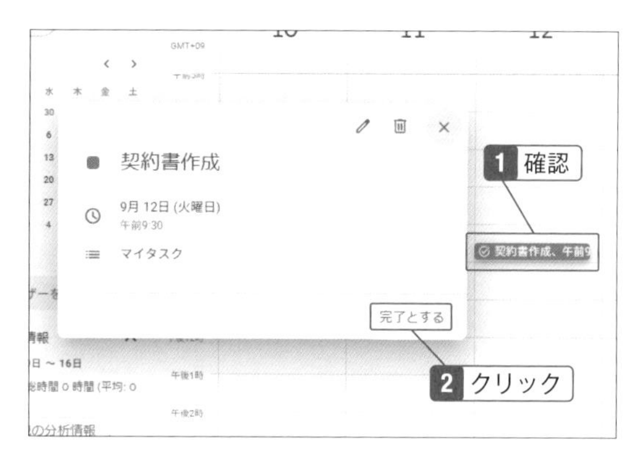

Note

タスクとは

タスクは、やることを管理するための機能です。To Doリストとしてサイドパネルでも使えます。なお、タスクは、カレンダーを共有しても他のユーザーには見えません。

3 取り消し線が付く。

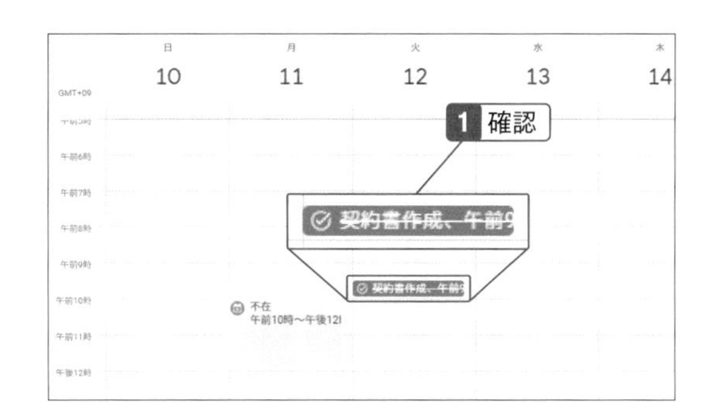

To Doリストで管理する

1 サイドパネルの「To Doリスト」をクリック。

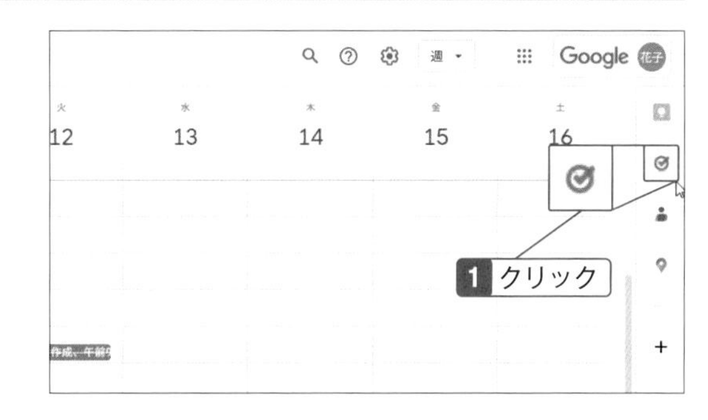

2 タスクが表示される。完了したタスクは下部の「完了(〇件)」をクリックすると表示される。

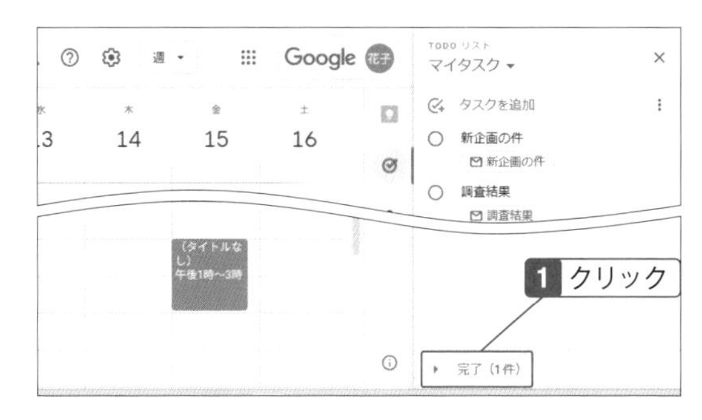

Check

サイドパネルのTo Doリストと連動している

タスクは、GoogleカレンダーやGmailのサイドパネルにある「ToDoリスト」と連動していて、To Doリストで完了させたり、編集したりすることが可能です。

また、タスクが増えてくると関連のあるタスクをリストでまとめた方が見やすくなります。手順2の画面で「マイタスク」の▼をクリックし、「新しいリストを作成」をクリックします。続いて、リスト名を入力して「完了」をクリックします。Googleカレンダーのタスクの画面でも、作成したリストを選択できるようになります。

03-10

予約スケジュールを作成する

参加者に聞きに行かなくても日時を決められる

ミーティングなどの日程を決めるとき、参加者一人一人に都合を聞いていると、時間がかかりますし、スケジュール調整が難しい場合があります。Googleカレンダーには、カレンダーを使って予約ができる機能があり、外部の人に向けた予約も可能なので、さまざまな用途に活用できます。なお、Business Starterプランは、ここでの機能は使えません。

予約枠を設定する

1 作成画面で、「予約スケジュール」をクリックしてタイトルを入力し、「スケジュールを設定」をクリック。

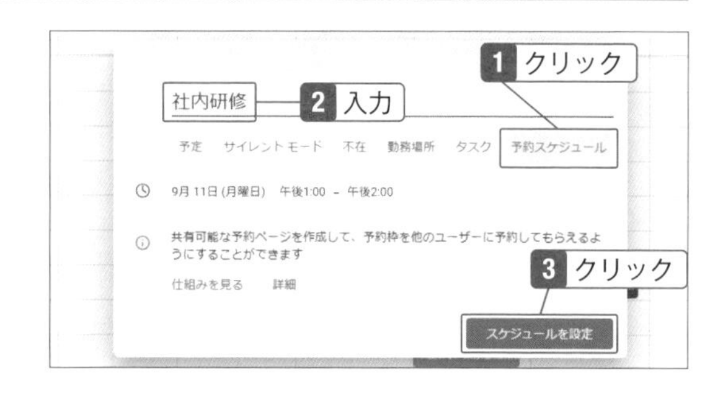

2 予約枠の長さを選択し、予約枠の時間を入力。他にも設定する時間帯があれば「＋」をクリックして追加する。

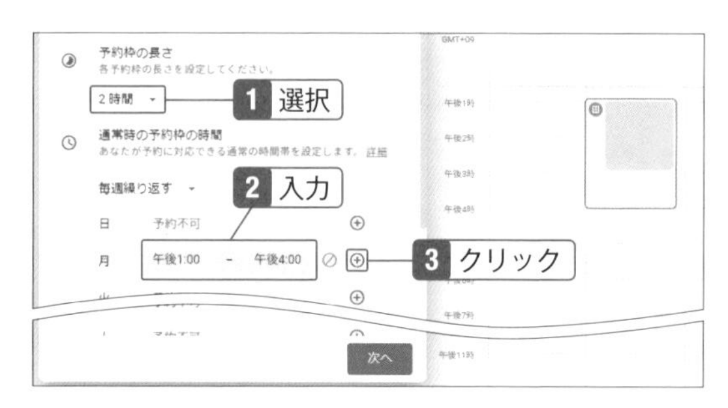

Hint

予約の設定

予約枠には、受付時間なども含めた時間帯を設定します。予約枠の長さは、各予約の時間のことなので、予約枠より長くならないようにします。

3 予約受付時間の「v」をクリックし、「今すぐ利用可能にする」をクリック。受付開始日と終了日を設定し、「次へ」をクリック。

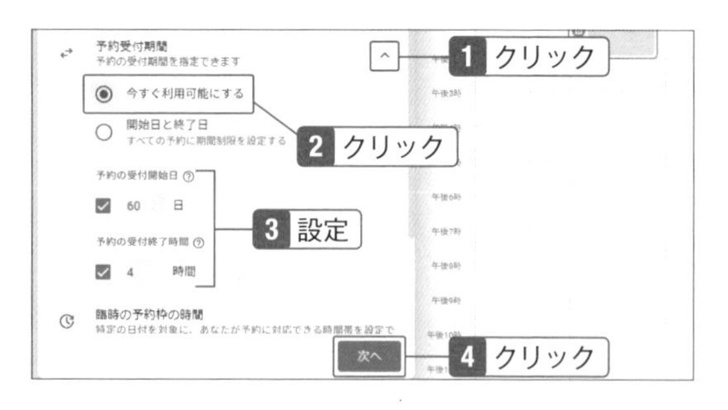

4 説明を入力し、「保存」をクリック。

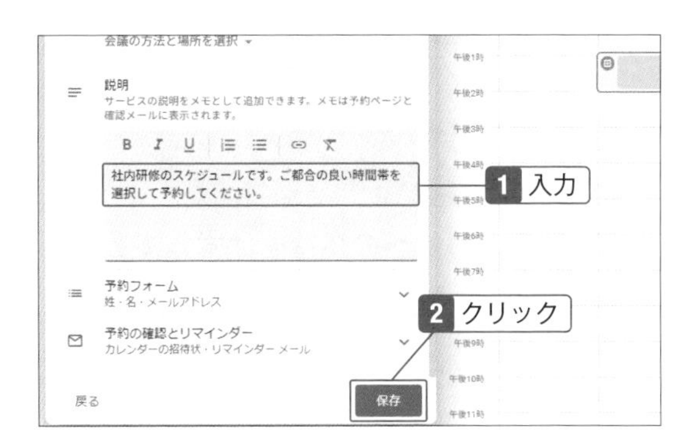

Hint

予約フォームに質問を追加するには

手順4で「予約フォーム」の「v」をクリックし、「質問の追加」をクリックすると、電話番号や任意の文字を入力できるボックスを追加できます。

5 「共有」をクリック。

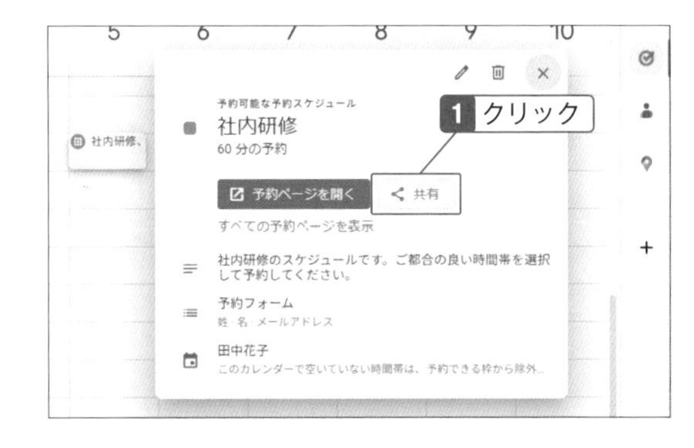

6 リンクが表示される。「完了」をクリック。

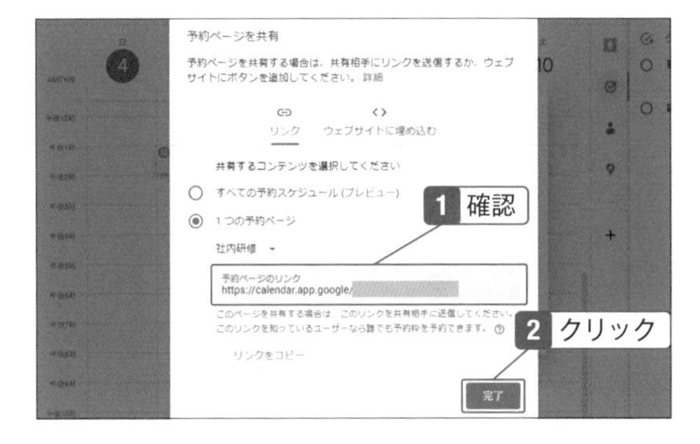

Hint

Webサイトに埋め込むには

手順6で「ウェブサイトに埋め込む」タブをクリックすると、Webサイトに埋め込むコードが表示されるので、コピーしてWebサイトのページに貼り付けてください。

Check

予約するには

送られてきたリンクをクリックするとカレンダーが表示されるので、クリックで予約することができます。

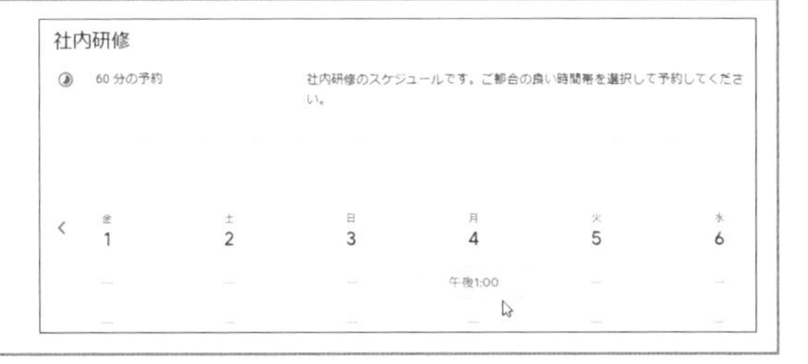

03-11

集中したい時間帯にサイレントモードを設定する

会議や打ち合わせへの招待をはずしてもらいたいときに

急ぎで頼まれた仕事や期限がせまっている仕事をしているときは、できるだけ会議や打ち合わせの予定は入れたくないものです。そのようなときにサイレントモードを使います。オフィスにいないときには「不在」、オフィスにいても参加できないときには「サイレントモード」と使い分けてください。なお、Business StarterやIndividualプランでは使用できません。

サイレントモードを設定する

1 作成画面で、「サイレントモード」をクリックして件名を入力。チャットの通知をミュートと、会議の招待の辞退について設定し、「保存」をクリック。

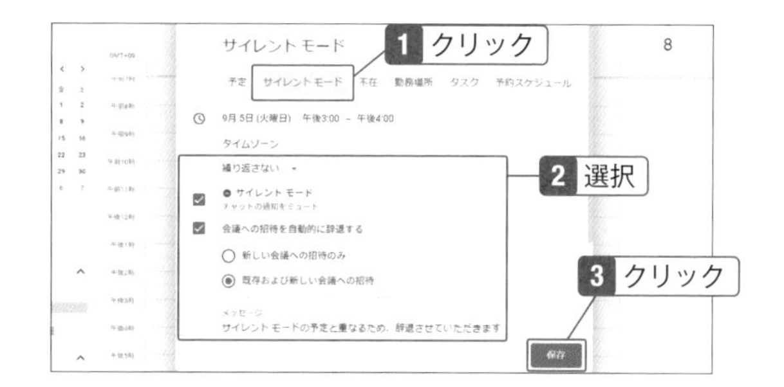

Note

サイレントモードとは

仕事に集中したいときには、サイレントモードが便利です。サイレントモードを設定している人を会議へ招待しようとすると、カレンダーに「サイレントモード」と表示されます。不在の設定と同様に、招待されたときに自動で辞退することも可能です。なお、サイレントモードは「月」単位の表示では設定できないので、画面右上で「日」または「週」ビューに切り替えて設定してください。

2 サイレントモードを設定した。ヘッドフォンのアイコンが付く。

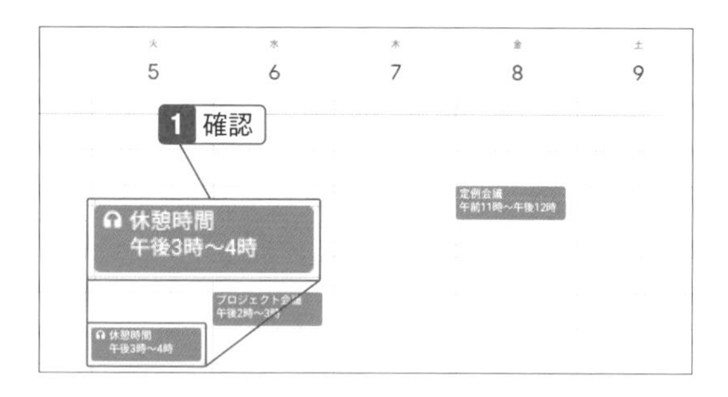

03-12

カレンダーを追加して共有する

複数人でカレンダーを共有できる

Googleカレンダーでは、複数の人とカレンダーを共有することができます。会議やイベントなどの関係者だけが見られるようにしたり、Webサイトに公開して誰でもカレンダーを見られるようにしたりできます。ここでは、新しくカレンダーを作成し、他のユーザーと共有する方法を解説します。

新しいカレンダーを作成する

1 「他のカレンダー」の「＋」をクリック。

Check

メインのカレンダーを共有する

ここでは、新しくカレンダーを作成して共有しますが、自分のメインのカレンダーを共有することも可能です。ですが、共有相手は予定の作成や編集が可能になるので注意が必要です。

2 「新しいカレンダーを作成」をクリック。

Check

カレンダーを追加できない

管理者が管理コンソールでカレンダーの共有を制限している場合があり、組織外の人を招待した場合、カレンダーの表示はできても変更ができない場合もあります。

3 カレンダーの名前と説明を入力し、「カレンダーを作成」をクリック。

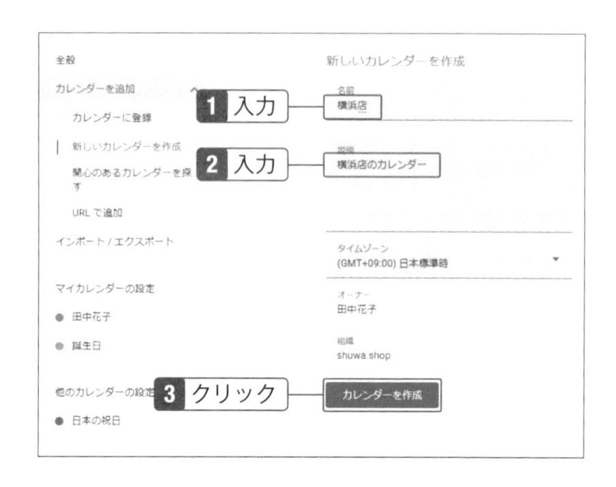

カレンダーを共有する

1 左の一覧から「横浜店」をクリックし、スクロールして「ユーザーやグループを追加」をクリック。

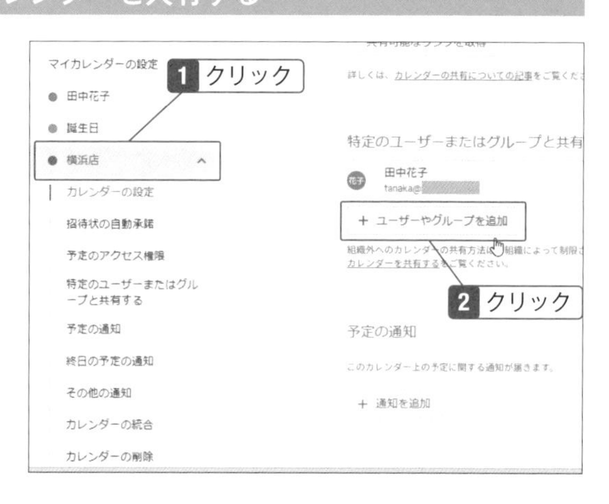

Hint

カレンダーを一般公開するには

作成したカレンダーをWebサイトに載せるなど、誰でも閲覧できるようにしたい場合は、手順1の画面で左にある「予定のアクセス権限」をクリックし、「一般公開して誰でも利用できるようにする」にチェックを付けます。

2 共有相手を設定する。

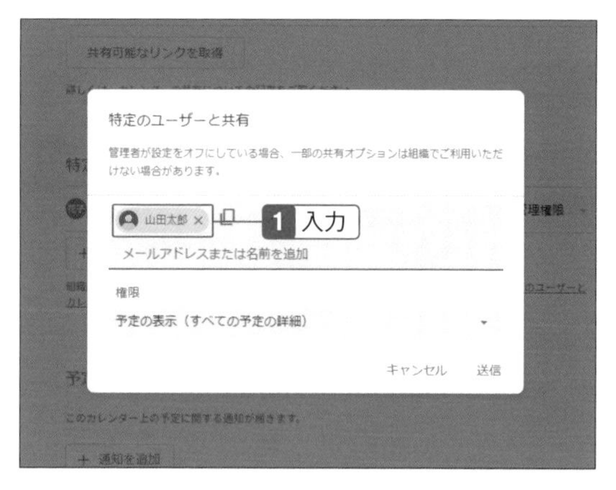

Check

カレンダーを削除するには

手順1の画面で左にあるカレンダーの削除」をクリックし、「削除」をクリックして「完全に削除」をクリックします。カレンダーを残して自分が表示できないようにするには、「登録解除」をクリックしてください。

3 追加したユーザーがどの操作ができるかについて「予定の表示（時間枠のみ、詳細は非表示）」「予定の表示（すべての予定の詳細）」「予定の変更」「変更および共有の管理権限」の中から選択し、「送信」をクリック。

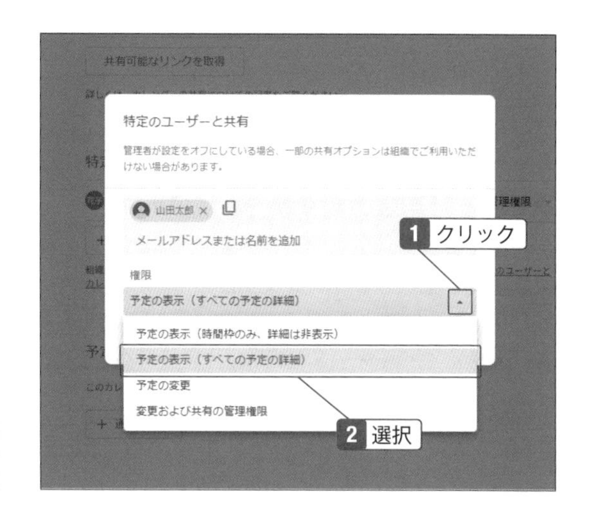

Check

カレンダーの共有を解除するには

他のユーザーとの共有を解除する場合は、手順1の画面で、追加したユーザー名の横にある「×」をクリックします。

相手がカレンダーを追加する

1 送られてきたメールの「このカレンダーを追加」をクリック。

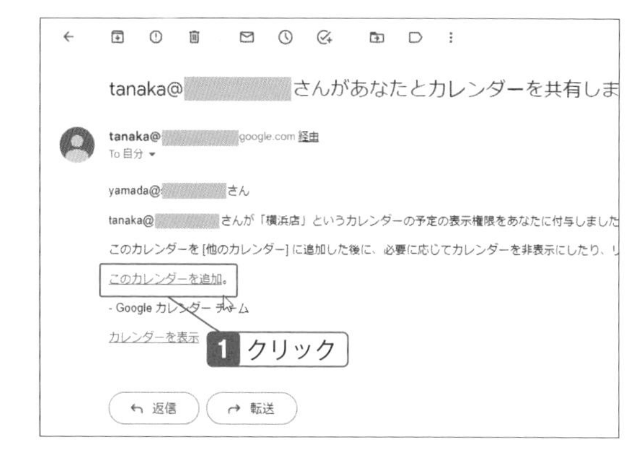

2 「追加」をクリックすると、共有した人の画面にカレンダーが追加される。

03-13 会議室のカレンダーを共有する

会議室や社用車の空き状況を把握できる

会議の日時を決めようとしたとき、参加者のスケジュール確認も必要ですが、会議室の空き状況も確認しなければなりません。会議室や社用車などをリソースとして追加しておけば、Googleカレンダーで空き状況を確認できます。なお、管理者がリソースの追加を行っていないとここでの操作はできません。

リソースを設定する

1 「他のカレンダー」の「＋」をクリックし、「リソースのブラウジング」をクリック。

Check

リソースのカレンダーを共有する

会議室や社用車などのリソースを自分のカレンダーに追加して、予約することができます。共有している人がリソースを予約すると、そのリソースのカレンダーに予定が表示されます。ただし、管理者が会議室や社用車などのリソースを追加していないと操作できません。リソースの追加については、SECTION12-12で解説します。

2 リソースにチェックを付ける。その後左上の「←」をクリックして戻る。

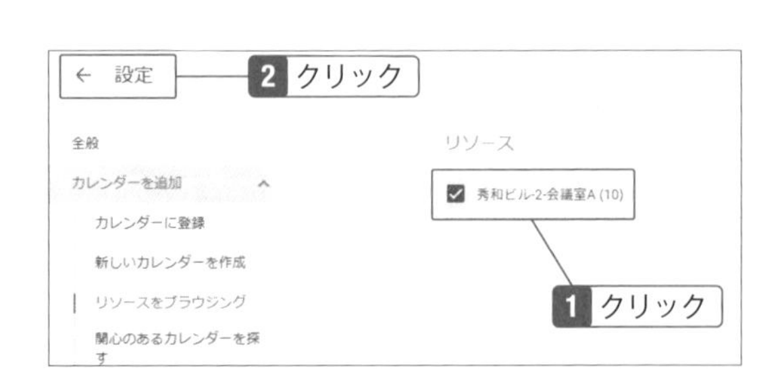

3 リソースが追加されるので、ポイントして⋮をクリック。

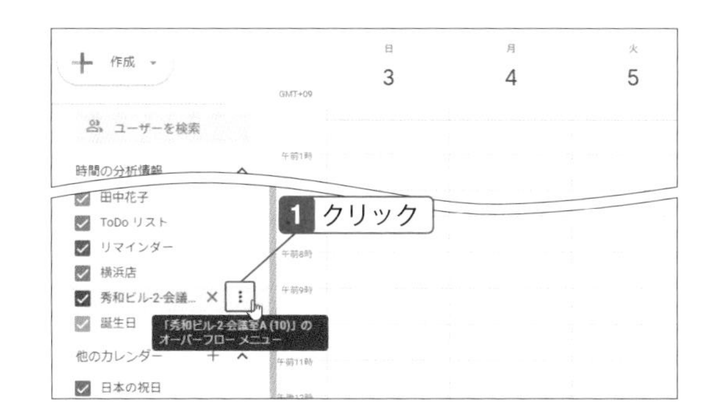

4 「設定と共有」をクリック。

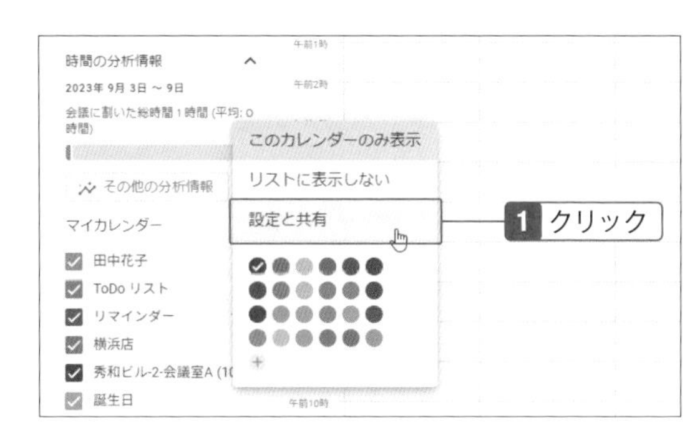

5 組織内で共有する場合は「○○で利用できるようにする」にチェックが付いていることを確認。「ユーザーやグループを追加」をクリック。

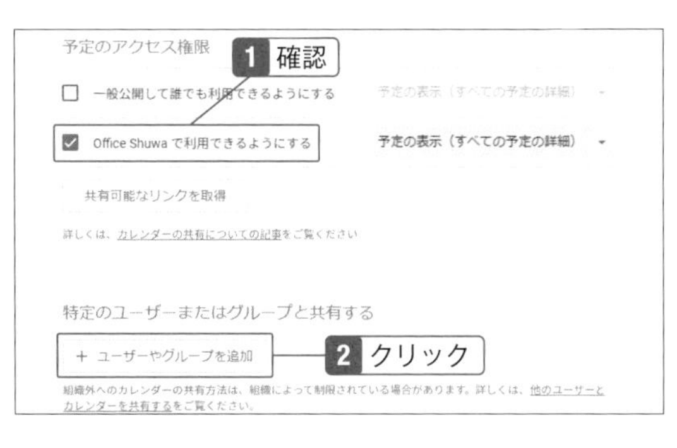

6 共有する人を入力し、「送信」をクリック。

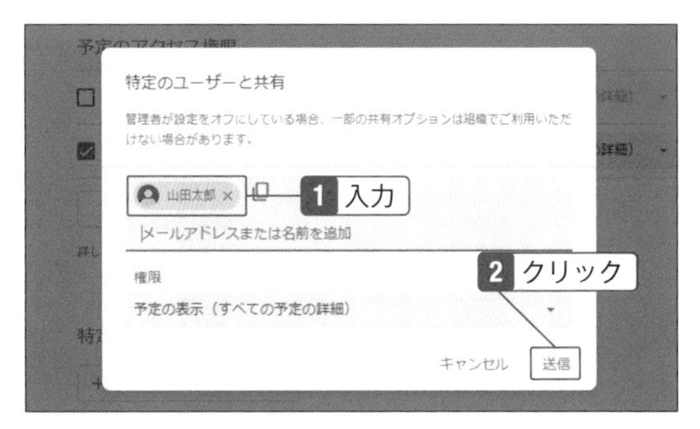

Check

リソースのカレンダーに予定を追加する

SECTION03-04の方法で予定に会議室を追加すると、リソースのカレンダーに表示されます。

時間の分析情報を見る

時間を分析して業務効率化を図れる

「今週は打ち合わせが多かった」「今月は会議の時間が長かった」などがひと目でわかるのが時間の分析情報です。予定にラベルを追加することで、色付きのグラフで表示されるようになっています。時間の使い方を分析して無駄な時間を省けば、業務効率化につながるので役立ててください。なお、Business StarterやIndividualプランでは使用できません。

ラベルを追加する

1 予定を右クリックし、「ラベルを追加」をクリック。

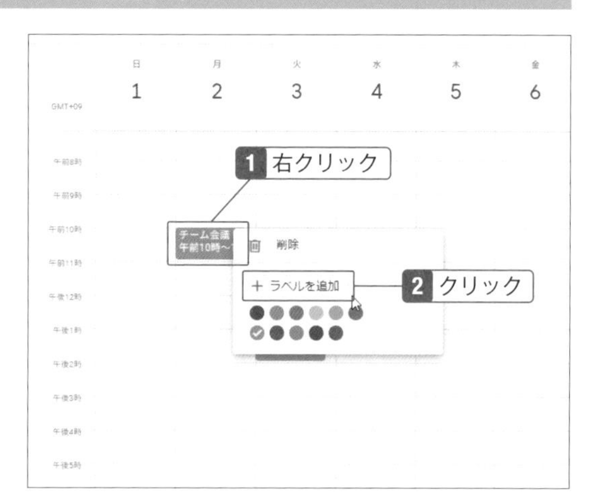

Note

ラベルとは

「会議はオレンジ」「打ち合わせは緑」など、予定の種類ごとに色分けできるのがラベルです。カレンダー上の色を見れば予定の種類がひと目でわかります。また、時間の分析情報を使用する際にラベルが必要です。

2 カテゴリ名を入力し、色を選択する。他にも追加する場合は「＋」をクリックして追加し、「保存」をクリック。

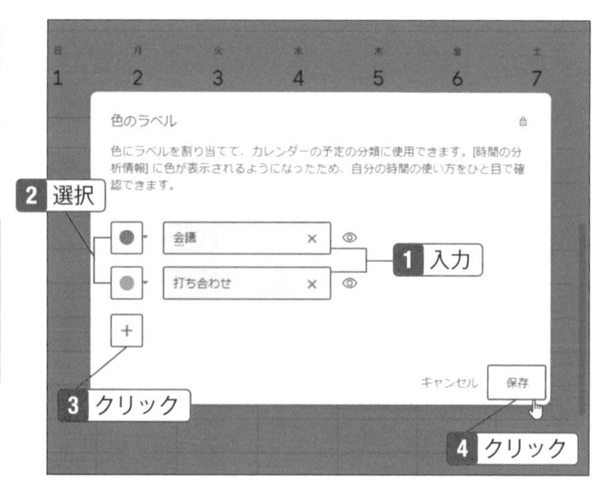

Hint

ラベルを分析情報に入れない場合

時間の分析情報に表示しないラベルは、手順2で◉をクリックします。

3 予定を右クリックし、作成したラベルをクリック。

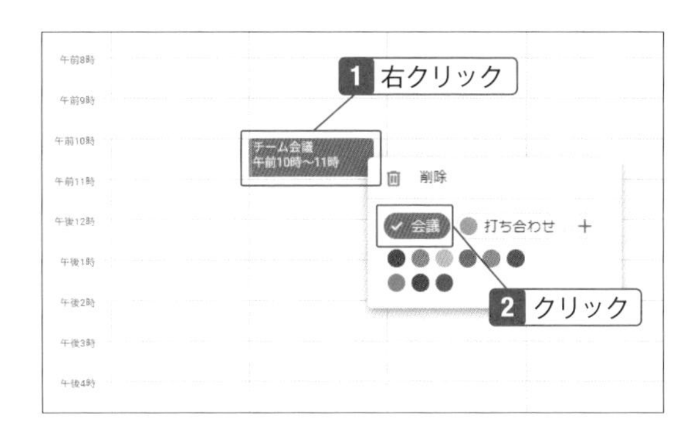

4 ラベルを設定した。

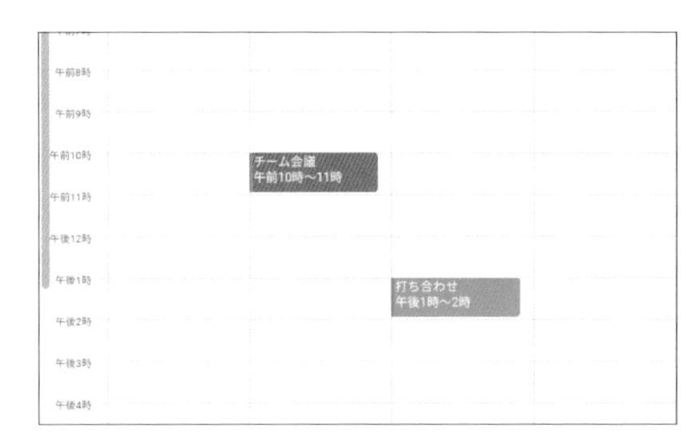

時間の分析情報を表示する

1 画面左にある「時間の分析情報」で会議に割いた時間がわかる。「その他の分析情報」をクリックすると、画面右側に分析情報が表示される。「種類別」タブと「色別」タブで時間の内訳を見ることができ、ビューを「日」や「月」に変更して日単位、月単位の分析ができる。

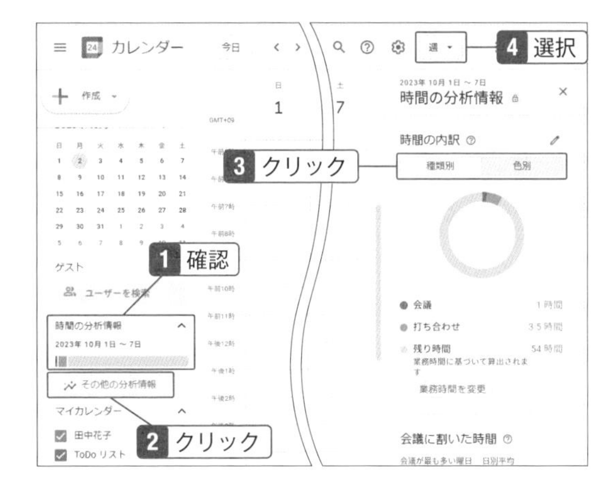

Note

時間の分析情報とは

時間の分析情報では、会議に使用した時間や会議に参加したユーザーがひと目でわかるようになっています。日単位、月単位で分析して、無駄な時間を過ごしていないかを確認してください。

時間帯で勤務場所を設定する

時間単位で勤務場所を設定できる

SECTION03-05では、曜日ごとに勤務場所の設定をしましたが、1日ずっと同じ場所にいるとは限りません。午前中は「自宅」、午後は「オフィス」という場合もあるでしょう。そのような場合は、予定の作成画面の「勤務場所」タブで設定します。なお、Business Starter やIndividualプランでは使用できません。

勤務場所を設定する

1 作成画面で「勤務場所」をクリック。時間を指定して、自宅かオフィスかを選択して「保存」をクリック。

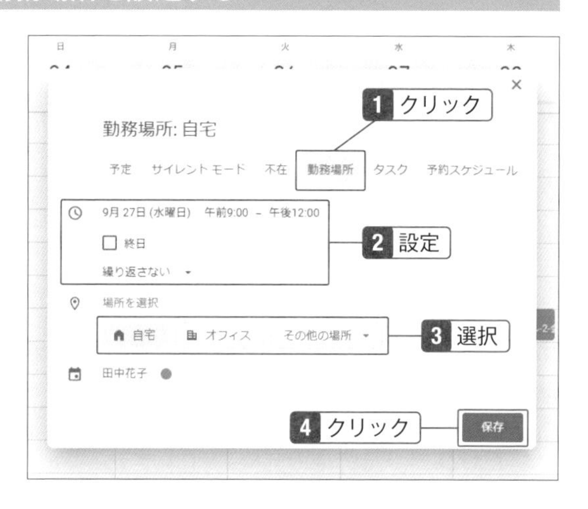

Check

その他の場所

手順1の「その他の場所」をクリックし、「別のオフィス」や「別の場所」を指定することも可能です。

2 時間単位の勤務場所が表示される。曜日の勤務場所は上部に表示されている。

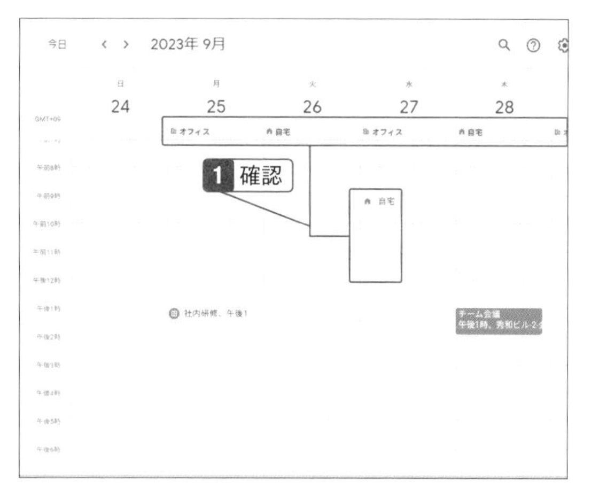

Chapter

04

「Google Meet」でビデオ会議を行う

ビデオ会議は、離れた場所にいる人達と会議ができる便利なツールです。さまざまなビデオ会議ツールがありますが、Google Meetなら、特別なソフトをインストールしなくてもすぐに使うことができ、操作も簡単です。通信データは暗号化されるので、安心して社内会議ができます。顔を映し出すだけでなく、パソコンの画面を映して共有することもできるので、プレゼンテーションにも使えます。

04-01

Google Meetを使用する

Google Meetはテレワークに必須のビデオ会議ツール

まずは、Google Meetにアクセスしていつでもビデオ会議ができるように準備しておきましょう。パソコンやモバイル端末に備え付きのカメラとマイクで使用できます。パソコンに付いていない場合は、外付けのWebカメラを用意してください。最近では手ごろな値段で販売されています。

会議を開始する

1 Google Workspaceのアカウントにログインした状態で、画面右上の「Googleアプリ」ボタンをクリックし、「Meet」をクリック。あるいは、https://meet.google.com/ (あるいはカスタムURL)にアクセスする。

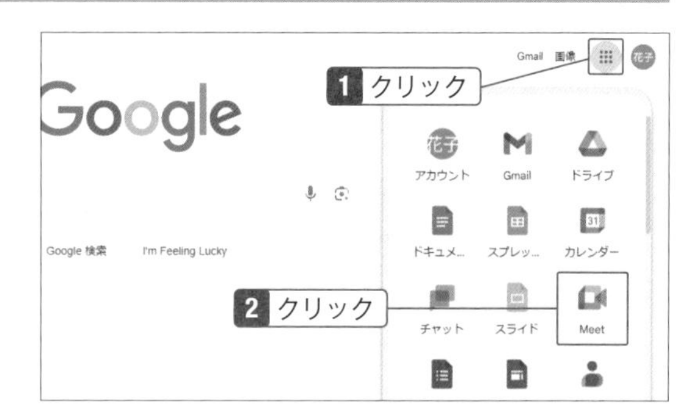

2 「新しい会議を作成」をクリック。

誰でも使えるセキュアなビデオ会議サービス

Google Meet なら、離れている人とも顔を見ながらコラボレーションや会話を行えます

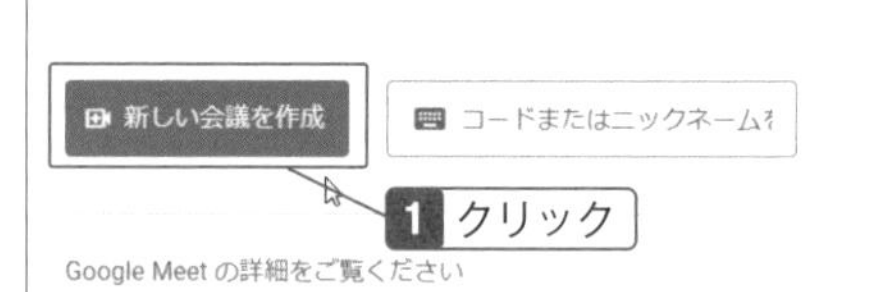

Google Meet の詳細をご覧ください

> **Check**
>
> **Google Meetに必要なもの**
> - インターネット環境
> - パソコンまたはモバイル端末
> - 内蔵のWebカメラまたは外付けのWebカメラ

> **Note**
>
> **Google Meetとは**
>
> Google Meetは、Googleが提供するビデオ会議サービスです。エンコーダーソフトなどは不要で、ブラウザのみで使用でき、データを暗号化して通信するので安心して会議を開催できます。会議の時間は最長で24時間、参加できる人数はBusiness Starterは100人、Business Standardは150人、Business Plusは500人、Enterpriseは1,000人までです。対応しているブラウザは、Chrome、Firefox、Edge、Safariです。Internet Explorer 11 では Meet のサポートが制限されるのでMicrosoft Edgeを使用してください。なお、管理者がGoogle Meetの使用を許可していない場合は使えません。

3 「会議を今すぐ開始」をクリック。

Note

ミーティングコードとは

手順3でミーティングコードを入力して参加することができます。ミーティングコードは、会議中の画面左下や「ミーティングの詳細」ボタンをクリックした画面にあります。

4 マイクとカメラへのアクセス許可のメッセージが表示されたら、「許可する」をクリック。

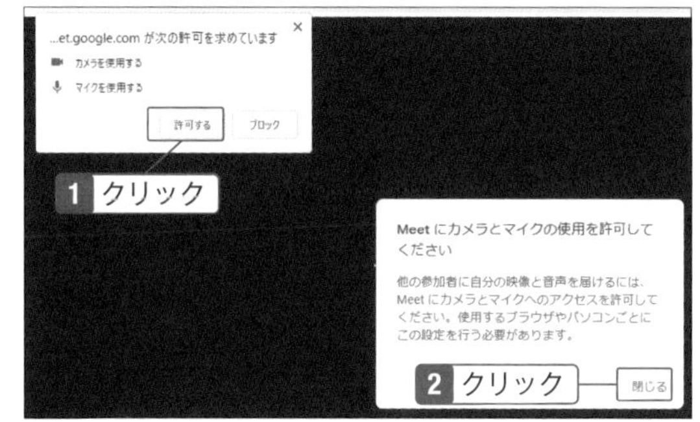

5 「ユーザーの追加」をクリック。後で招待する場合は、右上の「×」をクリック。

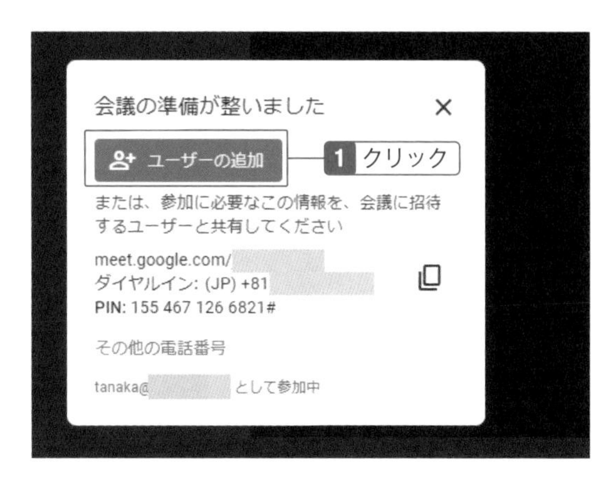

Hint

電話で会議に参加するには

手順5の画面（または「ミーティングの詳細」ボタンをクリック）に表示されている電話番号宛に、スマホで電話をかけて音声で会議に参加することが可能です。「3-1234-5678」と記載されている場合は先頭に0を付けて、「0312345678」にかけます。その後、電話番号と一緒に表示されているPIN（#も入れる）の数字を押します。

6 「招待」タブで名前を選択するかメールアドレスを入力し、「メールを送信」をクリック。

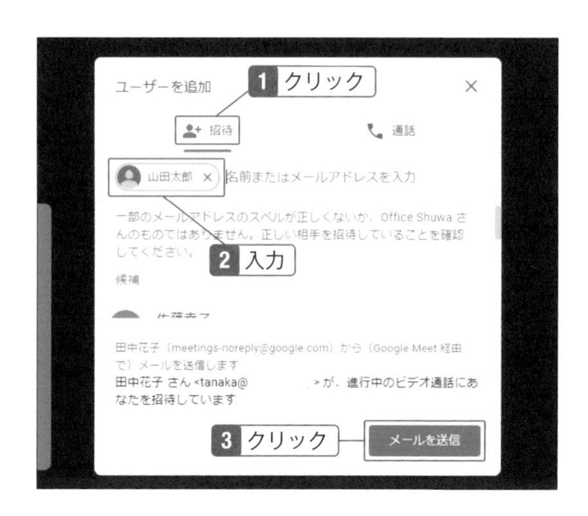

会議への招待を受ける

1 招待メールが送られてくるので「通話に参加」をクリック。

2 「今すぐ参加」をクリック。その後、主催者が「承諾」をクリックすると参加できる。

Hint

コンパニオンモードで参加する

会議室にいる複数人のユーザーとリモートのユーザーでビデオ会議を行う場合、会議室でハウリング（エコー）が起きる場合があります。そのようなときは、手順2の「コンパニオンモードを使用」をクリックすると、マイクとスピーカーを無効にして、ハウリングを起こさずに会議ができます。

Google Meetの画面構成

❶**時刻**：現在の時間
❷**会議コード**：このコードを入力して会議に参加できる
❸**マイク**：マイクをオフ・オンにする
❹**カメラ**：カメラをオフ・オンにする
❺**字幕**：字幕を表示する
❻**リアクション**：絵文字を送信できる
❼**画面を共有**：映し出す画面を選択する
❽**挙手する**：発言するときにクリックする
❾**その他のオプション**：レイアウトの変更、マイクとカメラの設定、録画などができる
❿**通話から退出**：会議を退室する
⓫**ミーティングの詳細**：会議の情報や添付ファイルを表示できる
⓬**全員を表示**：参加しているユーザーを表示する
⓭**全員とチャット**：ビデオ会議をしながらチャットを利用できる
⓮**アクティビティ**：質問やアンケート、グループの分割ができる
⓯**主催者用ボタン**：画面共有やチャットメッセージについてなどの設定ができる

退出する

1 「通話から退出」をクリック。

ビデオ会議に招待する

会議中に招待することもできる

会議を開始するときに他のユーザーを招待できますが、会議が始まってからでも招待できます。招待された人にはメールが届き、リンクをクリックするとGoogle Meetにアクセスできます。参加する場合は「今すぐ参加」をクリックしてください。

ユーザーを追加する

1 「全員を表示」をクリックし、「ユーザーを追加」をクリック。ユーザーの追加を止める場合は「×」をクリック。

ユーザー
2 クリック
ユーザーを追加
ユーザーを検索
通話中
田中花子（あなた）
会議の主催者
1 クリック

Hint

会議のURLを送るには

「全員を表示」の左にある「ミーティングの詳細」アイコンをクリックし、「参加に必要な情報をコピー」をクリックしてコピーし、他のアプリでリンクを送れます。

2 名前またはメールアドレスを入力し、「メールを送信」をクリック。その後右上の「×」をクリック。

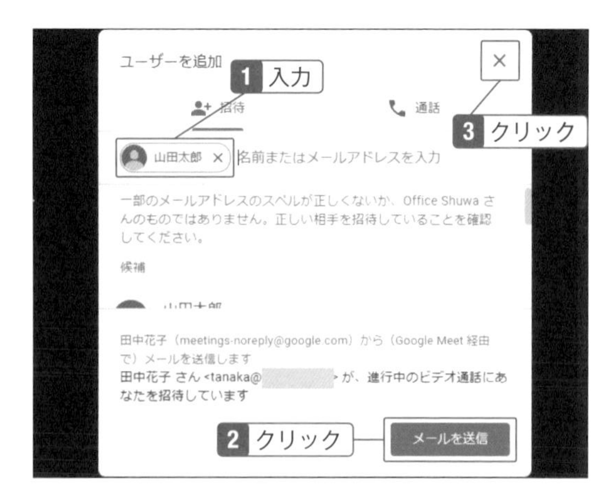

04-03

会議画面の背景を設定する

部屋を映したくないときには背景を設定する

ビデオ会議に参加することになったが、部屋を映したくないという場合は、背景を設定しましょう。あらかじめ用意されている画像でも好きな画像でも設定できます。静止画だけでなく、アニメーションの背景もあるのでお好みの背景を選んでください。

会議の画面で背景を設定する

1 「その他のオプション」をクリックし、「ビジュアルエフェクトを適用」をクリック。

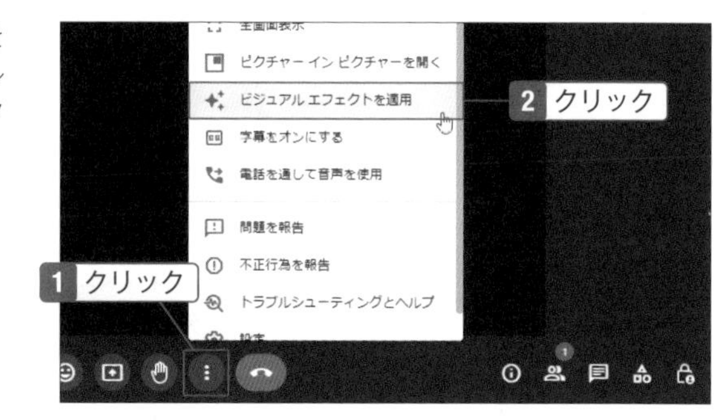

2 画像をクリック。背景をぼかす場合は「背景を少しぼかす」または「背景をぼかす」をクリックする。パソコン上の画像を使う場合は をクリックして画像を選択する。

Check

会議に参加する前に背景を設定するには

カレンダーやメールから会議に参加する場合は、会議に参加する画面の をクリックして、背景を選択します。

04-04

画面の表示を変更する

特定の人を大きく表示させたり、参加者を均等に並べたりできる

画面のレイアウトは、発言している人や映し出している画面に焦点が当たるように自動で切り替わるようになっていますが、手動で変えることもできます。たとえば、皆でアイデアを出し合う場合は、タイル表示にして並べると対等に話し合いができます。内容によって見やすいように切り替えるとよいでしょう。

レイアウトを変更する

1 「その他のオプション」をクリックし、「レイアウトを変更」をクリック。

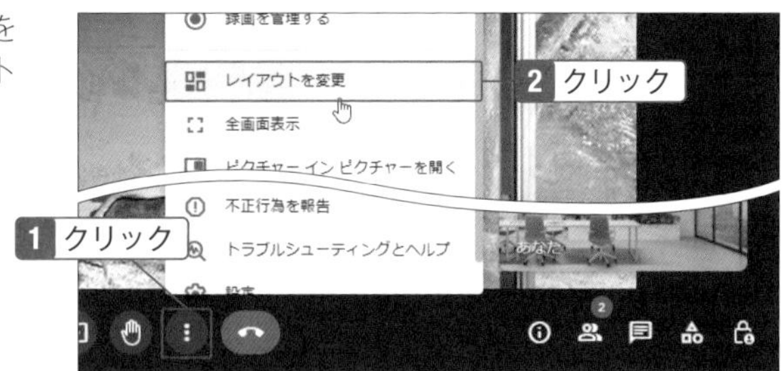

2 レイアウトを選択できる。

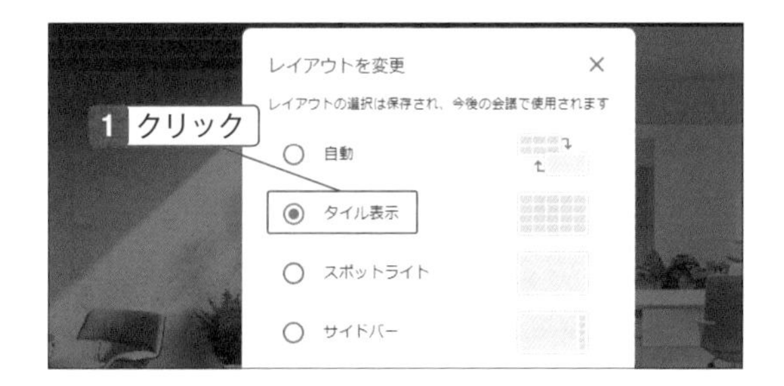

Check

画面のレイアウト

自動：Meetが自動で表示する
タイル表示：最大49人（共有画面の場合は大きなタイル）を同じサイズで並べる
スポットライト：メインのユーザーの画面を全面に表示する
サイドバー：メインのユーザーの画面を中央にして他のユーザーを右端に表示する

▲「サイドバー」を選択した場合

04-05

字幕を表示する

音声が聞き取りにくいときに便利

ビデオ会議では、まれに参加者の声が聞き取りづらかったり、周囲の騒音で聞こえにくかったりする場合があります。そのようなときに字幕機能を使うと、画面の下部に表示される文字を読むことで内容を把握できます。

字幕を有効にする

1 「字幕をオンにする」をクリック。「英語」になっている場合はクリックして日本語に変更する。

Check

日本語の字幕にするには

手順1で日本語に変更できますが、メッセージを閉じてしまった場合は、⋮をクリックして「設定」→「字幕」で変更できます。同じ画面に「字幕の翻訳」の設定もありますが、執筆時点では日本語には未対応です。

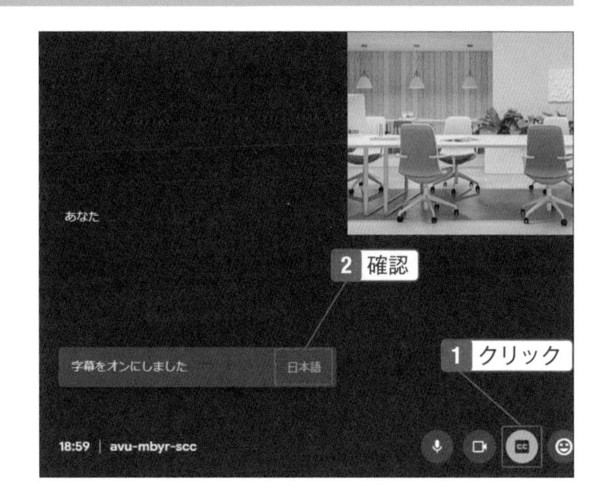

2 字幕がオンになり、話し始めると字幕が表示される。

Hint

文字起こしを使うには

画面右下の「アクティビティ」をクリックし、「文字起こし」をクリックした画面から、会議内容を文字にしてドキュメントファイルに保存できる「文字起こし」機能もあります。ただし、執筆時点では英語のみの対応となっています。

他のユーザーと画面を共有する

自分の顔だけでなく、パソコンの画面を映し出すこともできる

自分のパソコンの画面を見せながら説明したいときやプレゼンテーションをするときには、「画面を共有」から映し出すことができます。「パソコンの画面全体」や「開いているウィンドウ」、「Google Chromeに表示させているWebサイト」、どれでも映し出すことができます。

自分が表示している画面を参加者に見せる

1 「画面を共有」をクリックし、「あなたの全画面」をクリック。

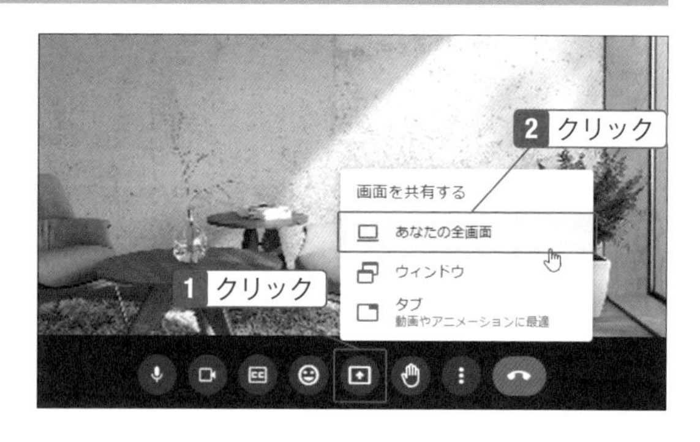

Check

画面の共有

画面の共有には、「あなたの全画面」「ウィンドウ」「タブ」があります。「あなたの全画面」は自分のパソコン画面、「ウィンドウ」は今開いているウィンドウから選択して表示、「タブ」はブラウザのタブに表示しているWebサイトを表示できます。

2 「画面」をクリックし、「共有」をクリック。

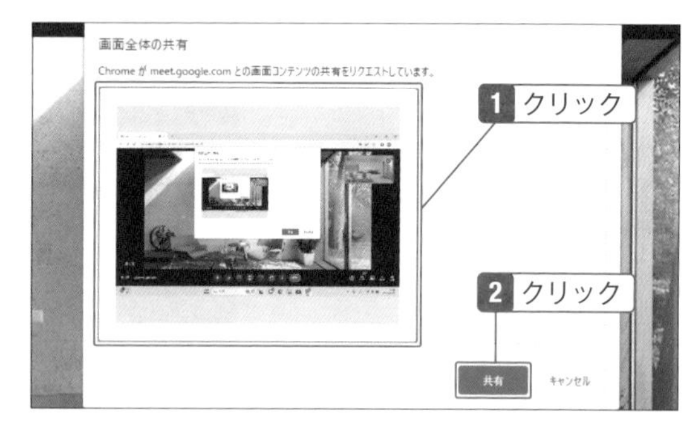

Hint

スプレッドシートやドキュメントをMeetで共有する方法

スプレッドシートやドキュメントの画面右上の をクリックし、「会議画面でこのタブを共有」をクリックするとMeetの画面に映し出すこともできます。

3 相手の画面に自分の画面が映し出される。画面の共有を止める場合は「共有を停止」をクリック。

Chromeに表示している画面を見せる

1 「画面を共有」をクリックし、「タブ」をクリック。

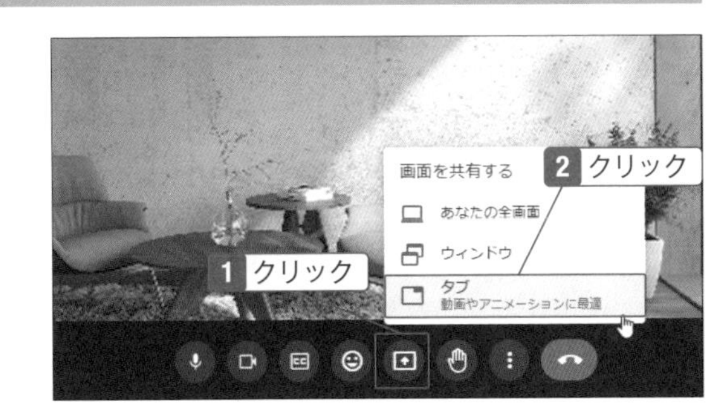

2 見せたいタブをクリックし、「共有」をクリック。

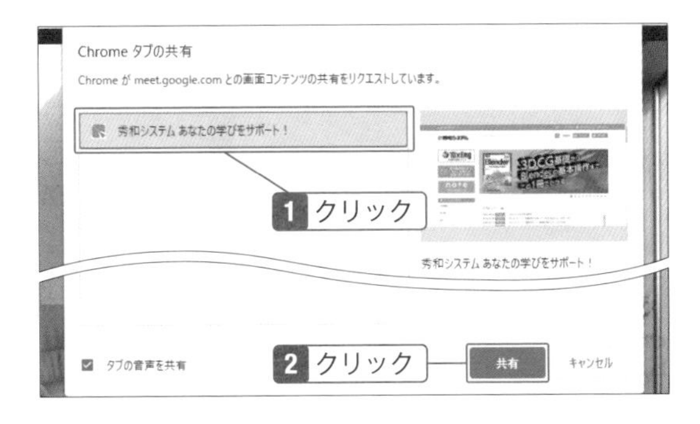

3 ブラウザに表示している画面（Webサイト）が映し出される。「共有を停止」をクリック。

Meetでプレゼンテーションを行う

Googleスライドを共有してプレゼンができる

Chapter09で解説するスライドは、プレゼンテーション資料を作成するツールです。Meetにスライドの画面を表示させれば、オンラインプレゼンテーションができます。オンラインなので、海外の企業との商談にも使えます。

スライドの画面を共有する

1 スライドを開いておく（Chapter09参照）。前のSECTIONと同様に「画面を共有」をクリックし、「タブ」をクリックする。スライドのタブをクリックし、「共有」をクリック。

2 スライドが表示される。Meetの画面で「次へ」をクリックして次の画面を表示できる。

3 終了するときは「スライドショーを終了」をクリック。

04-08

ビデオ会議に参加しながら他のアプリを操作する

ピクチャーインピクチャーを使うと小窓で視聴できる

「会議中にPDF文書を読みたい」「資料作成をしたい」と言ったときに役立つのがピクチャーインピクチャーです。Meetの画面を小さなウィンドウで表示させて、別のアプリを操作することができます。

ピクチャーインピクチャーを開く

1 「その他のオプション」をクリックし、「ピクチャーインピクチャーを開く」をクリック。

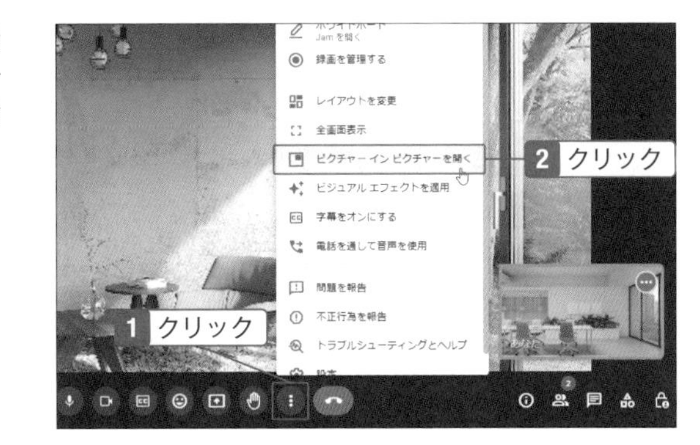

2 ピクチャーインピクチャーの画面が表示される。

Note

ピクチャーインピクチャーとは

ピクチャーインピクチャーは、Meetの画面を小さなウィンドウにし、ビデオ会議に参加しながら他のアプリを使える機能です。ウィンドウをドラッグで自由に移動できるので、作業の邪魔になることがありません。

04-09

ビデオ会議を見ながらチャットをする

動画を見ながら文字で会話することもできる

Google Meetにはチャット機能もあり、会議中に他の参加者と文字でやり取りすることも可能です。ただし、途中から参加した場合、参加する前に送信されたメッセージは表示されないので読むことができず、いったん会議から退出するとすべてのメッセージが見られなくなります。

チャットを表示する

1 「全員とチャット」をクリック。

Check

録画ファイルにチャットの内容が含まれる

チャットのメッセージは次のSECTIONで説明する録画ファイルに含まれます。VLC Media Player や QuickTime Playerなどのアプリで字幕を有効にすると表示できます。

2 下部に文字を入力してやり取りができる。

04-10 ビデオ会議を録画する

録画する場合は参加者の許可が必要

Google Meetのビデオ会議は録画することができます。録画するには会議開始後に設定が必要で、参加者全員の許可を得る必要があります。後から参加する人にも録画していることを伝えてください。許可なく録画すると違法行為にあたり起訴の対象となる場合があるので気を付けましょう。

会議を録画する

1 「その他のオプション」をクリックし、「録画を管理する」をクリック。

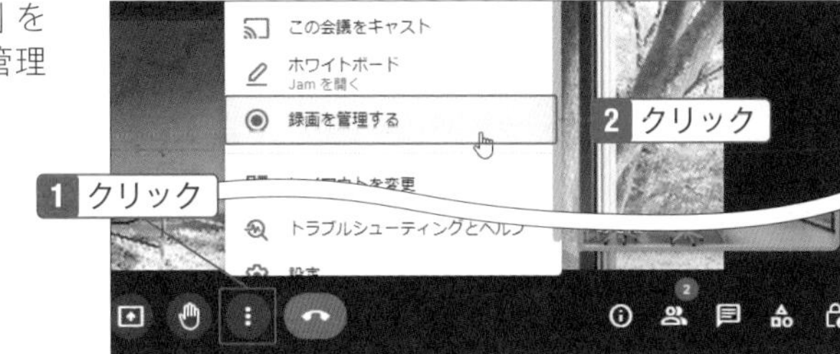

Check ビデオ会議を録画するには

会議を録画したい場合は、管理者が設定を変更する必要があります。管理者コンソールのホーム画面で、「アプリ」→「Google Workspace」→「Google Meet」→「Meetの動画設定」をクリックし、「録画」の「ユーザーに会議の録画を許可します。」をオンにして「保存」をクリックします。（SECTION12-10参照）なお、Business Starterプランは録画できません。

2 字幕を含めるか否かを選択し（執筆時点では日本語字幕の録画は不可）、「録画を開始」をクリック。メッセージが表示されたら「開始」をクリック。

Check 録画を見るには

会議主催者のGoogleドライブに保存され、録画が終了すると主催者と録画を開始したユーザーにメールが届きます。ただし、生成されるまでに時間がかかります。

ビデオ会議で資料のファイルを使用する

会議に必要なファイルはカレンダーの予定に添付しておく

Googleカレンダーで会議の予定を作成する際、資料となるファイルを添付しておくと、ビデオ会議中にその資料を参照してもらうことができます。参加者は事前に目を通しておくことができるので、会議の準備段階で必要な資料を添付しておきましょう。

ファイルを添付する

1 Googleカレンダーで会議の日時などを設定し、招待するユーザーを入力。

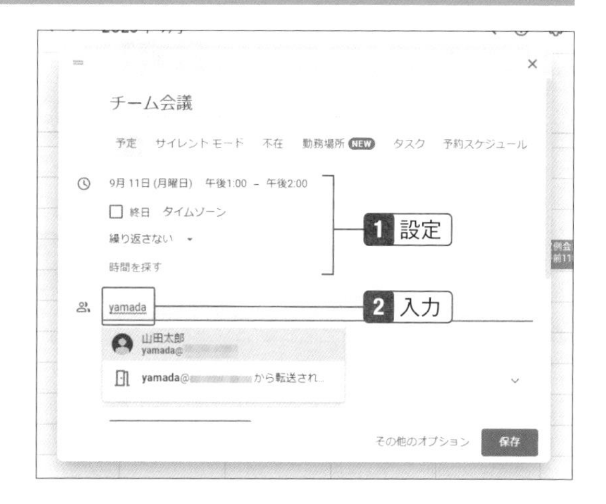

2 「Google Meetに参加する」に変わる。スクロールし、「添付ファイル」をクリックして資料のファイルを指定。追加したら「保存」をクリック。メッセージが表示されたら「送信」をクリック。

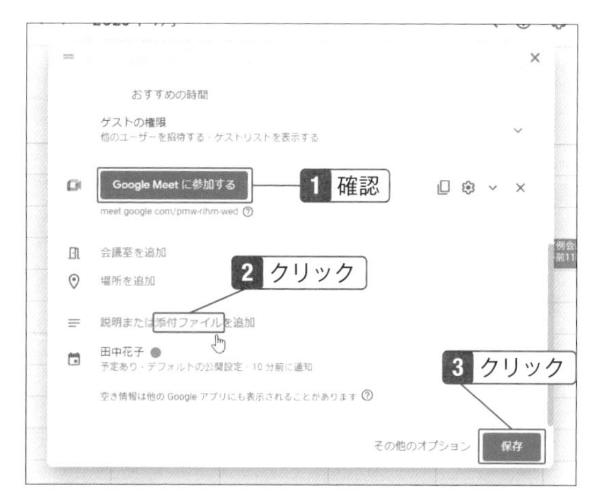

Check

Google Meetで添付ファイルを使うには

Googleカレンダーの予定にファイルを添付すると、Google Meetの会議で使えます。Googleドライブにファイルがない場合は、手順2の後アップロードします。

3 ファイルへの共有に関する画面が表示されるので「他のユーザーと共有」を選択し、「予定を保存」をクリック。

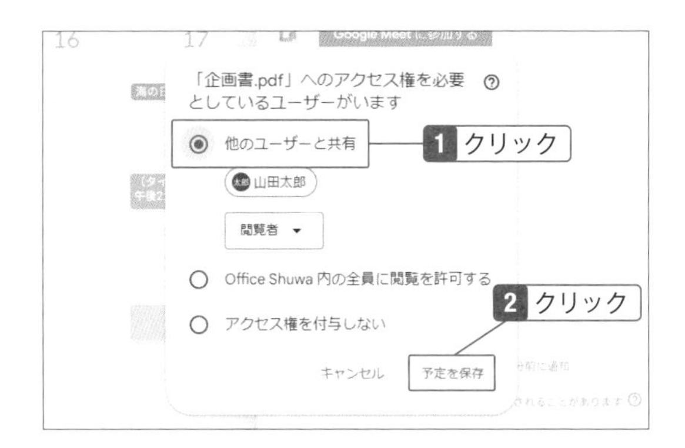

会議中にファイルを開く

1 予定を開き、「Google Meetに参加する」をクリック。次の画面で「今すぐ参加」をクリックして会議に参加する。

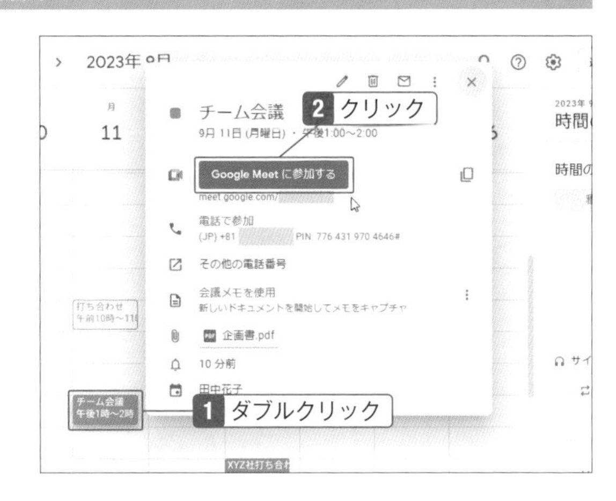

2 「ミーティングの詳細」をクリックするとファイルが表示されるのでクリックして開ける。

Hint

会議が開始してからファイルが必要になった場合

会議が始まってからファイルが必要になった場合は、SECTION04-09のチャットで、Googleドライブのファイルの URL を貼り付けるか、カレンダーの会議の予定にファイルを追加してください。

04-12

ビデオ会議でホワイトボードを使う

図を使って説明したいときにはホワイトボードを使う

会議中に文字や図を使って説明をする際、紙に書いて見せることをしなくても、仮想ホワイトボードを使って伝えることができます。参加者も書き込めるので、言葉で伝えるのが難しい内容を伝えるときやアイデアを出し合うときに役立ててください。

ホワイトボードに文字や図を描く

1 「その他のオプション」(または右端の「アクティビティ」)をクリックし、「ホワイトボード」をクリック。

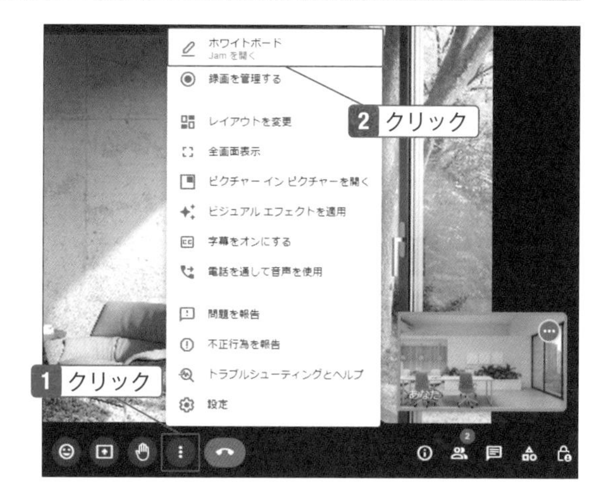

2 「新しいホワイトボードを開始」をクリック。

Note

Jamboardとは

Jamboardは、Googleが提供しているクラウド上で使う仮想ホワイトボードです。Meetの会議中でも使うことができ、他の参加者とリアルタイムでアイデアを出し合うことができます。

3 ボタンを使って文字を書いたり図を描ける。「ペン」と「円」は、横にある三角をクリックすると別の種類を選べる。

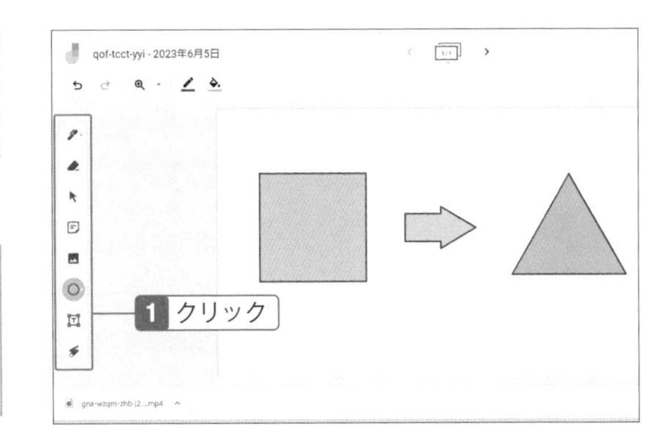

Hint

背景を設定するには

上部の「背景を設定」をクリックすると背景を設定できます。格子線を入れたい場合は、「グラフ(青)」を選択してください。

参加者がホワイトボードを見る

1 「全員とチャット」をクリック。

2 リンクをクリックするとホワイトボードが表示される。

Check

参加者がホワイトボードを使うには

参加者がホワイトボードを閲覧または編集するには、オーナーがホワイトボードを開始するときにアクセスを許可する必要があります。後から許可する場合は、画面右上にある「共有」をクリックします。

04-13

ビデオ会議でアンケートや質問をする

参加者の意見を聞きたいときに役立つ

会議中にアンケートを取りたいとき、Google Meetなら簡単にアンケートを作成できます。投稿すると参加者の会議画面に表示され、クリックで回答してもらえます。また、提案して賛成を得ることも簡単にできます。ここでは、アンケートとQ&Aの機能について解説します。

アンケートを実施する

1 「アクティビティ」をクリックし、「アンケート」をクリック。

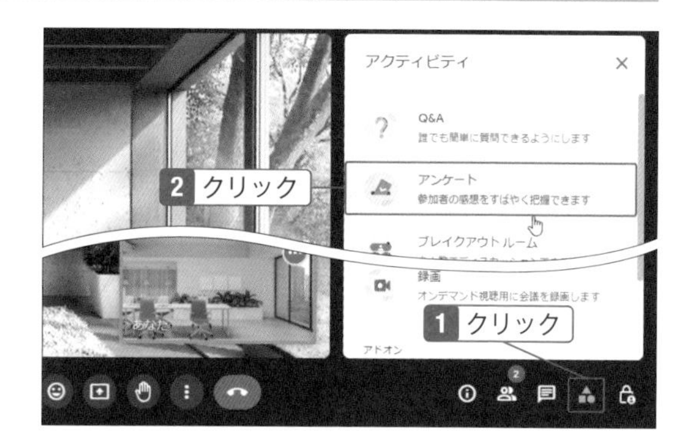

2 「アンケートを開始」をクリック。

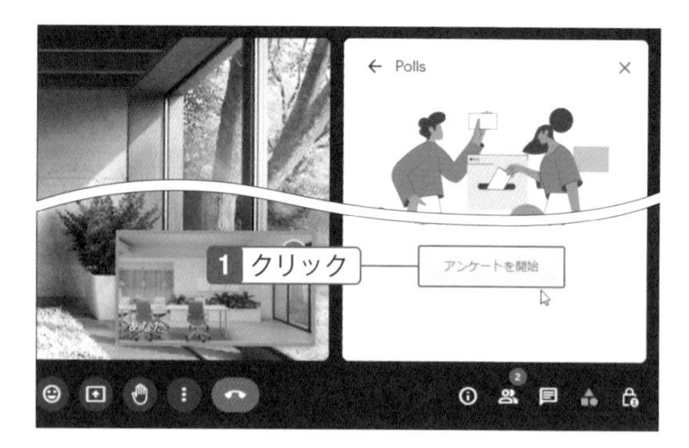

Check

アンケートの実施

会議の主催者（会議をスケジュール設定または開始したユーザー）は、アンケートを作成することができます。主催者を増やしたい場合は、画面右下の「全員を表示」をクリックし、ユーザー名の右端の⋮をクリックして、「共同主催者として追加」をクリックします。最大で25人までを共同主催者にできます。なお、Business Starterプランではアンケートや Q&Aを使えません。

3 質問と選択肢を入力し、「公開」をクリック。

アンケートに答える

1 参加者にはメッセ　ジが表示されるのでクリック。メッセージが消えた場合は「アクティビティ」をクリックし、「アンケート」をクリック。

2 回答を選択し、「投票」をクリック。

Check

アンケート結果を見るには

主催者は「アクティビティ」をクリックし、「アンケート」をクリックして結果を見ることができます。回答の受付を終了する場合は、「アンケートを締め切る」をクリックします。

他の参加者に質問する

1 「アクティビティ」をクリックし、「Q&A」をクリック。

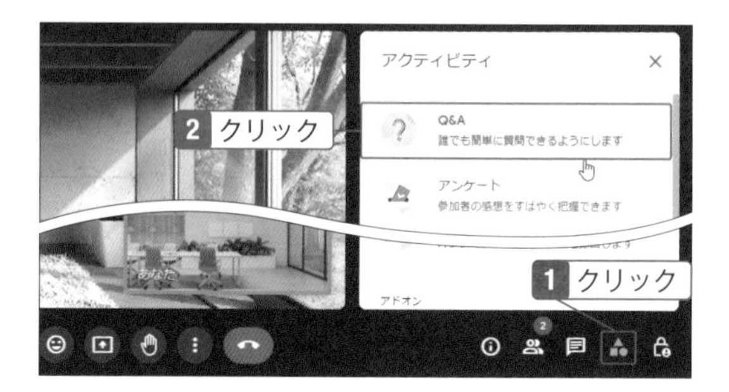

Check

Q&A

参加者全員に質問したい場合にQ&Aを使います。質問の上限は200件で、主催者以外も質問することが可能です。

2 「質問を入力」をクリック。

3 質問内容を入力し、「投稿」をクリック。

Check

質問を非表示にするには

主催者は、「アクティビティ」をクリックし、「Q&A」をクリックした画面で質問を非表示または削除することができます。

Check

質問に賛成する

質問が来たらメッセージが表示されるのでクリックします。賛成する場合は「いいね」ボタンをクリックしましょう。

04-14

ブレイクアウトルームを使う

会議中にグループごとの話し合いができる

会議中、一部の人だけで話し合いが必要になったときにブレイクアウトルームを使います。時間を設定し、一定時間が経過したら終了して会議に戻ることが可能です。参加者の入れ替えや退出も簡単にできます。

ブレイクアウトルームを作成する

1 「アクティビティ」をクリックし、「ブレイクアウトルーム」をクリック。

2 「ブレイクアウトルームを設定」をクリック。

Note

ブレイクアウトルームとは

会議中に一部のユーザーのみで話し合いたいときにブレイクアウトルームを使います。複数のルームを作成でき、参加者の入れ替えも簡単です。なお、ブレイクアウトルームでのやり取りのライブ配信や録画はできません。また、Business Starterプランではブレイクアウトルームは使えません。

3 会議室の数を入力（最大100まで可能）し、「タイマー」をクリックして時間を設定する。続いてルーム名を入力。参加者を入力またはドラッグして「セッションを開く」をクリック。

4 「参加」をクリック。

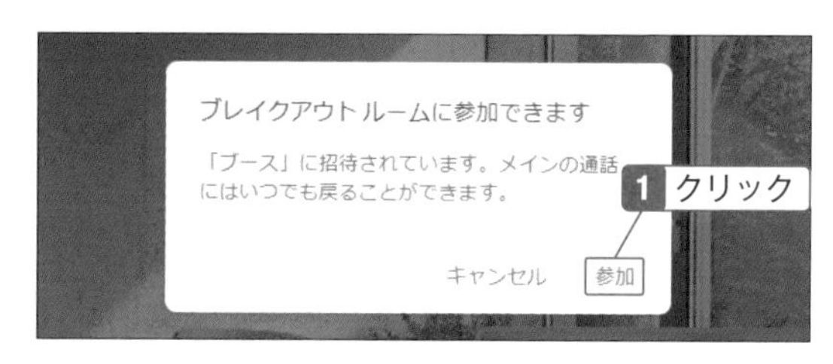

Hint

カレンダーで事前にブレイクアウトルームを作成するには

Googleカレンダーを使って事前にブレイクアウトルームを設定しておくことも可能です。予定の作成画面で、「Google Meet のビデオ会議を追加」をクリックして参加者を追加します。⚙をクリックし、左側の「ブレイクアウトルーム」を選択し、会議室の数と参加者を設定して「保存」をクリックします。

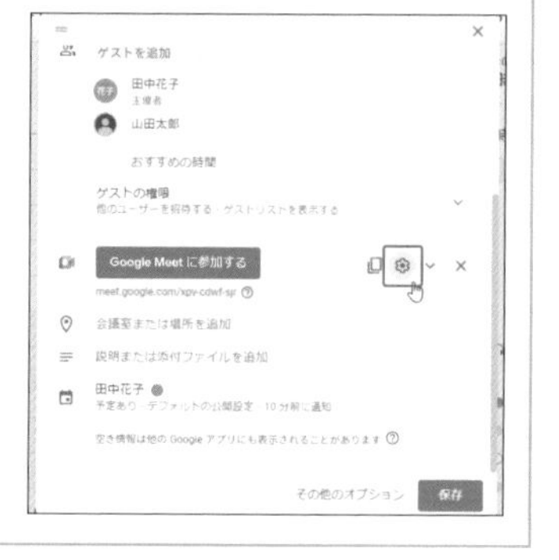

5 ブレイクアウトルームが表示される。

ブレイクアウトルームを退出する

1 「アクティビティ」をクリックし、「ブレイクアウトルーム」をクリックして「退出」をクリック。

ブレイクアウトルームを終了する

1 「アクティビティ」をクリックし、「ブレイクアウトルーム」をクリックして「セッションを閉じる」をクリック。その後、「すべて閉じる」をクリック。

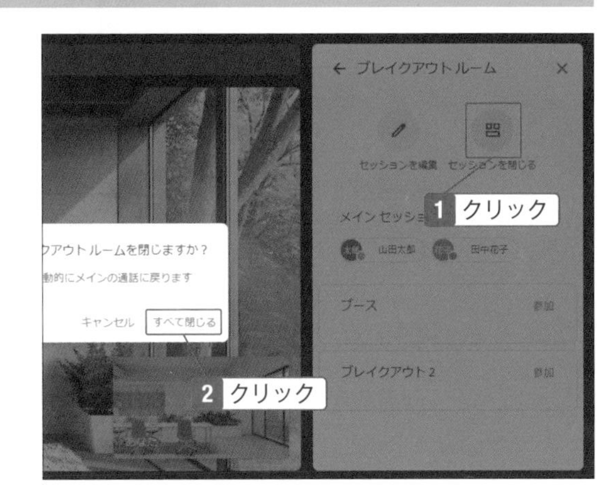

2 30秒後にブレイクアウトルームが終了し、会議に戻る。

04-15

いいねや拍手のリアクションを送信する

コメントを入力しなくても感情を表す絵文字で伝えられる

ビデオ会議で拍手をしたいときや「いいね」と伝えたいとき、リアクションで「拍手」や「いいね」の絵文字を送ることができます。複数人で同じリアクションを送信し、バルーンにして盛り上がることも可能です。

リアクションを送信する

1 「リアクション」をクリックし、絵文字をクリック。右端にある「肌の色」アイコンをクリックすると、手の色を変更できる。

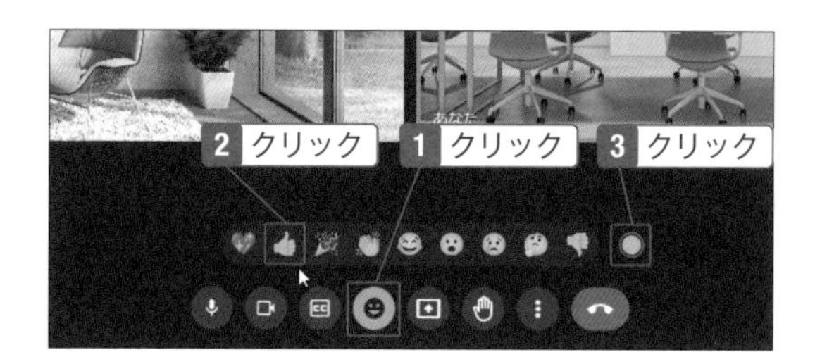

Hint

リアクションを使用不可にするには

リアクションが会議の邪魔になる場合は、画面右下の をクリックし、「主催者向けの管理機能」をオンにして「リアクションを送信する」をオフにします。ただし、設定できるのは会議の主催者です。

2 下から上にリアクションが流れ、自分の画面の左上にはバッジが表示される。

Hint

バルーンを作るには

複数の参加者が同じリアクションを送信すると、絵文字が大きくなってバルーンとなり、一定数に達するとバルーンが割れます。

Chapter

05

「Googleチャット」でメールよりもスピーディにやり取りする

社内の人に聞きたいことがあるとき、メールではなく、チャットを使いましょう。Googleチャットを使えば、すぐに連絡を取ることが可能です。文字でのやり取りになりますが、ファイルを送信したり、Googleドライブのファイルを共有したり、文字だけでは説明不足の場合はビデオ会議に移動することもできます。Gmailの画面にチャットを表示させて会話することもできるので、ここで説明します。

05-01

Googleチャットを使用する

メールや電話よりも速くて便利なツール

まずは、Googleチャットにアクセスし、画面を確認しておきましょう。シンプルな画面なので戸惑うことなく利用できます。画面を確認したら、会話したい相手を検索し、メッセージを送ってみましょう。文字だけでなく、絵文字を送ることもできます。

Googleチャットを開始する

1 Google Workspaceのアカウントにログインした状態で、画面右上にある「Googleアプリ」ボタンをクリックし、「チャット」をクリック。または、https://chat.google.com/にアクセスする。説明のメッセージ画面が表示された場合は「次へ」で進むか「スキップ」をクリック。

Note

Googleチャットとは

Chapter04のGoogle Meetは映像と音声でやり取りしますが、Googleチャットは文字でやり取りするメッセージアプリです。ファイルを共有したり、途中でビデオ会議を開始したりも可能です。

Googleチャットには、相手（複数人も可）と直接やり取りをする「チャット」と、チームや組織でやり取りする「スペース」があります。

2 Googleチャットが表示される。

❶**メインメニュー**：クリックでメニューの表示・非表示を切り替える
❷チャットの一覧が表示される
❸**ユーザー、スペース、メッセージを検索**：ユーザーやメッセージを検索できる
❹**ステータスインジケータ**：会話をミュートしたり、通知設定を行える
❺**ヘルプ**：わからないことを調べたり、Googleに送信できる。
❻**設定**：設定画面を表示する
❼**Googleアプリ**：Googleの他のサービスを利用するときは、ここから移動できる
❽**Googleアカウント**：クリックすると、ユーザー名の確認やログアウト、アカウントの追加などができる
❾**メッセージ領域**：ここにメッセージが表示される

3 「＋」をクリックしてユーザーを検索して追加し、「チャットを開始」ボタンをクリック。組織外の人を指定した場合は招待メールから参加してもらう（ただし管理者が外部とのチャットを許可している場合のみ）。

4 文字を入力。「書式設定オプション」や「絵文字を追加」をクリックして文字の書式設定や絵文字も可能。「送信」をクリックするか、[Enter] キーを押すと送信できる。

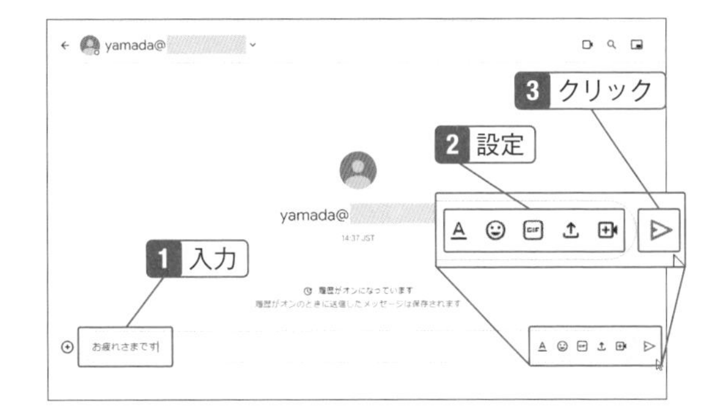

5 相手のメッセージをポイントし、「返信で引用」をクリックするとメッセージを引用して返信可能。

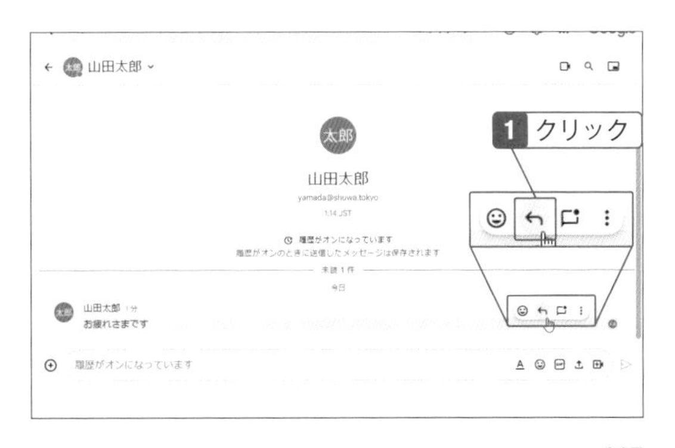

Hint

メッセージを削除・修正するには

削除したい自分のメッセージをクリックし、⋮をクリックして「削除」をクリックすると削除できます。相手の画面からも削除されます。また、メッセージをクリックして✎をクリックすると修正できます。

05-02

ファイルを共有する

Googleドライブのファイルをすぐに見せることができる

チャットの相手やスペースのメンバー内でファイルを共有することができます。会話の途中でファイルを参照することになっても、わざわざメールで送る必要がないので便利です。Googleドライブのファイルだけでなく、パソコン上のファイルを送信することも可能です。

Googleドライブのファイルを共有する

1 ＋をクリックし、「Googleドライブファイルを添付」をクリック。

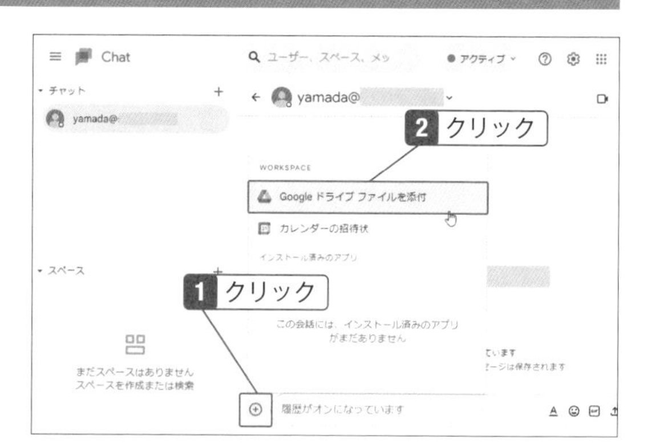

2 ファイルをクリックし、「挿入」をクリック。

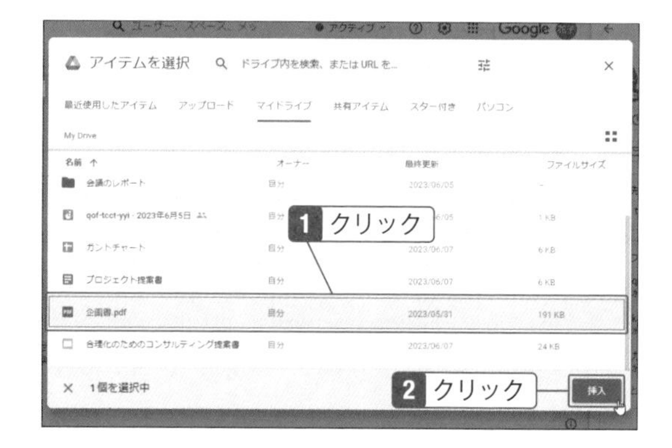

Check

パソコン上のファイルを送信するには

パソコンに保存してあるファイルを送信することも可能です。手順1の右下にあるをクリックし、ファイルを指定して送信します。

3 「メッセージを送信」をクリック。

4 権限を設定し、「メッセージを送信」をクリック。

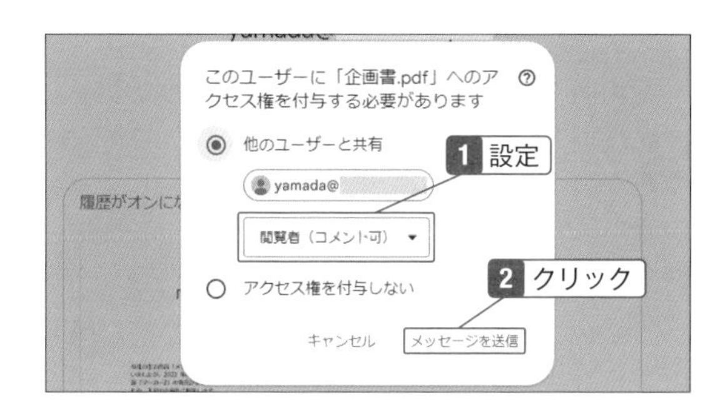

Check

ファイルの共有設定

　ファイルの共有設定がされていない場合は、ファイルへのアクセスについてのメッセージが表示されるので、ファイルの閲覧のみは「閲覧者」、閲覧とコメントができるようにするには「閲覧者（コメント可）」、編集可能にするなら「編集者」から選択します。Googleドライブの共有設定についてはSECTION06-05を参照してください。

5 受け取った相手はクリックするとファイルを見られる。

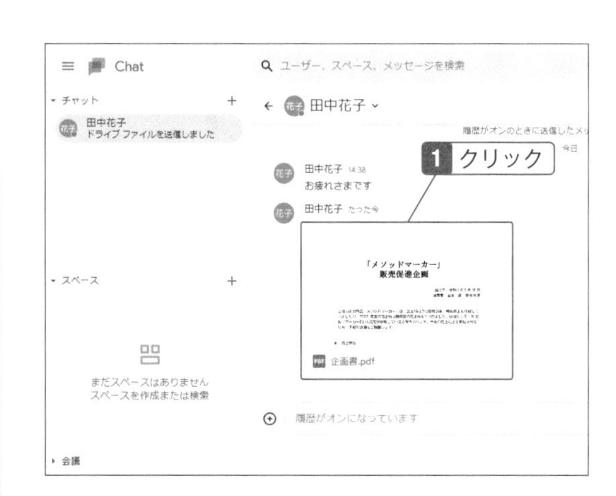

Hint

チャット履歴をオフにするには

　デフォルトではチャットの履歴がオンになっています。履歴を残さない場合は、上部にある相手の名前の「v」をクリックして、「履歴をオフにする」をクリックしてください。オフにすると、24時間後にメッセージが削除されます。なお、管理者は、「アプリ」→「Google Workspace」→「Googleチャット」→「チャットの履歴」（スペースの場合は「スペースの履歴」）で、組織全体の履歴の有効・無効を設定できます。

05-03

スペースでやり取りする

グループやチームで情報共有するときに便利

直接やり取りする「チャット」に対して、チームで進行しているプロジェクトの話し合いや共同作業をする場合は「スペース」を使います。スペースでは、共同で文書作成したり、ユーザーにタスクを割り当てたりなど、複数人で作業するための機能が揃っているので活用してください。

スペースを作成する

1 スペースの「＋」をクリックし、「スペースを作成」をクリック。

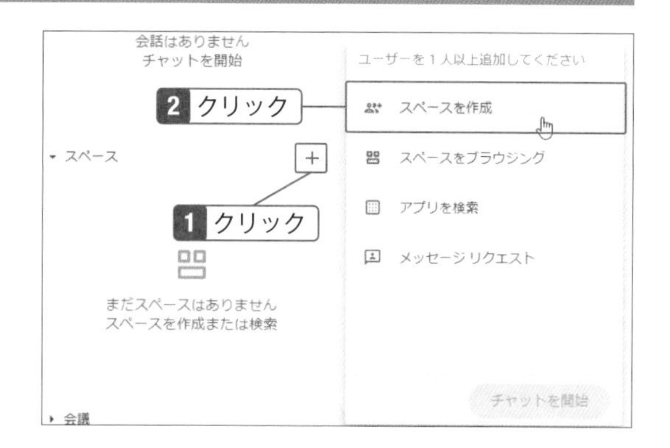

2 スペース名を入力し、ユーザーを検索してクリック。オンラインの人はアイコンの横に緑の丸が付いている

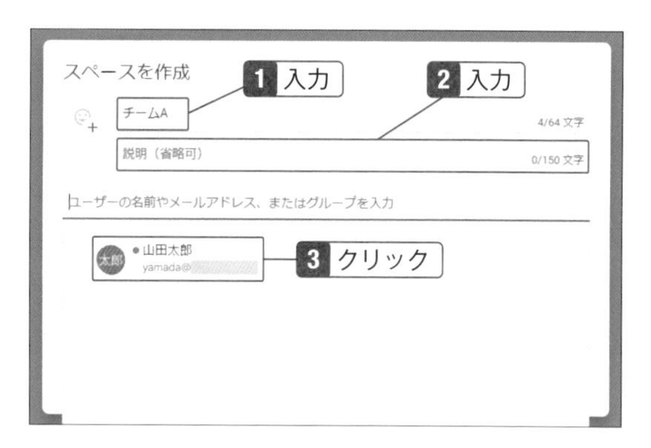

Note

スペースとは

SECTION05-01のチャットは、1人または複数人で直接メッセージを送ってやり取りしますが、チームのメンバー全体でやり取りするときにスペースを使います。ファイルの共有やタスクの割り当てなどを1か所で行うことができるので、チームで共同作業をする際に便利です。

3 「スペースへのアクセス」をクリックして、「組織の全員」か「アクセス制限あり」を選択できる。続いて「作成」をクリック。

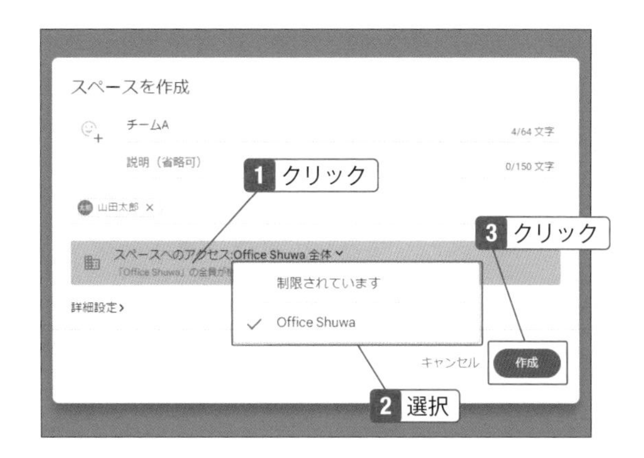

4 メッセージを送信できる。

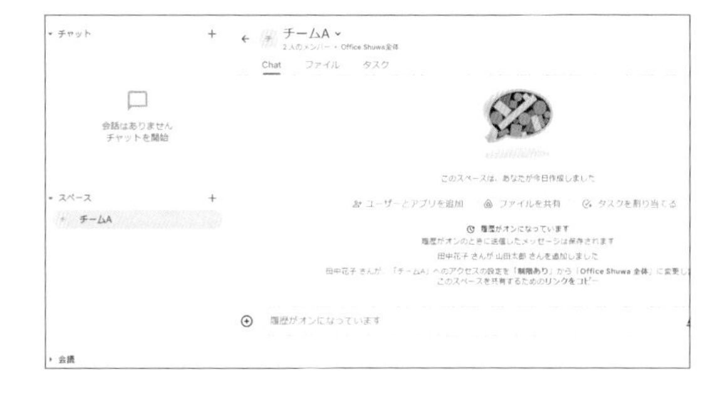

Check

ユーザーを追加するには

後からユーザーを追加する場合は、手順4の画面にある「ユーザーとアプリを追加」をクリックして追加するか、上部のスペース名をクリックし、「メンバーを管理」→「追加」をクリックします。

Hint

組織外の人とやり取りするには

組織外の人を追加する場合は、手順3で「制限されています」を選択し、「詳細設定」をクリックして「組織外のユーザーの参加を許可する」にチェックを付けます。なお、相手もGoogleアカウントが必要です。

スレッドで返信する

1 メッセージをポイントし、▤をクリック。

Note

スレッドとは

関連するメッセージのまとまりをスレッドと言います。スレッドを使うと、特定のメッセージに返信したい場合に、メインの会話の流れを妨げることなく会話をすることができます。なお、Business Starter や Individual プランでは、スレッドは使用できません。

2 右側にスレッドが表示されるので、文字を入力して送信する。その後「×」をクリック。

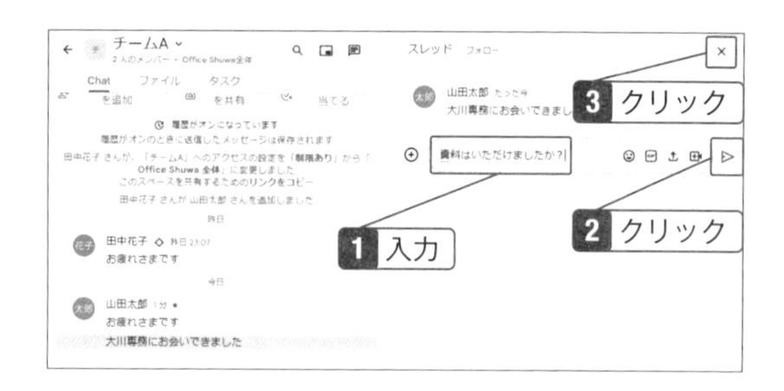

3 スレッドを閉じた。▤をクリックするとスレッドを表示できる。

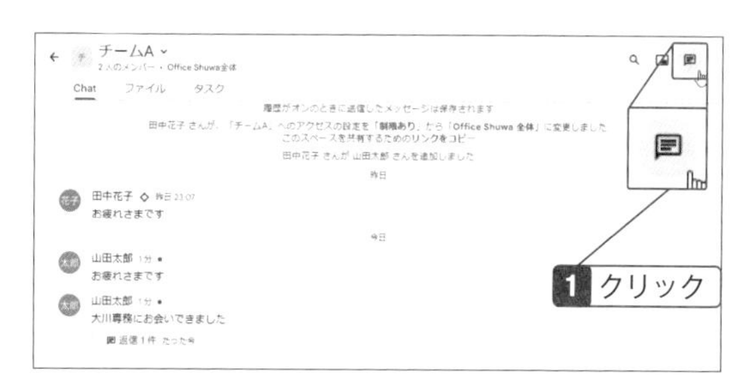

スレッドを管理する

1 「フォロー中」をクリックするとフォローしているスレッドを絞り込める。

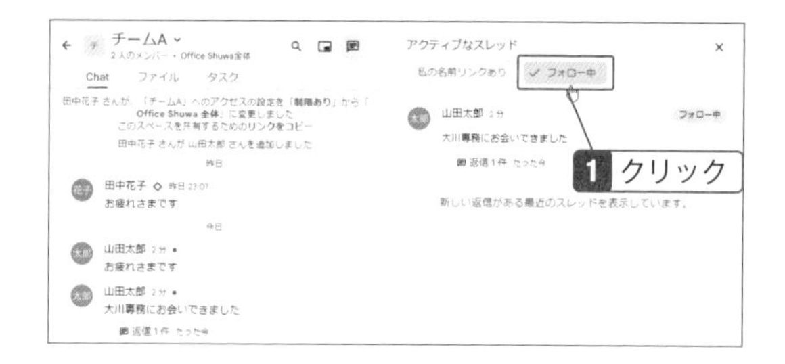

Note

スレッドのフォローとは

スレッドをフォローしていると、返信があったときに通知で気づかせてくれます。自分が開始したスレッド、返信したスレッド、自分の名前リンクが含まれるスレッドは、自動的にフォローするようになっています。やり取りが終わったスレッドはフォローをはずしてかまいません。

2 各スレッドの右上にある「フォロー中」をクリックすると、フォローがはずれる。

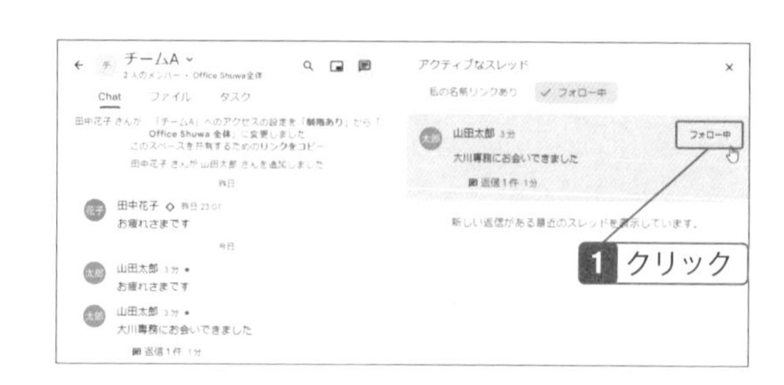

スペースでファイルを共有する

送信したファイルは一覧からいつでも開ける

SECTION05-02で、チャットでのファイルの共有について説明しましたが、スペースの場合は、送信したファイルがファイル一覧にあるので、後から見つけやすいというメリットがあります。送信時に、閲覧や編集のアクセス権を設定することも可能です。

ファイルを追加する

1 「ファイル」タブをクリックし、「ファイルを追加」をクリックしてファイルを挿入する。

2 「メッセージを送信」をクリック。

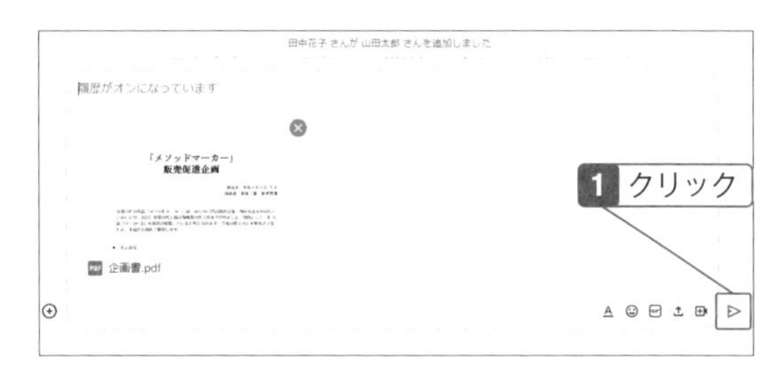

3 アクセス権を選択し、「メッセージを送信」をクリック。

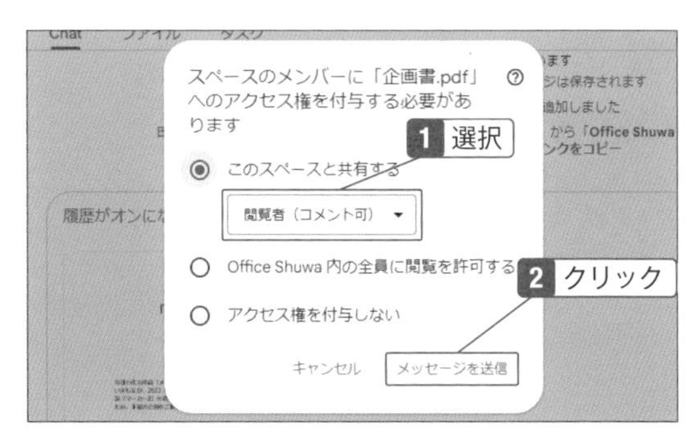

05-05

スペース内でタスクを追加する

メンバーがやるべきことをタスクとして割り当てることができる

スペースでディスカッションをしているときに、報告書や資料を作成する仕事が発生した場合は、スペースの画面上でメンバーにタスクを割り当てることができます。割り当てられた人のカレンダーとToDoリストには自動で追加されるので、入力の手間を省くことができます。

タスクを追加する

1 「タスク」をクリックして、「タスクを追加」をクリック。続いてタイトルと日付、割当先を設定し、「追加」をクリック。

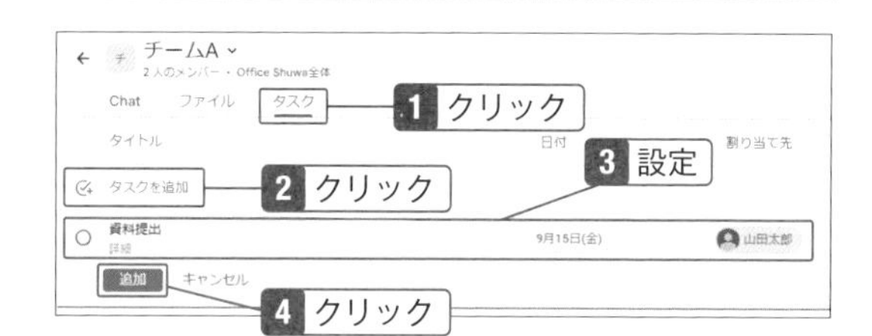

Check

タスクを割り当てる

メンバーのやるべきことを、タスクとして追加することができます。割当先を指定すると、その人のカレンダーとToDoリストに自動的に追加されるようになっています。

2 タスクを追加した。メッセージにも表示される。

Check

タスクを削除するには

追加したタスクを削除する場合は、手順1の画面でタスクをポイントして🗑をクリックします。

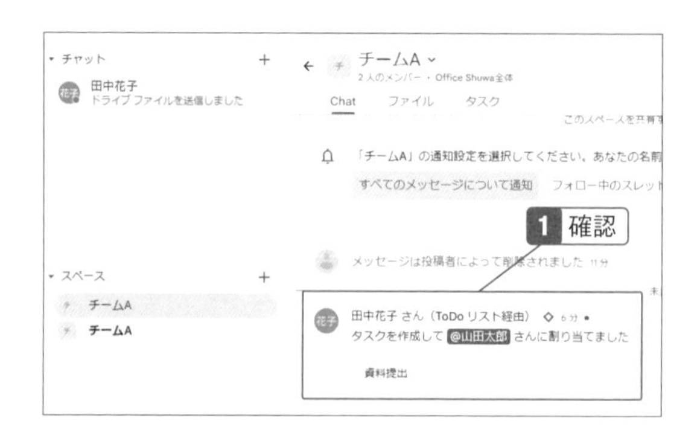

スペース内で予定を追加する

次回の会議や打ち合わせの予定をその場で追加できる

ディスカッションの途中で、会議や打ち合わせの予定が決定することもあります。そのような場合も、スペース上でカレンダーに追加することができます。現在スペースに参加していないユーザーを追加して招待メールを送ることも可能です。

予定をカレンダーに追加する

1 「＋」をクリックし、「カレンダーの招待状」をクリック。

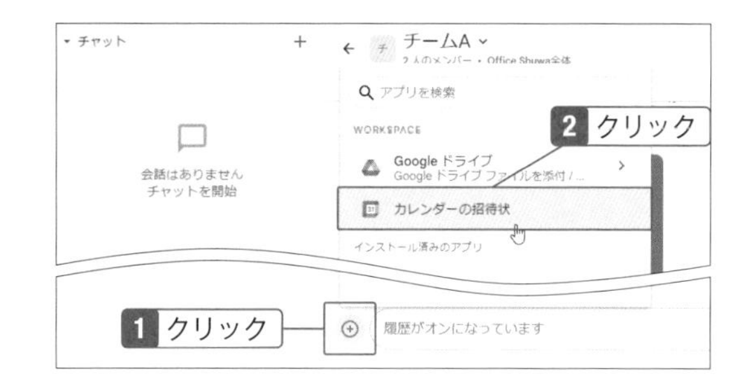

2 右サイドパネルにカレンダーが表示されるので、「^」をクリック。

3 タイトルと日時を入力して、参加者を確認し、「保存して共有」をクリック。招待メールを送る場合は次の画面で「送信」をクリック。

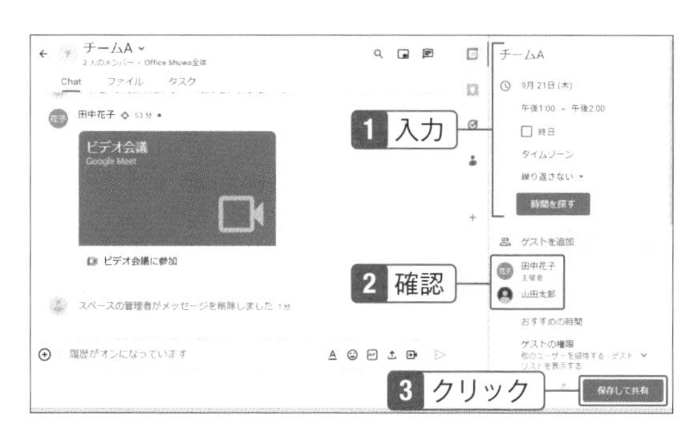

Check

ゲストを追加する

手順3には、スペースに参加しているメンバーが追加されています。参加していないメンバーを追加するには、「ゲストを追加」をクリックして指定します。

チャットの途中でビデオ会議を開始する

文字だけでは伝えにくい場合はビデオ会議を使おう

Googleチャットの中で、Google Meetにアクセスしてビデオ会議を始めることができます。チャットで打ち合わせをした後に、そのままビデオ会議に入れますし、文字だけのやり取りでは伝えにくいときにも役立ちます。なお、Google Meetの操作方法はChapter04で解説しています。

ビデオ会議を開始する

1 をクリック。

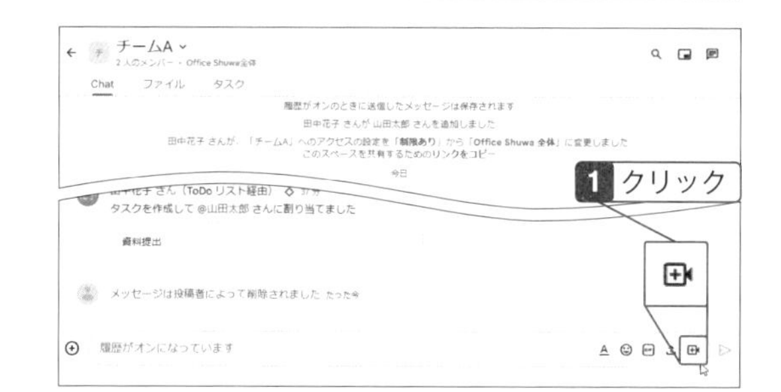

2 「送信」をクリック。

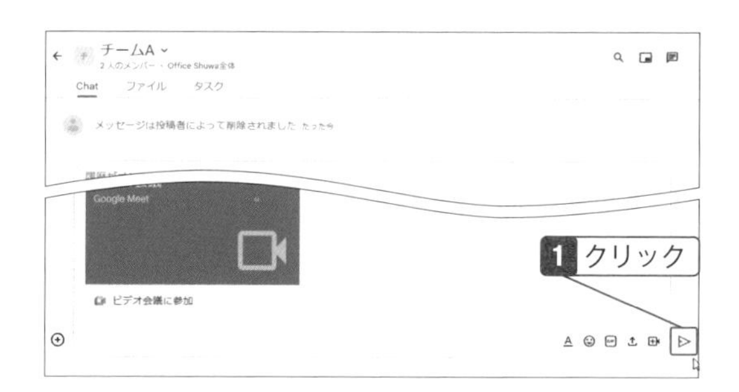

3 参加する人は「ビデオ会議に参加」をクリック。

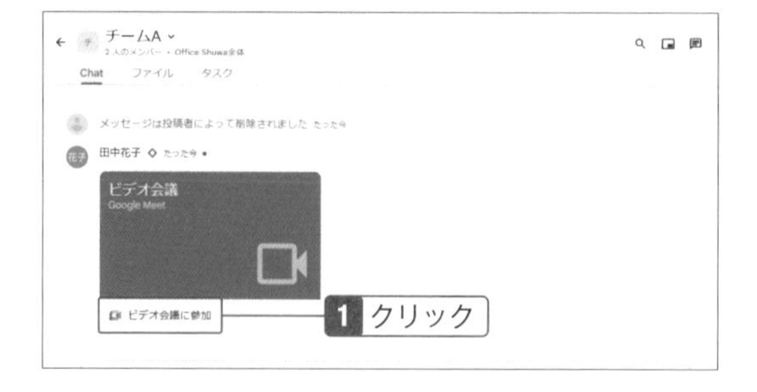

Check

Google Meetの解説

Google Meetの使い方はChapter04を参照してください。

Googleドキュメントを作成して共有する

Googleチャット上でドキュメントの操作ができる

スペースでのやり取りでは、チャットの画面にドキュメントの画面を表示させて使うことができます。ここでは、Googleドキュメントを表示しますが、同様にGoogleスプレッドシートとGoogleスライドも選択して表示することができます。

ドキュメントを表示する

1 スペースのメッセージ入力欄にある「＋」をクリックし、「Googleドライブ」をクリックして「Googleドキュメント」をクリック。

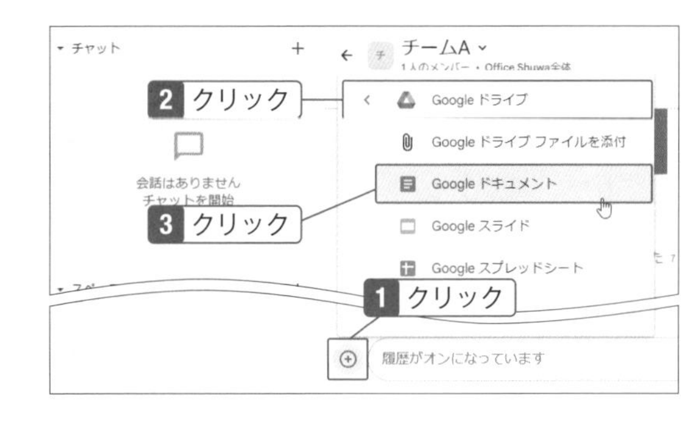

2 ファイル名を入力し、「共有」をクリック。

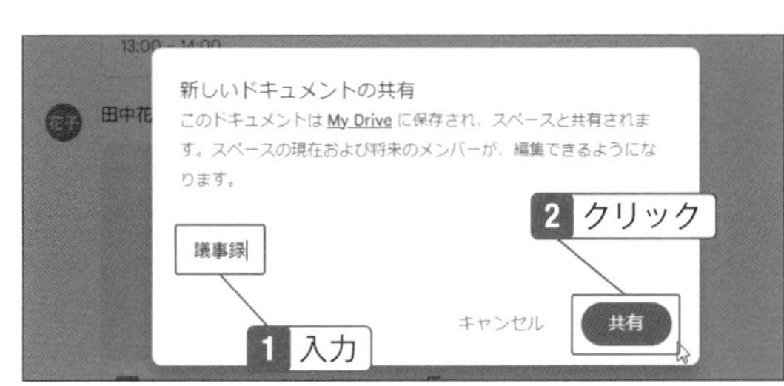

3 右側にドキュメントが表示されるので、文章を入力。再度チャット上で開くには、送信されたメッセージの「チャットで開く」をクリック。閉じるときは画面右上の「×」をクリック。

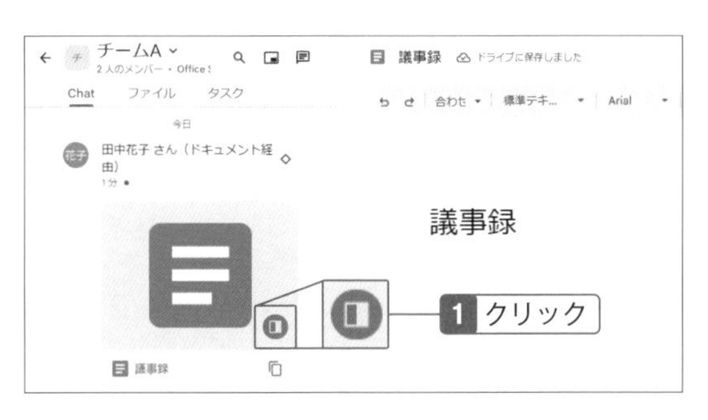

05-09

スペースを退出・再参加する

再参加は招待が必要になる場合もあるので注意

途中でスペースを抜けたいときには簡単に退出できます。ただし、制限付きのスペースの場合は（SECTION05-03参照）、退出するとすぐに再参加できず、他のユーザーに招待してもらう必要があるので気を付けてください。

スペースを退出する

1 画面左側で退出したいスペースをポイントし、⋮をクリックして、「退出」をクリック。メッセージが表示されたら「退出」をクリック。

Hint

参加しているメンバーを確認するには

上部にあるスペース名の横の▼をクリックし、「メンバーを管理」をクリックすると参加しているメンバーリストが表示されます。

2 再参加する場合は、左の一覧のスペースの「＋」をクリックし、スペース名を検索してクリック。

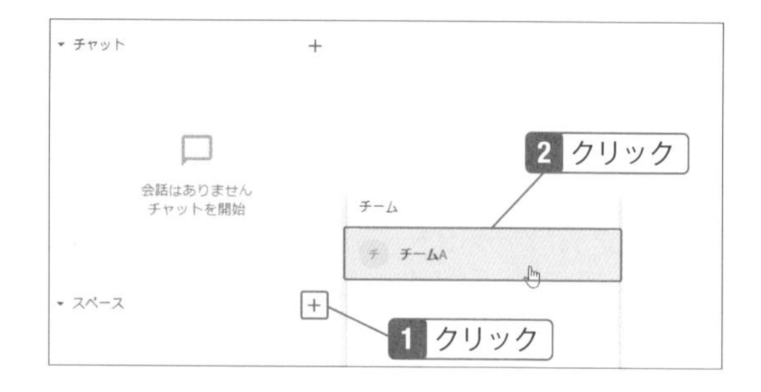

Hint

スペースをブロックするには

手順1で「このスペースをブロック」を選択すると、スペースをブロックすることができます。ブロックした場合、検索結果に表示されなくなり、招待状が届くこともなくなりますが、過去に発言したメッセージは残ります。なお、ブロックしたことは、スペースの主催者や他のメンバーに通知されません。

一時的にミュートする

取り込み中のときには通知が来ないようにする

いつでも連絡を取れるチャットは便利ですが、作業に集中したいときもあります。そのようなときにミュートにしましょう。画面上部のステータスインジケータで、ミュートのオン・オフを簡単にできるようになっています。

ミュートをオンにする

1 「ステータスインジケータ」をクリックし、「通知を一時的にミュート」をクリック。

1 クリック
アクティブ
自動
チャットのアクティビティ
通知を一時的にミュート
チャットの通知をミュート
オフラインに設定
ステータスを追加
チャットの通知設定
2 クリック
太郎

Check

ミュートを取り消すには

ミュートを取り消したい場合は、手順1で「自動」をクリックします。

2 ミュートする時間を指定する。

Hint

GoogleカレンダーでGoogleチャットをミュートにする

Googleカレンダーのサイレントモード（SECTION03-11の手順1）の設定画面で、「サイレントモード」にチェックを付けると、Googleチャットのミュートが設定されます。

3 ミュートが設定される。

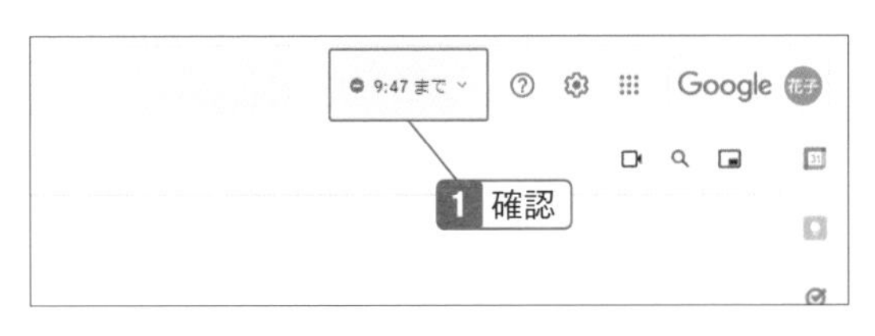

Gmailの画面でチャットを使う

Gmailの画面上でもチャットが使えて便利

メールを見て、急ぎで聞きたいことがあったとき、Gmailの画面でチャットを使うことができます。わざわざGoogleチャットを開かずにすむので便利です。「スペース」も使えるので、メールを読みながらプロジェクトのディスカッションに参加するといったことも可能です。

Gmailでチャットを使う

1 Gmailの画面を開き、左側の「Chat」をクリック。

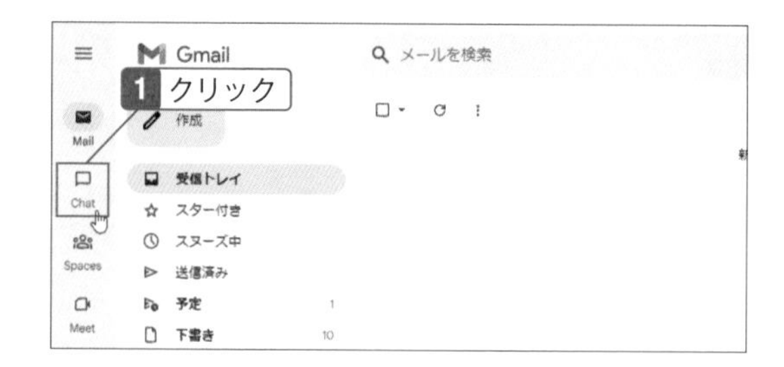

Check

「Chat」アイコンが見当たらない

Gmailの画面右上の「設定」をクリックして「すべての設定を表示」をクリックします。「チャットとMeet」タブの「Google Chat」をオンにして下部の「変更を保存」をクリックします。

2 やり取りしている相手をクリックしてメッセージを送信できる。「ポップアップで開く」をクリック。

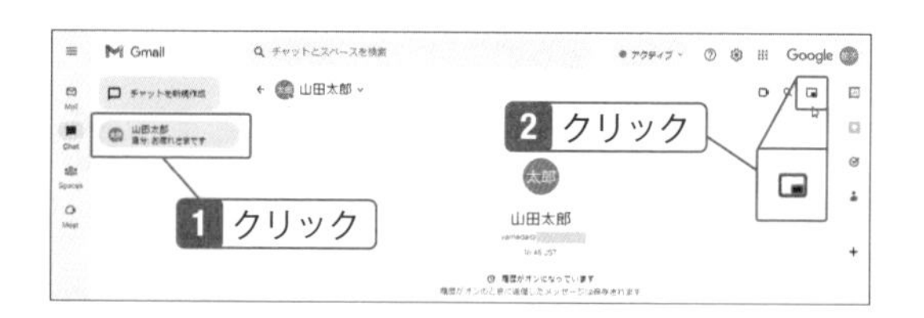

3 メニューの「Mail」をクリックしてメール画面に切り替える。小窓でチャットが使える。

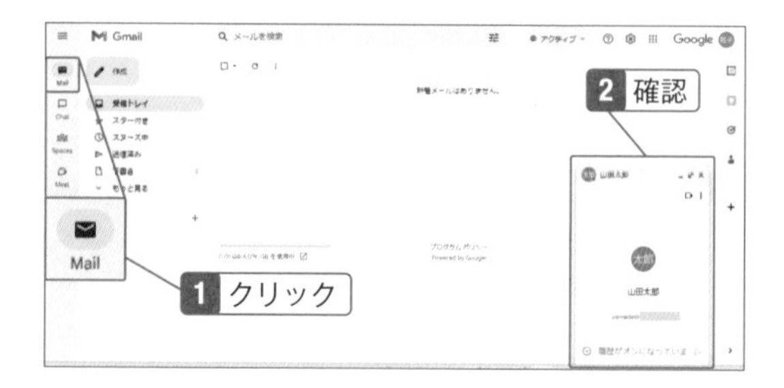

Chapter

06

「Googleドライブ」でさまざまなファイルを管理・共有する

Googleドライブは、インターネットを介してファイルを保存、共有できるオンラインストレージサービスです。次章以降で説明する「ドキュメント」「スプレッドシート」「スライド」のビジネス用のファイルを管理することもできます。Googleドライブ上にファイルを保管しておけば、パソコンの故障や災害時のトラブルがあったときでもデータを失うことがないので安心です。

06-01

Googleドライブの概要と画面を確認する

Googleドライブは、ファイルの保管、共有に最適なツール

さまざまなファイルを保管しておけるGoogleドライブ。Googleのアカウントを持っているのなら、Googleドライブを使わない手はありません。まずは、Googleドライブがどのようなものかを説明しましょう。そして、実際にアクセスして画面を確認してください。

Googleドライブとは

Googleドライブは、インターネットを使ってさまざまなファイルを保管できるサービスです。Googleドライブにアップロードしたファイルは、スマートフォン、タブレット、パソコン、どの端末からも使用することができます。また、文書を作成できる「ドキュメント」や「スプレッドシート」なども使えるので、仕事のファイルを作成してそのままドライブに保存したり、パソコンにダウンロードしたりできます。さらに、Googleドライブのファイルを他の人と共有することも簡単にできます。

Googleドライブを開く

1 Google Workspaceのアカウントにログインした状態で、画面右上の「Googleアプリ」ボタンをクリックし、「ドライブ」をクリック。あるいは、https://drive.google.com/drive/（組織によってはカスタムURL）にアクセスする。

Googleドライブの画面構成

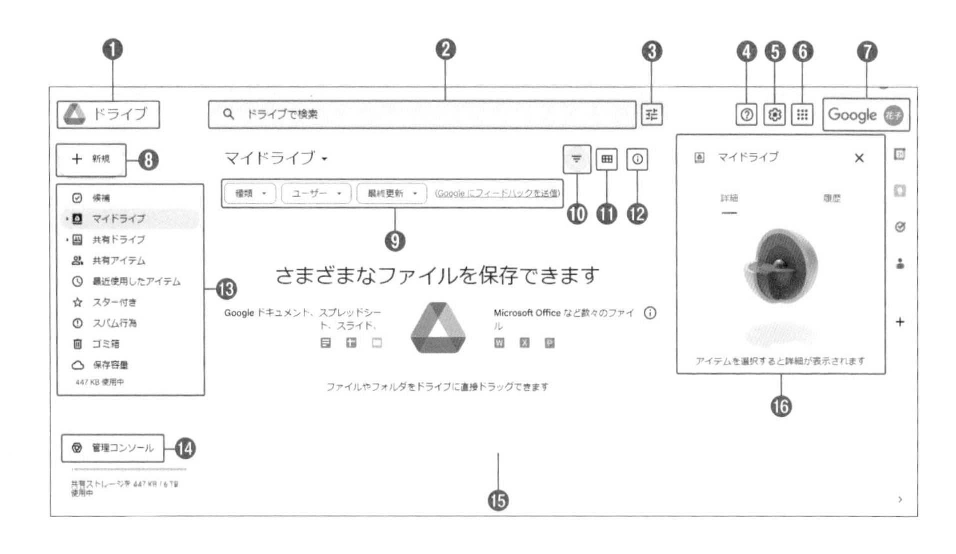

❶**ドライブ**：Googleドライブのホーム画面を表示する

❷**ドライブで検索**：キーワードを入力してファイルを検索できる

❸**検索オプション**：条件を設定して検索できる

❹**サポート**：お知らせやヘルプを見ることができる

❺**設定**：設定画面を表示する

❻**Googleアプリ**：Googleの他のサービスを利用するときは、ここから移動できる

❼**Googleアカウント**：クリックすると、ユーザー名の確認やログアウト、アカウントの追加などができる

❽**新規**：ファイルのアップロードやファイル・フォルダを作成するときにクリックする

❾**フィルタツールバー**：ファイルを検索できる

❿**フィルタツールバーを非表示**：フィルタツールバーの表示・非表示の切り替えができる

⓫**レイアウト**：リスト表示とグリッド表示を切り替える

⓬**詳細を表示**：詳細の表示・非表示を切り替える

⓭**リスト**：ファイルを開くときやゴミ箱、容量を確認できる

⓮**管理コンソール**：管理コンソールを表示する

⓯**ファイル一覧**：ここにファイルやフォルダの一覧が表示される

⓰**詳細パネル**：ファイルやフォルダの詳細と履歴を表示する。⓬をクリックして表示・非表示を切り替えられる

Googleドライブにファイルをアップロードする

さまざまなファイルを保存でき、バックアップとしても使える

Googleドライブには、GoogleドキュメントやGoogleスプレッドシートなどのGoogleサービスのファイルの他、ExcelやWordのファイル、写真、動画など、さまざまなファイルを保管できます。ファイルをパソコンに保存するだけでは何らかのトラブルによって消失することもあるのでバックアップとしても活用してください。

ファイルをアップロードする

1 「新規」をクリック。

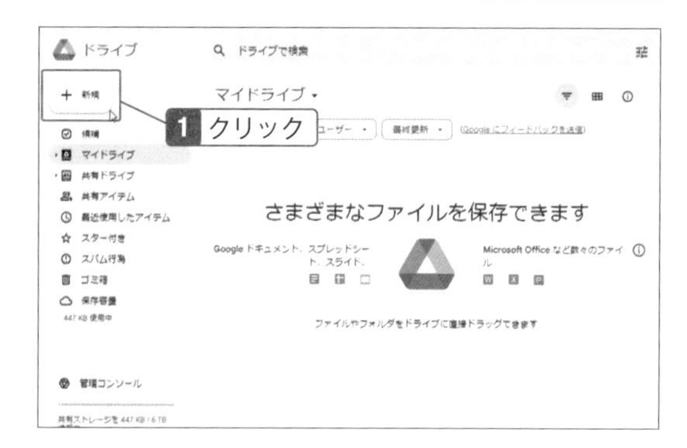

2 「ファイルのアップロード」をクリックしてファイルを指定する。

Check

Googleドライブに保存できるファイル

Googleドライブには、Googleのファイル以外にも、WordやExcel、PDFファイル、写真やイラストなどの画像ファイル、動画ファイルなど、さまざまなファイルを保存しておくことができます。ユーザー1人あたりの保存容量の上限は、Business Starterプランが30GB、Business Standardが2TB、Business Plusが5TB、Enterpriseが5TB（追加可能）となっています。

3 一覧にあるファイルをクリックし、「詳細を表示」ボタンをクリックすると、右サイドパネルに詳細が表示される。

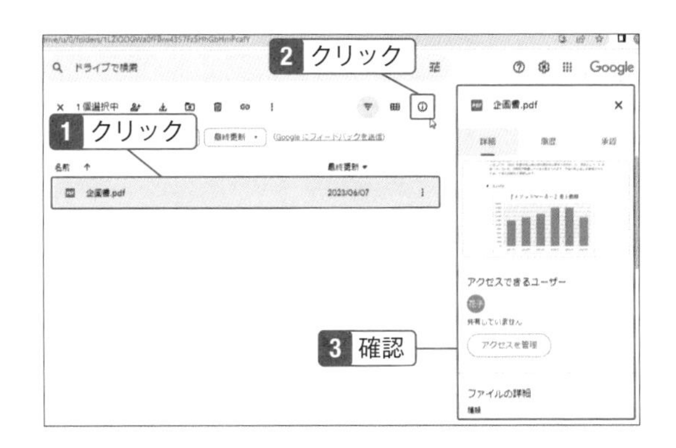

ファイルを検索する

1 「マイドライブ」をクリックし、チップの「種類」をクリック。

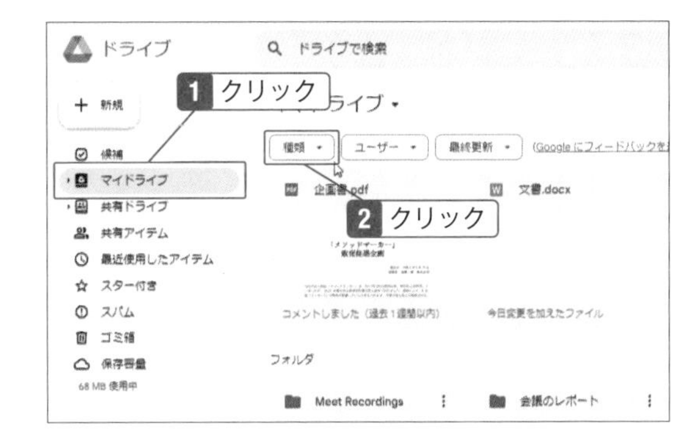

2 ファイルの種類で絞り込める。

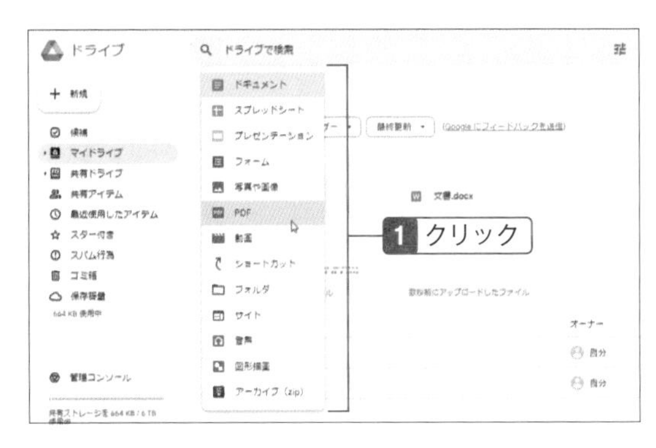

Check

ファイルを検索するには

Googleドライブでは、ファイル一覧の上部にあるチップを使って、ファイル形式やユーザー、最終更新日を指定してファイルを探すことができます。

フォルダを作成してファイルをまとめる

関連するファイルは同じフォルダでまとめる

複数のファイルがバラバラにあると見つけづらくなります。わかりやすい名前のフォルダを作成し、その中にファイルを入れておけば、検索しなくてもすぐにファイルを見つけられるので便利です。ファイルをドラッグしてフォルダに素早く移動することもできます。

新しいフォルダを作成する

1 画面左上の「新規」をクリックして「新しいフォルダ」をクリック。

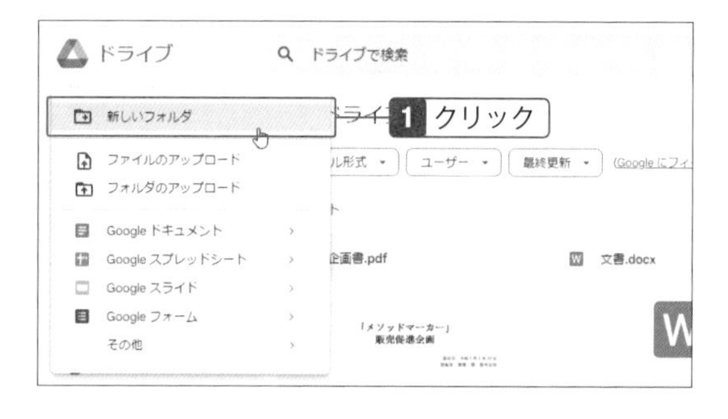

Hint

ファイル名やフォルダ名を変更するには

一覧のファイルやフォルダを右クリックし、「名前を変更」をクリックすると、名前を変更できます。

2 フォルダ名を入力し、「作成」をクリックすると作成される。

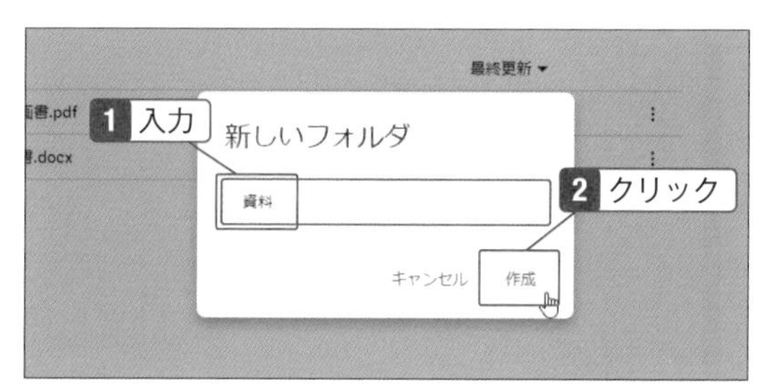

3 ファイルをフォルダにドラッグ。

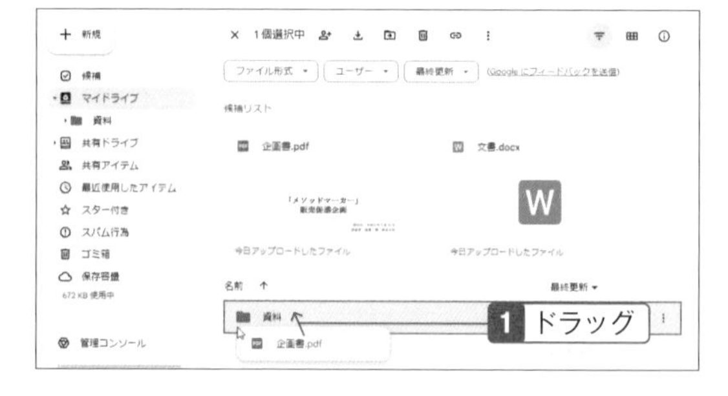

Check

ドラッグで移動しづらい場合

ドラッグしづらい場所にフォルダがあるときは、ファイルを右クリックし、「移動」をクリックして移動先を指定してください。

ファイルを削除する

不要になったファイルはゴミ箱へ移動する

作成したファイルやアップロードしたファイルが溜まってくると、不要なファイルも出てきます。Google Workspace Enterpriseプラン以外の場合は、容量に制限があるので、ドライブの残容量が少なくなってきたら削除しましょう。削除しても完全に消えてしまうのではなく、いったんゴミ箱に保管されます。

ファイルをゴミ箱へ移動する

1 ファイルをクリックし、「削除」をクリック。メッセージが表示されたら「ゴミ箱に移動」をクリック。

2 削除された。削除した直後であれば左下部の「元に戻す」をクリックすると削除を取り消せる。

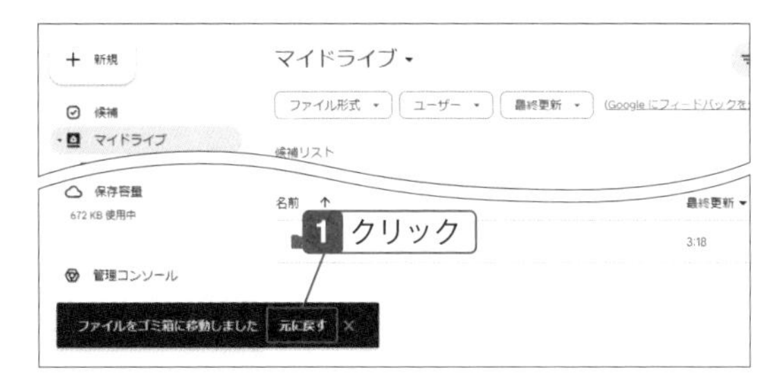

Check

削除したファイルはゴミ箱にある

誤ってファイルを削除した場合は、ゴミ箱にあります。元に戻す場合は、ファイルを右クリックし、「復元」をクリックしましょう。ゴミ箱からも削除する場合は、ファイルを右クリックし、「完全に削除」をクリックしてください。なお、ゴミ箱にあるファイルは30日後に完全に削除されます。

フォルダやファイルを共有する

複数人でファイルを使うときは共有設定をする

Google ドライブにアップロードしたファイルやフォルダは、他のユーザーと共有することが可能です。たとえば、新企画のファイル一式をフォルダに入れておき、関係者を招待すれば、企画に参加しているメンバーはいつでも閲覧できるようになります。ここでは、フォルダを共有設定しますが、ファイルも同様に共有できます。

フォルダに共有設定をする

1 共有するフォルダをクリックし、「共有」をクリック。

Check

「共有」ボタンがない

上部にある「候補リスト」のファイルをクリックした場合は「共有」ボタンが表示されません。

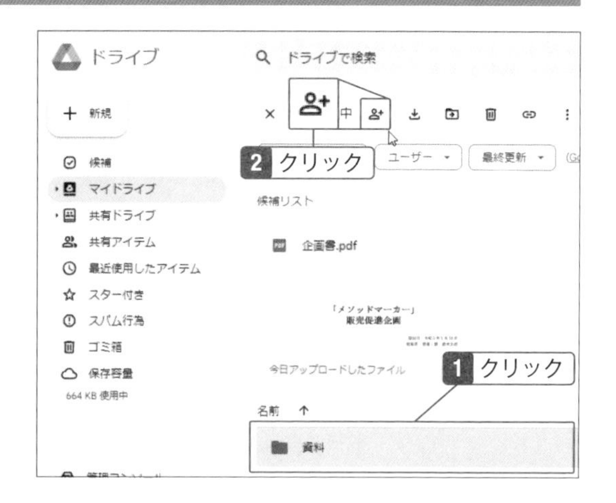

2 共有したい相手を入力する。

Check

組織外のユーザーの場合

手順2で、組織外の人を指定した場合は、「送信」をクリックした後に注意のメッセージが表示されます。共有する場合は「このまま共有」をクリックします。

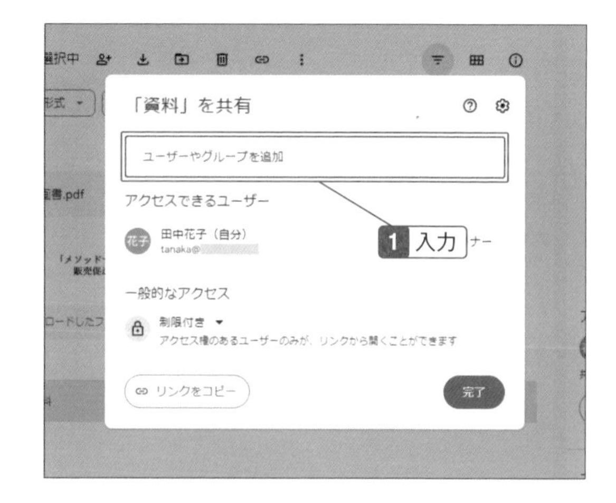

3 ▼をクリックして権限を選択。

Check

権限の選択

「閲覧者」「閲覧者（コメント可）」「編集者」から選択します。閲覧者はファイルを見ることはできますが、編集はできません。「閲覧者（コメント可）」は、閲覧とコメントはできますが、編集はできません。

4 「送信」をクリック。

Hint

ファイルに有効期限を設定するには

手順3で「有効期限を追加」をクリックして、ファイルにアクセスできる期限を設定できます。

5 相手に招待のメールが届くので「開く」をクリックするとファイルを開ける。

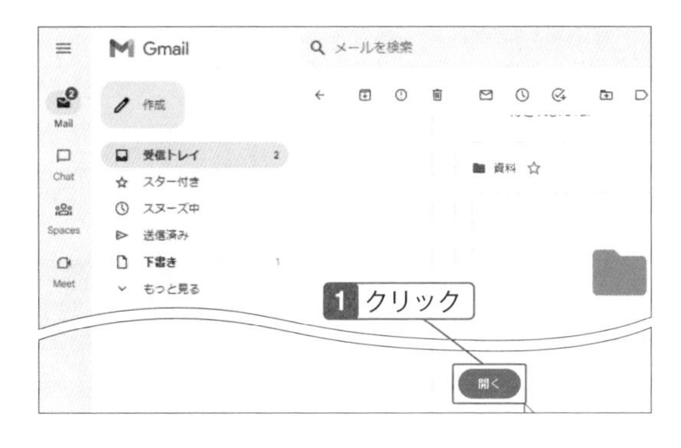

Check

共有を解除するには

フォルダへの共有を解除したい場合は、前のページの手順2の画面にユーザーが追加されるので、▼をクリックし、「アクセス権を削除」をクリックします。

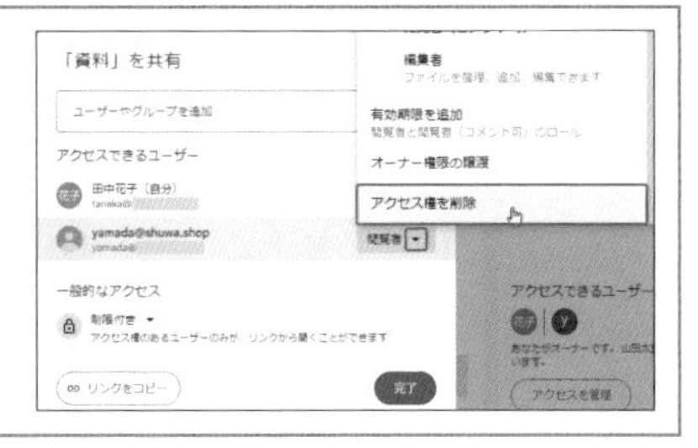

06-06

ファイルのオーナーを変更する

ファイルの管理者はいつでも変更できる

通常、ファイルを作成またはアップロードした人がファイルのオーナーとなりますが、別の人に変更することが可能です。オーナーを譲渡された人には通知が届くようになっています。なお、別の人をオーナーにすると、オーナーの変更やファイルの削除ができなくなるので慎重に操作してください。

ファイルの管理者を別の人に変更する

1 SECTION06-05の方法でオーナーにする人を共有し、「▼」をクリックして「オーナー権限の譲渡」をクリック。

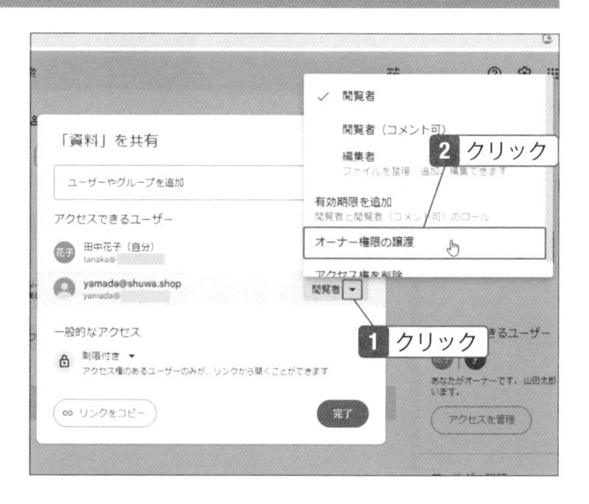

⚠ Check

オーナーを変更するときの注意

元のオーナーは自分をオーナーに戻すことができなくなるので注意してください。ファイルの削除もできなくなります。また、フォルダのオーナーを変更しても、フォルダ内のファイルのオーナーは変更されません。

2 「はい」をクリック。次の画面で「完了」をクリック。

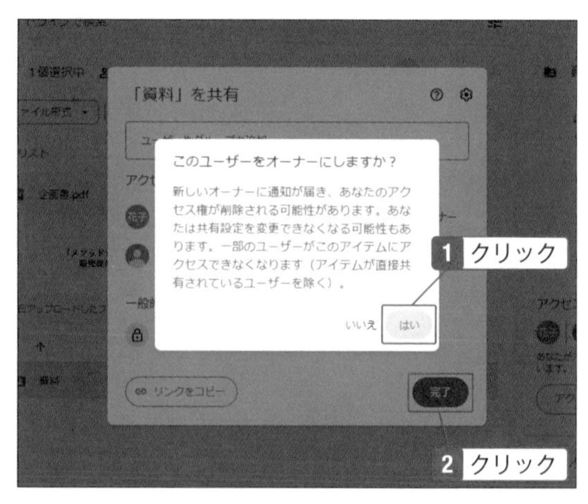

共有ドライブを使用する

組織やチームで複数のファイルを共有したいときに役立つ

プロジェクトに使用する一連の資料を皆で共有したいときには、共有ドライブを作成しましょう。その中に一連のファイルを保存しておけば、権限があるユーザーはいつでもアクセスできます。権限を細かく設定できるので、フォルダよりも作業を分担しやすいというメリットがあります。なお、Business StarterやIndividualプランでは使用できません。

共有ドライブを作成する

1 メニューの「共有ドライブ」をクリックし、「共有ドライブを作成」をクリック。メッセージが表示されたら名前を入力して「作成」をクリック。

2 作成した共有ドライブをクリックし、「詳細」パネルで「アクセスを管理」をクリックして、ユーザーを追加する。続いてアクセス権限を選択し、「完了」をクリック。

3 ファイルを共有ドライブにドラッグ。

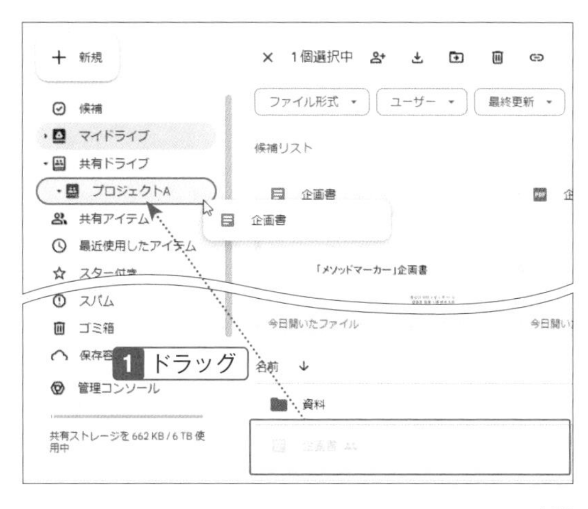

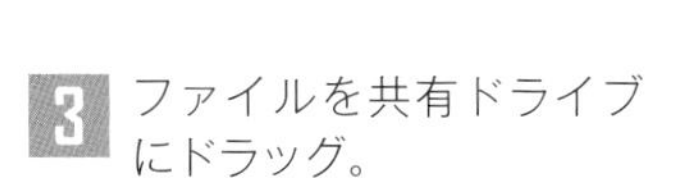

Note

共有ドライブとは

共有ドライブは、複数のユーザーが同じファイルやフォルダにアクセスできる機能です。1件ずつファイルを共有しなくても、ドライブに追加したファイルを皆で共有することができます。共有者には、「閲覧者」「閲覧者（コメント可）」「投稿者」「コンテンツ管理者」「管理者」から選択してアクセス権を設定することが可能です。フォルダを共有する場合は、管理者が1人のみですが、共有ドライブなら複数の管理者を設定できます。

Googleドライブをオフラインで使用する

インターネットに接続せずにドキュメントやスプレッドシートを使える

Googleドライブは、インターネットを介してファイルにアクセスするため、インターネットに接続していないと開けません。ですが、インターネットに接続せずに使える方法があるので紹介します。ただし、いつでもドライブ上のファイルにアクセスできてしまうので、複数人で使うパソコンや公共のパソコンでは使用しないでください。

Googleオフラインドキュメントをインストールする

1 ブラウザGoogle Chromeで、Googleドライブの「設定」をクリックし、「設定」をクリック。

2 「オフラインでも～」のチェックボックスをクリックすると画面が表示されるので、「インストール」をクリック。

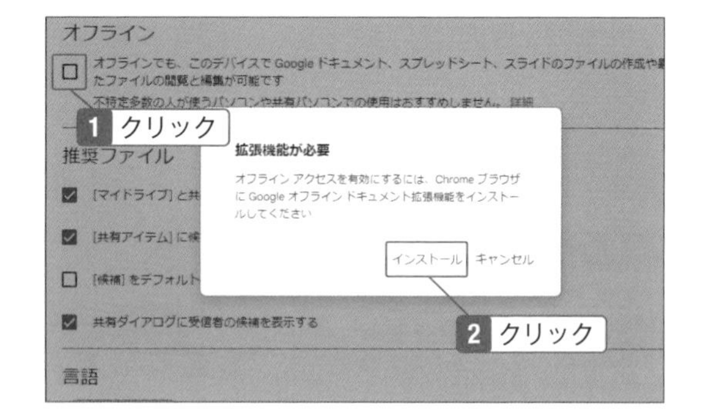

Note

Googleオフラインドキュメントとは

「Googleオフラインドキュメント」は、Google Chromeの拡張機能です。インターネットに接続せずにGoogleドライブを使うことができ、設定すると、「Google ドキュメント」「Google スプレッドシート」「Google スライド」(PDF、画像、動画はAndroidのみ) がオフラインで使用可能になります。ただし、データが漏洩する危険性があるので、他人と共有しているパソコンでは使用せず、自分専用のパソコンやパスワードで保護されているパソコンで使用してください。

3 「Chromeに追加」をクリック。上部にメッセージが表示されるので「拡張機能を追加」をクリック。

Check

Googleオフラインが使えない

管理者がオフラインの使用を許可していない場合は使用できません。管理者側の設定は、管理者コンソールの「アプリ」→「Google Workspace」→「ドライブとドキュメント」→「機能とアプリケーション」→「オフラインでの使用をユーザーに許可する」をオンにします。

4 「同期を有効にする」をクリックして他のパソコンでも使用できるが、セキュリティ上「×」をクリックして画面を閉じる。

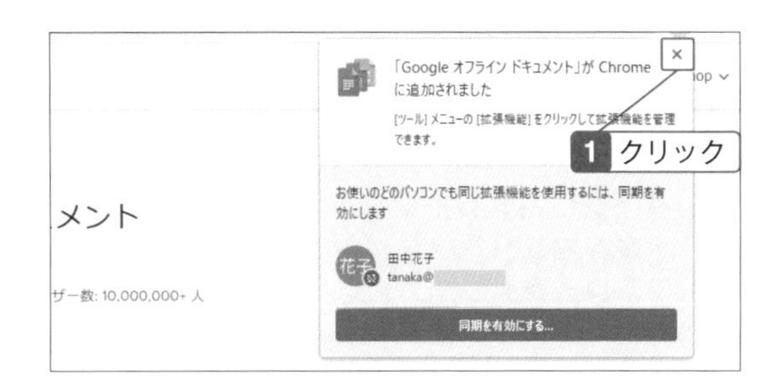

5 先ほどのGoogleドライブの画面で「オフラインでも～」にチェックを付ける（他のアカウントでオフラインを使用している場合はチェック不可）。

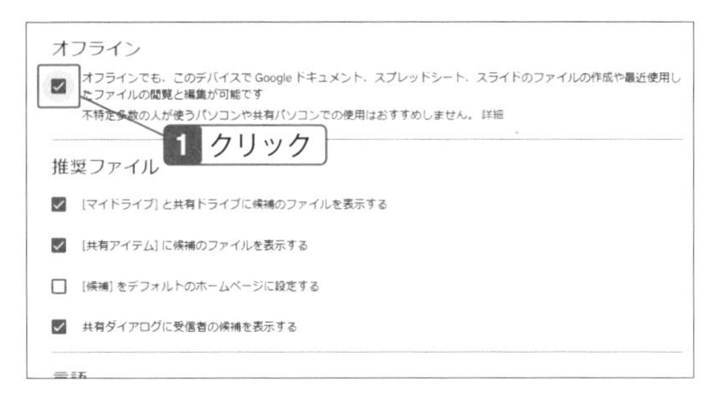

6 オフラインで使用するファイルを右クリックし、「オフラインで使用可」をオンにする。

Check

オフラインを解除するには

再度、手順6の画面で、ファイルを右クリックし、「オフラインアクセスを削除」をクリックしてオフにすると解除できます。次以降はオフにして解説します。

06-09

ファイルをダウンロードする

Googleドライブのファイルはパソコンに取り込める

Googleドライブに保管しておいたファイルや、Googleドキュメントやスプレッドシートで作成したファイルをパソコンにダウンロードすることができます。ダウンロードをクリックした後の画面はブラウザによって異なりますが、ここではGoogle Chromeで説明します。

ファイルをパソコンに保存する

1 ダウンロードしたいファイルを右クリックし、「ダウンロード」をクリック。ドキュメントファイルの場合は、Wordファイルに変換されてダウンロードされる。

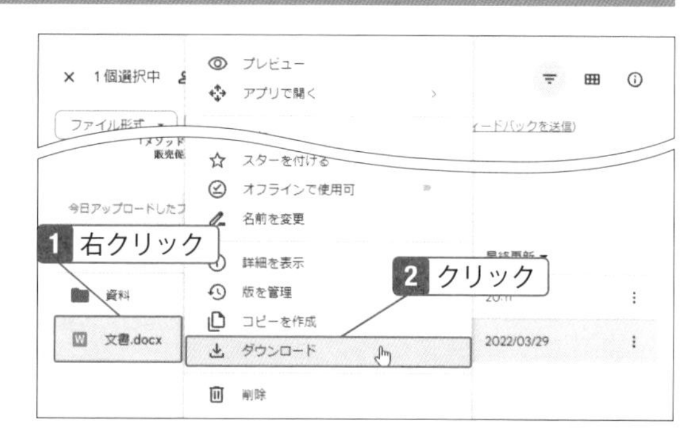

2 ダウンロードした。左下に表示されたボタンをクリックすると開ける（Google Chromeの場合）。

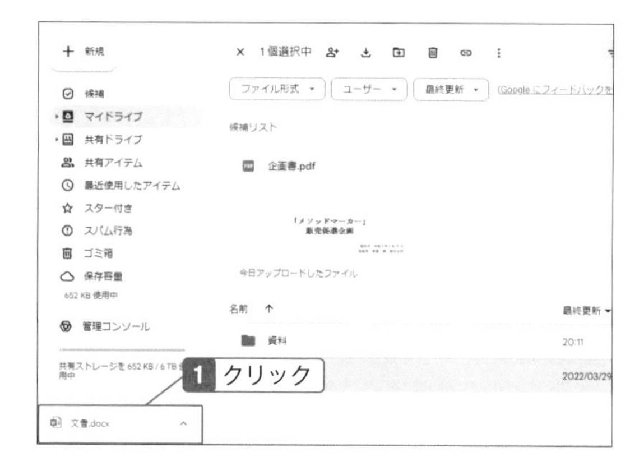

Hint

テキスト形式やPDF形式で保存したい場合は

ここでは、Googleドライブの画面でダウンロードしますが、ドキュメントファイルを開いて、「ファイル」メニューの「ダウンロード」をクリックすると、「txt」や「pdf」などのファイル形式でダウンロードできます（SECTION08-02参照）。スプレッドシートやスライドのファイルも同様です。

Chapter

07

「スプレッドシート」で表やグラフを作成する

ビジネスでは、ワープロソフトと並んで、表計算ソフトがよく使われます。表計算ソフトと言えば、MicrosoftのExcelが有名ですが、Googleの「スプレッドシート」も機能が強化され、使い勝手が向上しています。このChapterでは、スプレッドシートで売上データの表を作成し、そのデータを元にグラフを作成します。また、新しい機能やマクロについても紹介します。

07-01

新規ファイルを作成する

新規作成してファイル名を付ける

まずは、Googleスプレッドシートにアクセスして、画面を見てみましょう。ホーム画面は、GoogleドキュメントやGoogleスプレッドシートとほぼ同じです。新しいファイルを作成し、実際の画面も確認してください。ファイル名は内容がわかるように入力しましょう。

新規ファイルを作成する

1 Google Workspaceのアカウントにログインした状態でGoogleスプレッドシートにアクセスし、「空白」をクリック。

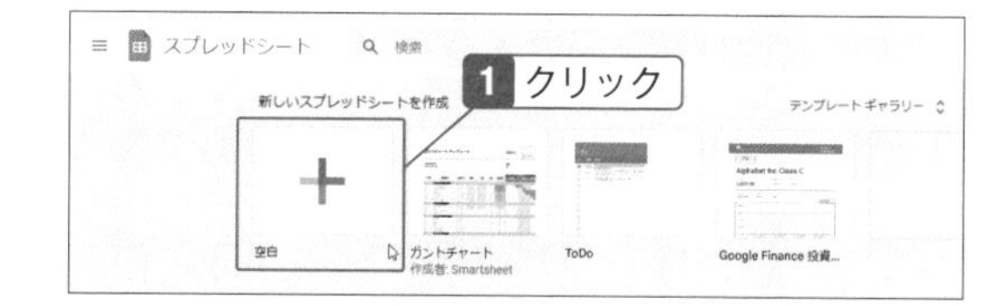

Note

Googleスプレッドシートとは

Googleスプレッドシートは、Googleが提供する表計算アプリです。数値を入力して、計算やグラフ作成ができ、Microsoft Excelファイルの編集も可能です。作成したファイルはGoogleドライブに保存されます。Googleスプレッドシートにアクセスするには、画面右上の「Googleアプリ」ボタンをクリックし、「スプレッドシート」をクリックします。あるいは、https://docs.google.com/spreadsheets/　にアクセスします。

2 新規ファイルが表示される。

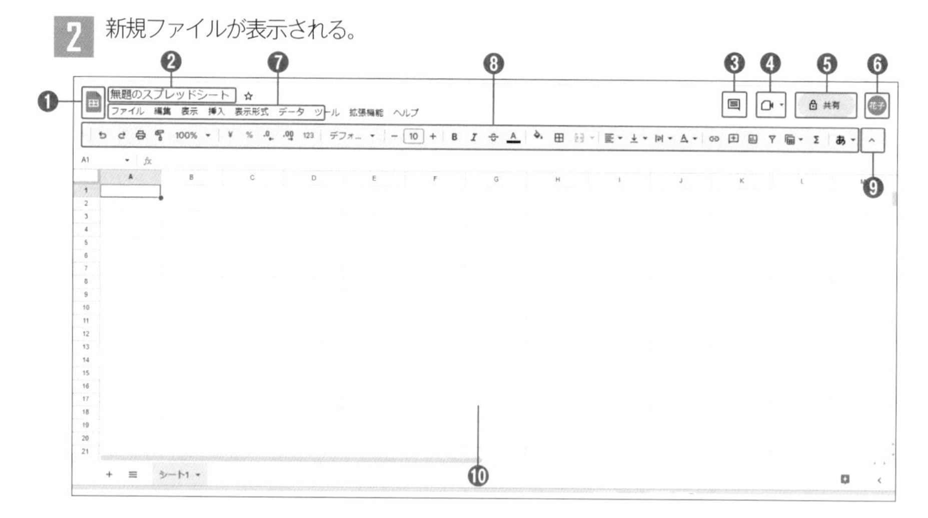

❶**スプレッドシートホーム**：Googleスプレッドシートのホーム画面に戻る
❷**無題のスプレッドシート**：ここにファイル名を入力する
❸**コメント履歴**：過去のコメントが表示される
❹**会議で画面を共有する**：Meetの会議で参加または共有ができる
❺**共有**：他のユーザーとファイルを共有するときにクリックする
❻**Googleアカウント**：クリックすると、ユーザー名の確認やログアウト、アカウントの追加ができる
❼**メニューバー**：機能を選択して操作できる
❽**ツールバー**：よく使う機能がボタンで表示されている
❾**^**：メニューを非表示にする
❿**編集領域**：ここに文字やグラフを入れながら作成する

3 「無題のスプレッドシート」にファイル名を入力。

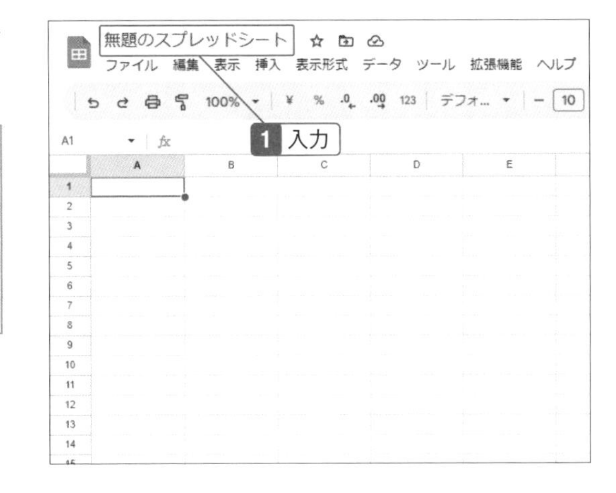

Hint

Googleスプレッドシートのファイルを共有するには

Chapter08-04で説明するGoogleドキュメントの共有と同様に「共有」ボタンをクリックして、他のユーザーとファイルを共有することが可能です。

4 文字を入力。数値は半角で入力する。「スプレッドシートホーム」をクリックするとスプレッドシートのホーム画面が表示される。

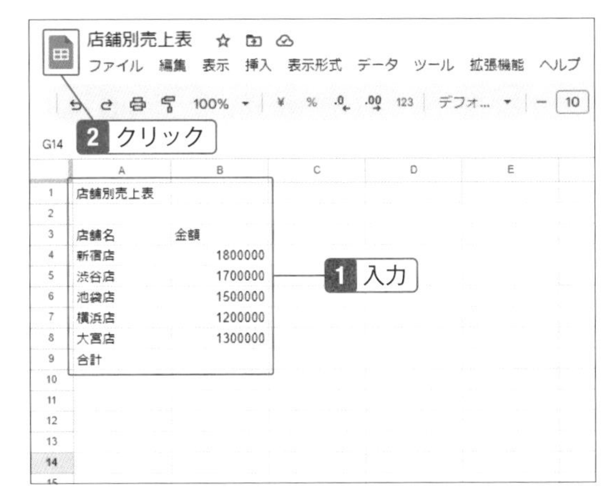

Hint

ExcelのファイルをGoogleスプレッドシートで開く

スプレッドシートでExcelのファイルを読み込んで編集することが可能です。ただし、3Dグラフや補助円グラフ付き円グラフなど、一部の機能は再現されません。なお、Excelのファイルをスプレッドシート形式で保存する場合は、「ファイル」メニューの「Googleスプレッドシートとして保存」をクリックします。

表を作成する

行や列の追加、セルの結合が自由にできる

文字や数値を入力したら、枠線を付けてみましょう。そうすることで表が完成します。行や列が足りなくなったときには追加できますし、複数のセルを結合させて1つのセルにすることも可能です。表のタイトルや項目名などをバランスよく配置してください。

売上表を作成する

1 表にするセルをドラッグし、「枠線」をクリックして「すべての枠線」をクリック。

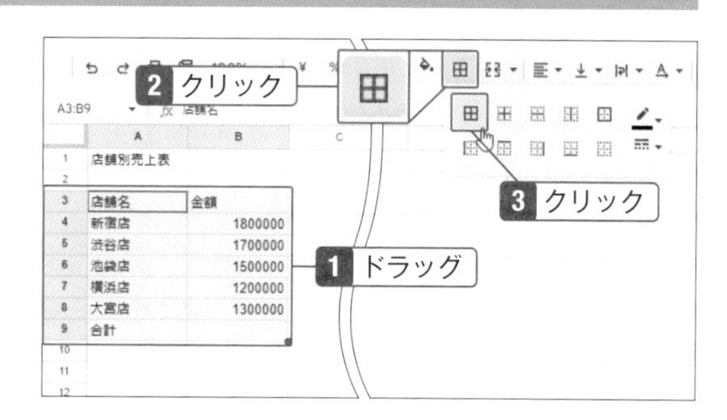

2 枠線が付いた。

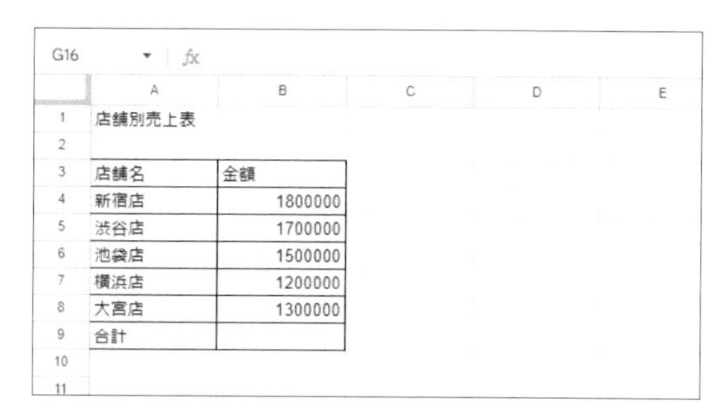

Hint

セルに色を付けるには

セルの背景に色を付けるとメリハリのある表になります。色を付けたいセルをドラッグし、「塗りつぶしの色」ボタンをクリックして、任意の色をクリックします。

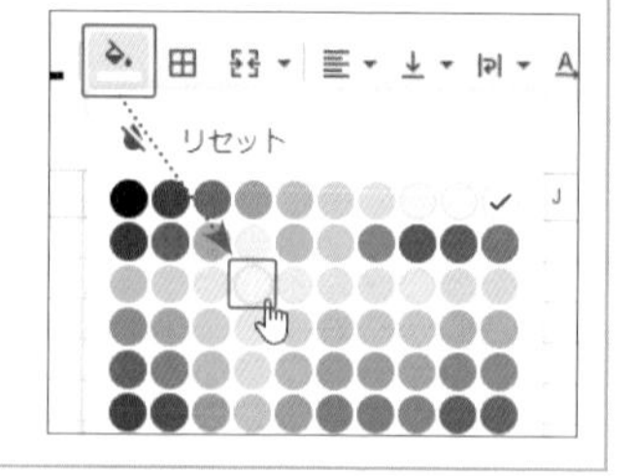

行を追加する

1 セルをクリックし、「挿入」をクリックして「行」の「下に1行挿入」をクリック。複数行追加する場合は複数のセルをドラッグして「下に○行挿入」をクリック。

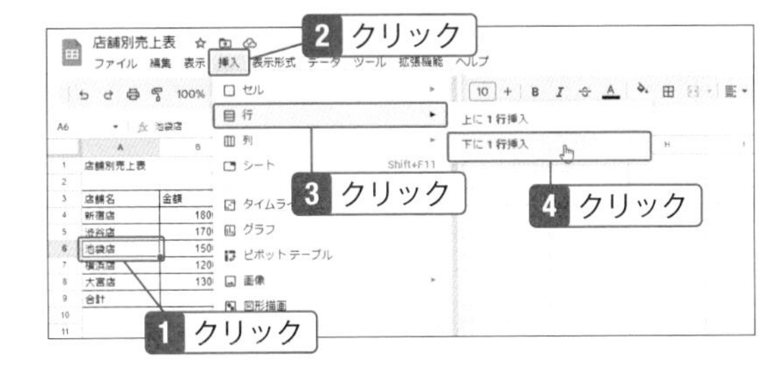

2 行が追加されるので、データを入力。

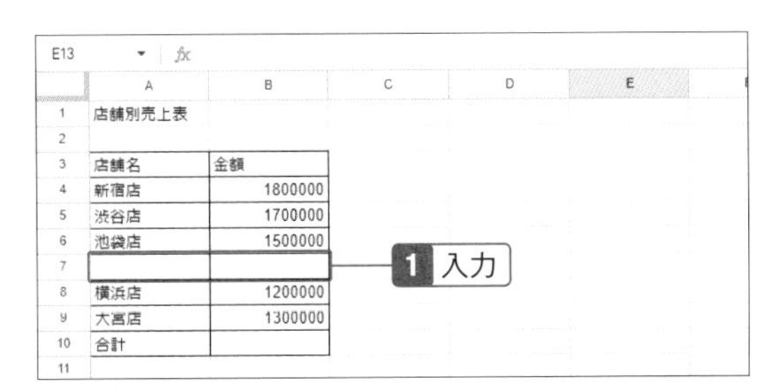

⚠ Check

列を追加するには

列も同様に追加できます。「挿入」をクリックし、「左に1列挿入」または「右に1列挿入」をクリックして追加します。

セルを結合する

1 結合したいセルをドラッグして選択し、「セルを結合」をクリック。

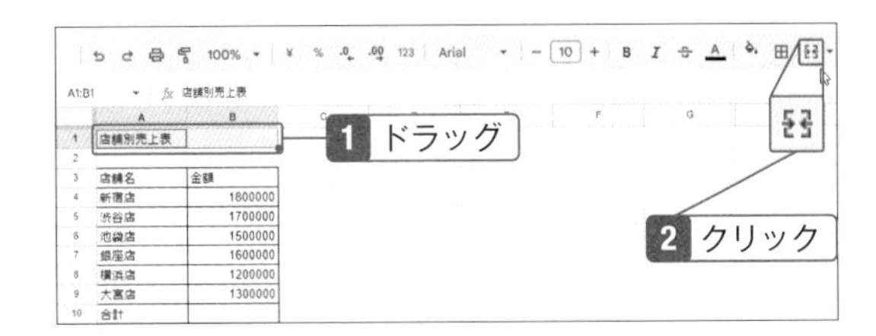

2 「水平方向の配置」をクリックし「中央」をクリック。

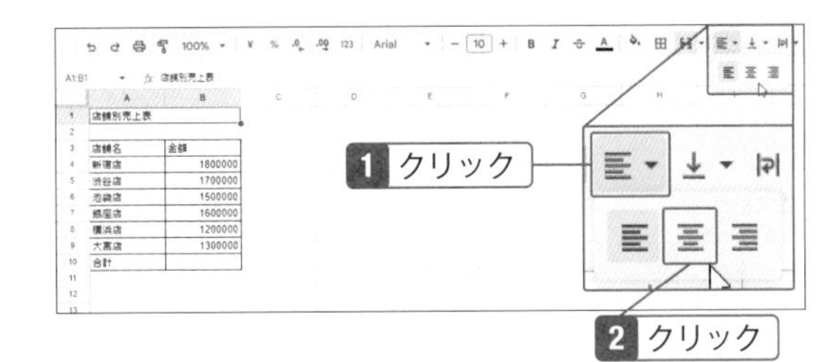

Hint

テキストを列に分割

セル内の文字列がスペースやカンマなどで区切られている場合、「データ」メニューの「テキストを列に分割」をクリックすると、列を分けることができます。

2	氏名	住所	電話番号
3	田中	花子	000-0000-0000
4	山田	太郎	000-0000-0000
5	川井	里子	000-0000-0000
6		区切り文字: 自動的に検出	
7			

07-03

セルの中に画像を入れる

商品画像やプロフィール画像を入れたいときに便利

スプレッドシートでは、セルの中に画像を入れることができます。セルの枠にピッタリ収めることができるので、商品名の横に商品画像を入れたり、氏名の横に写真を入れたりしたいときに活用してください。

セル内に画像を挿入する

1 「挿入」メニューの「画像」をクリックし、「セル内に画像を挿入」をクリックして画像を指定する。

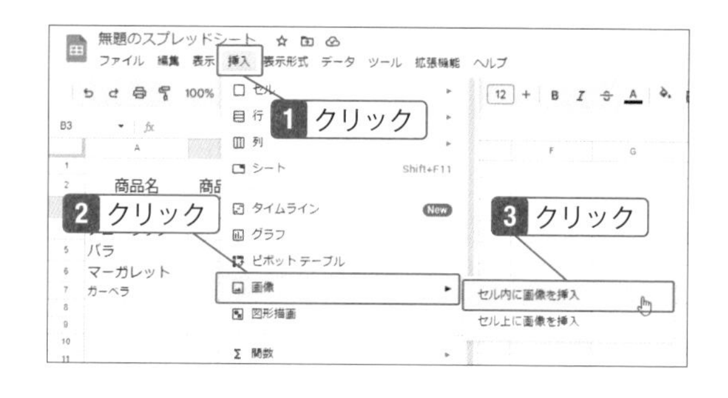

Check

セル内に画像を挿入する

セルの中に画像（50MB未満のPNG、JPG、GIF形式）を入れることができます。挿入した画像はセルに合わせて表示されるので、行の高さを変更してサイズを整えます。

2 行の境界線をドラッグして高さを調整する。

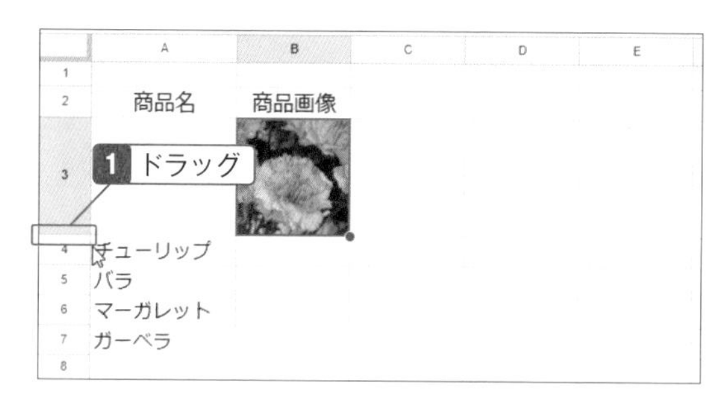

Hint

関数を使って画像を挿入する

セル内に画像を入れたい場合、IMAGE関数を使う方法もあります。「=IMAGE(“画像のURL”)」と入力します。URLは“”で囲んでください。複数の画像を入れる場合は、URLを別のセルに入力しておき、「=IMAGE(A1)」のように参照させると手早く作成できます。なお、Googleドライブの画像の場合は、アクセス許可が必要です。

関数を利用する

Excelと同じように関数が使える

表計算ソフトで必須の関数ですが、Googleスプレッドシートでも使えます。関数を使うと、あらかじめ用意されている数式を使って簡単に値を求めることができます。ここではSUM関数とVLOOKUP関数、名前付き関数を紹介します。

合計を表示する

1 合計を表示するセルをクリックし、「関数」をクリックして「SUM」をクリック。

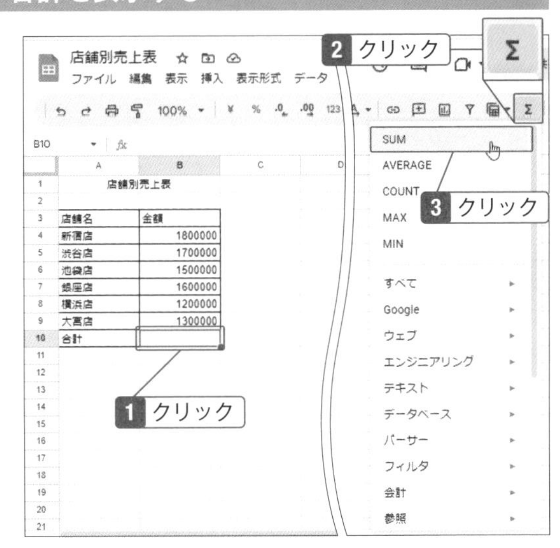

Note

関数とは

表計算ソフトに用意されている数式のことです。さまざまな種類の関数があり、目的に合った関数を選択することで素早く値を求めることができます。Googleスプレッドシートで使用できる関数は、「Google スプレッドシートの関数リスト」(https://support.google.com/docs/table/25273) を参照してください。

2 合計を求めるセルをドラッグして［Enter］キーを押すと計算結果が表示される。

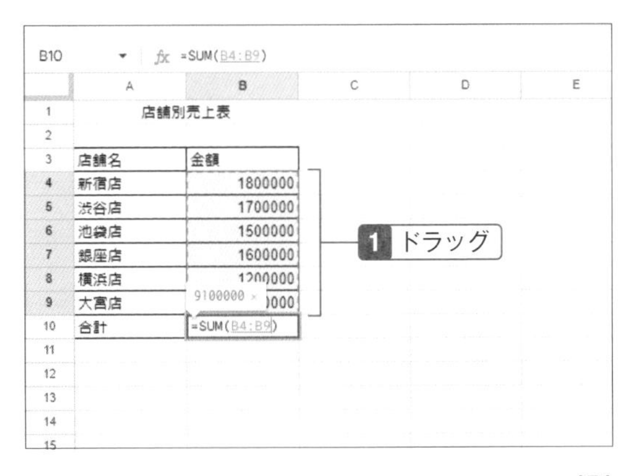

関数を手入力する

1 セルをクリックし、半角の「=」を入力。

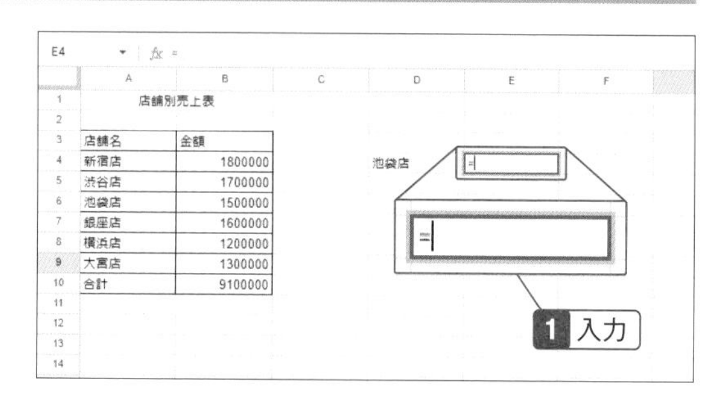

Check

関数を手入力する場合

数式を手入力する場合は、最初に半角の「=」を入力して目的の関数を入力します。

2 続けて「vlookup(D4,$A$4:$B$9,2,false)」と入力して[Enter]キーを押す。

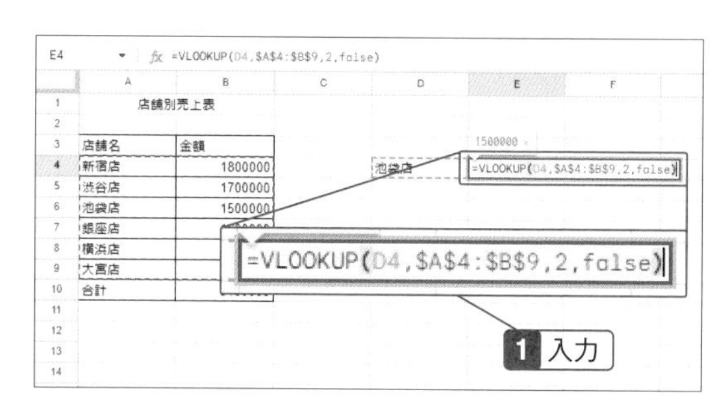

Note

VLOOKUP関数とは

選択した範囲の中から条件に一致したデータを取り出してくれる関数です。ここでは、セル範囲A4からB9で、セルD4に入力した文字(池袋店)の行の左から2番目に入力しているデータを抜き出すという式を入力します。「$」は、入力した関数を他の箇所にコピーしたときに範囲がずれないようにするために入力します。「false」は完全一致の意味です。なお、「上から○番目のデータ」を抜き出せるHLOOKUP関数というものあります。

3 VLOOKUP関数を使ってデータを取り出すことができた。

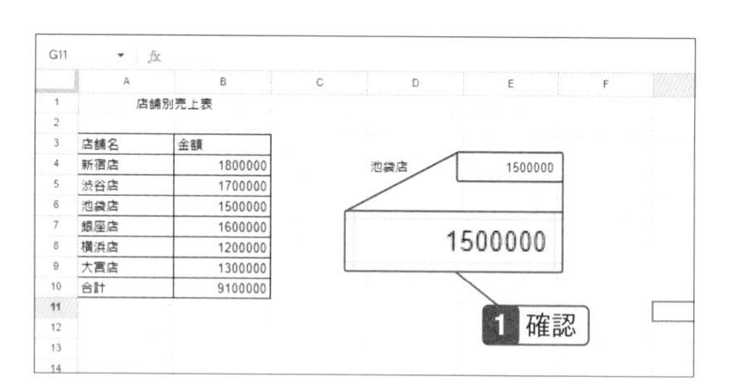

Hint

GOOGLETRANSLATE関数やGOOGLEFINANCE関数

さまざまな関数があり、Excelには無い関数もあります。たとえば、セルに入力されている英文を自動翻訳してくれるGOOGLETRANSLATE関数や、証券情報を表示できるGOOGLEFINANCEなどがあります。

名前付き関数を使用する

1 数式が入っているセルを右クリックし、「セルでの他の操作項目を表示」→「名前付き関数を定義」をクリック。

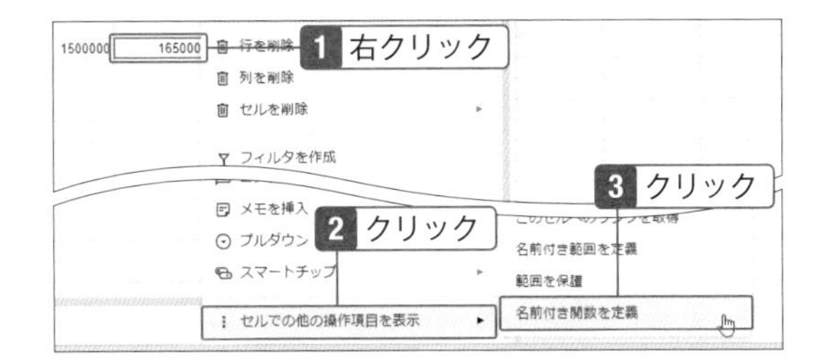

Note

名前付き関数とは

入力した数式を関数として登録して使うことができます。ここでは、簡単な計算式を使いますが、複数の関数を組み合わせた数式を登録しておけば、手入力する手間を省けます。また、他のファイルで使用したい場合はインポートすることが可能です。インポートする場合は、「データ」メニューの「名前付き関数」をクリックし、サイドパネルの「関数をインポート」をクリックしてファイルを指定します。ここでは、消費税込みの計算式（=ROUNDDOWN(E4*1.1,0)を入力し、「incltax」という名前の関数を作成します。

2 関数に付ける名前を入力し、「引数の候補」のセルをクリック。

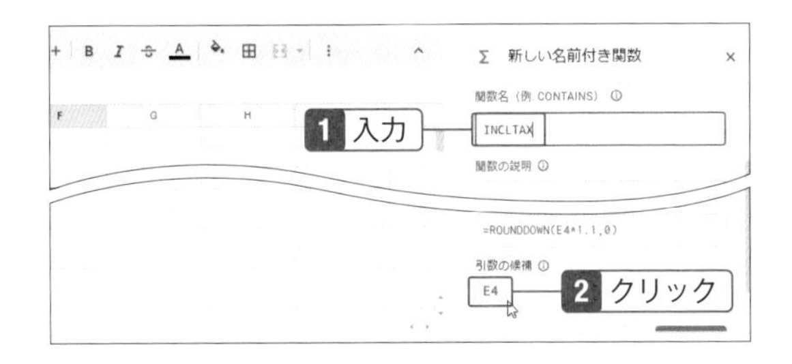

3 引数の名前を入力し、「定義」をクリック。その後「次へ」をクリックし、次の画面で「作成」をクリック。

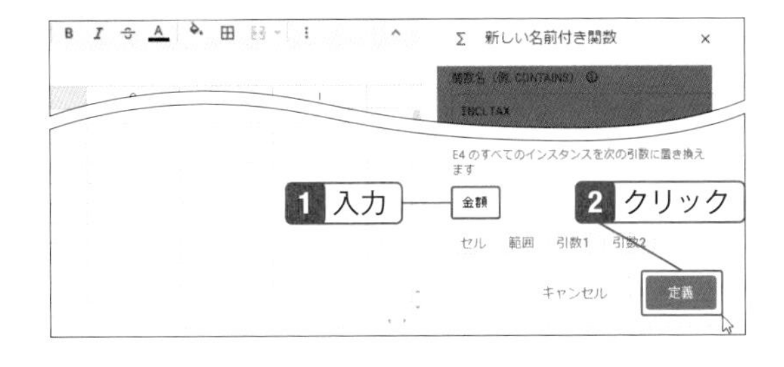

4 作成した関数を使える。

07-05

グラフを作成する

内容に合わせてグラフを選択する

作成した表を元にして簡単にグラフを作成できます。グラフの種類は、棒グラフや円グラフ、折れ線グラフなどいろいろあるので、データの内容によって使い分けましょう。ここでは棒グラフを使って売上グラフを作成します。細かな設定は、右端に表示される「グラフエディタ」で行ってください。

縦棒グラフを作成する

1 グラフにしたいセルをドラッグし、「グラフを挿入」をクリック。「グラフを挿入」ボタンが見えていない場合は ⋮ をクリック。

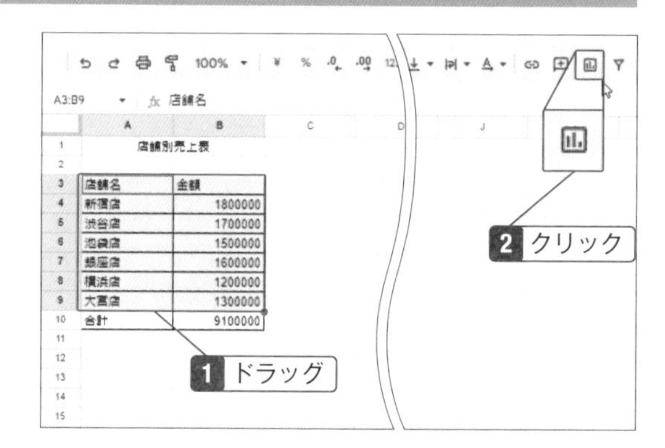

2 グラフエディタが表示されるので、グラフの種類の▼をクリックし、「縦棒グラフ」を選択する。グラフエディタを閉じてしまった場合はグラフをダブルクリックすると表示可能。

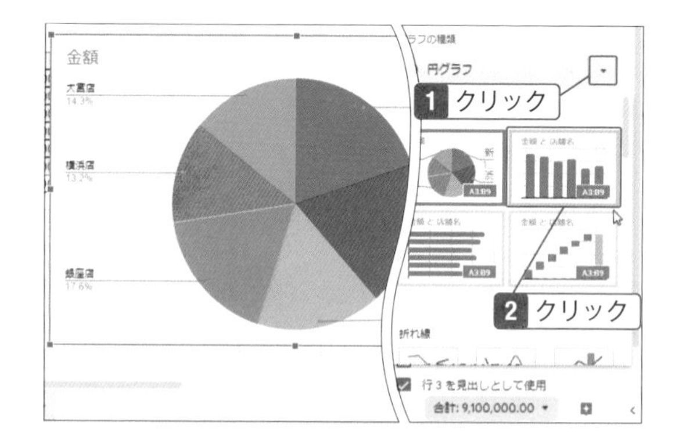

Hint

グラフの種類の選び方

どのグラフを使うかはデータによって異なります。たとえば、金額や人数などの数値を比較する場合は棒グラフ、時間の流れに沿って値の推移を表したい場合は折れ線グラフ、構成比を表したい場合は円グラフ、総合バランスを見ながらデータを比較したい場合はレーダーチャートなどです。

3 「カスタマイズ」タブをクリックし、「グラフのタイトル」を選択して「タイトルテキスト」にグラフのタイトルを入力。

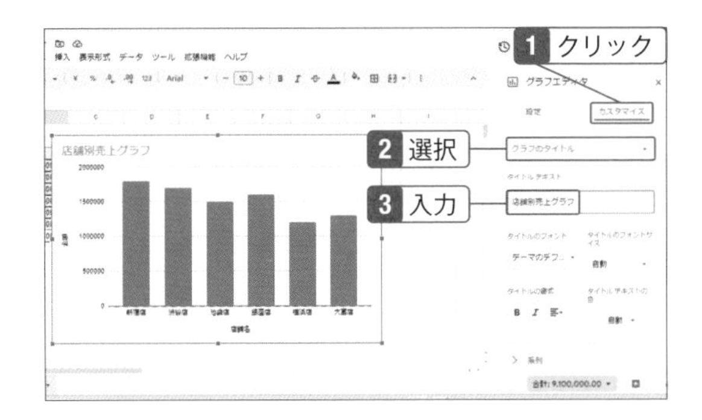

4 棒をクリックし、「塗りつぶしの色」の▼をクリックして任意の色を選択。

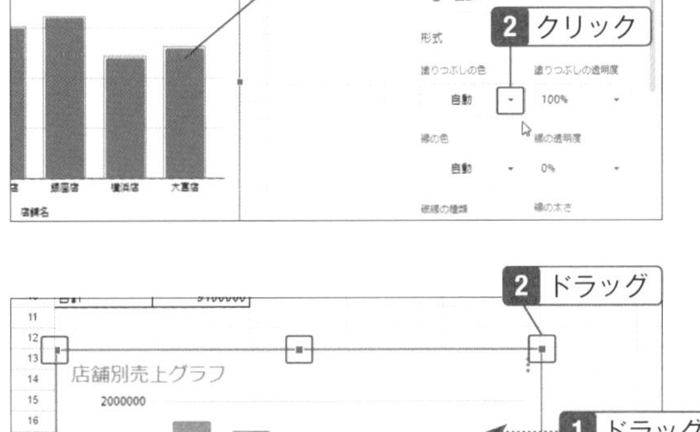

Hint

行列を入れ替えるには

グラフの縦軸と横軸にしたデータを逆にしたい場合は、手順1で「設定」タブをクリックし、「行と列を切り替える」にチェックを付けます。

5 グラフをクリックして選択し、ドラッグで移動する。周囲のハンドルをドラッグするとサイズを変更可能。

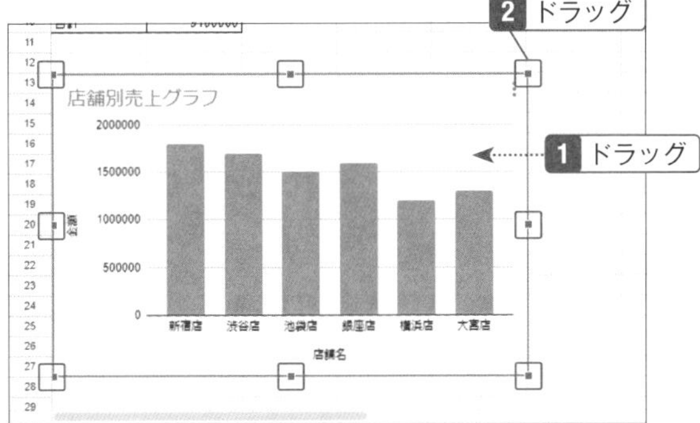

Check

グラフを削除するには

グラフを削除したい場合は、グラフ内の空白の部分をクリックしてグラフを選択し、キーボードの[Delete]キーを押します。

Hint

凡例を入れるには

凡例を入れたい場合は、手順3の画面で「凡例」をクリックし、「位置」の▼をクリックして位置を選択します。

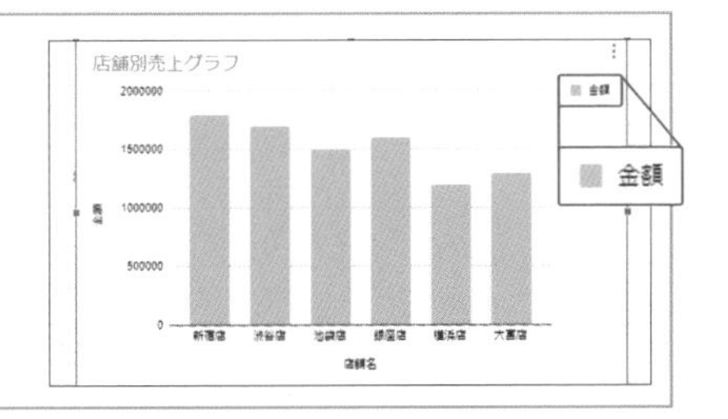

07 「スプレッドシート」で表やグラフを作成する

07-06

フィルタでデータの並べ替えと抽出をする

フィルタを使うとデータの並べ替えや抽出が可能

フィルタを使うと、アルファベット順や数字順に並べ替えることができます。また、特定の数値や文字色を抽出することもできるので、データ量が多い表の中から目的のデータを取り出したいときに便利です。

金額の多い順に並べ替える

1 並べ替える範囲をドラッグし、「フィルタを作成」ボタンをクリック。

Note

フィルタとは

フィルタを使うとアルファベット順や数字順に並べ替えができます。範囲を選択しない場合は表全体が並べ替えられます。また、文字色や値でデータを抽出することも可能です。

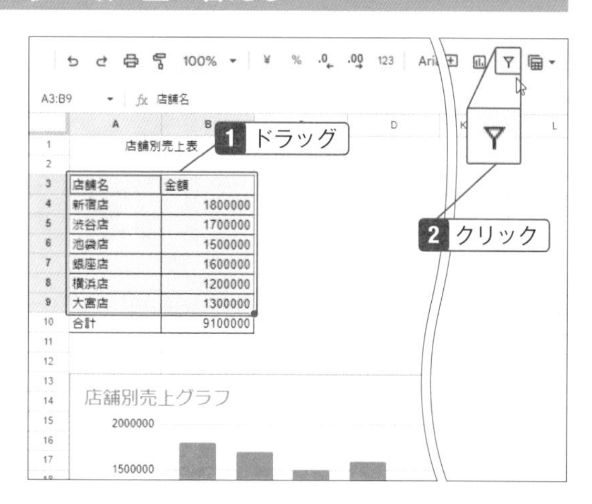

2 項目名（ここでは「金額」）に表示されたフィルタをクリックし、「Z→Aで並べ替え」をクリックすると数値の大きい順に並べ替えができる。

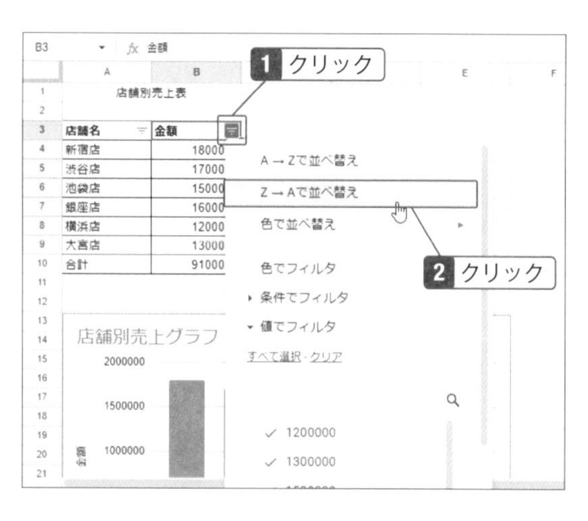

データを抽出する

1 「金額」の「フィルタ」ボタンをクリックし、「条件でフィルタ」をクリック。

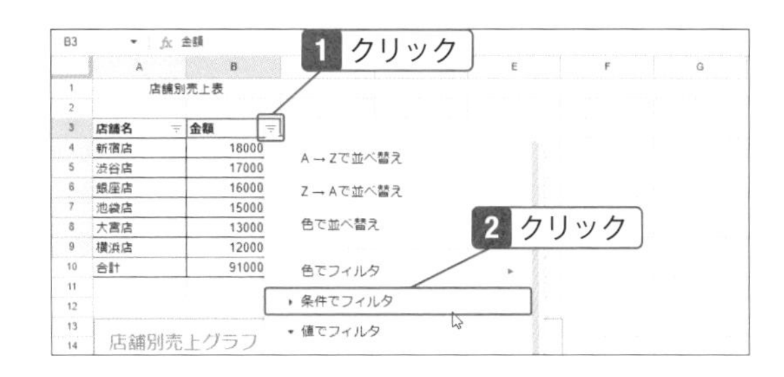

2 「▼」をクリックして「以上」を選択。続いて金額を入力し、「OK」をクリック。

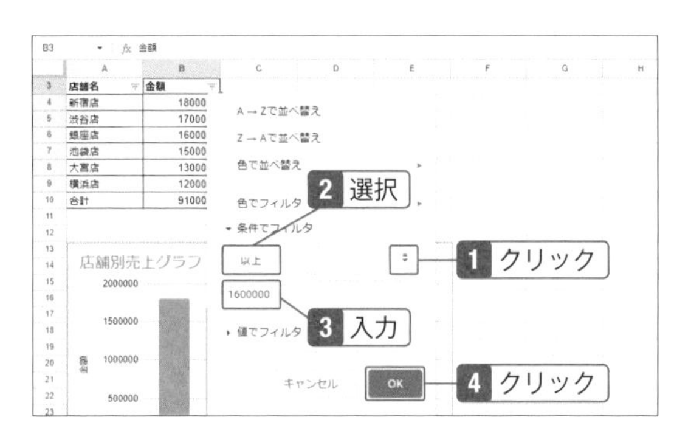

Check

フィルタの条件設定

条件を設定して絞り込むことができます。ここでは、1600000円以上のデータを絞り込むので、「以上」と金額を指定します。

3 抽出できた。「フィルタを解除」ボタンをクリックしてフィルタを解除する。

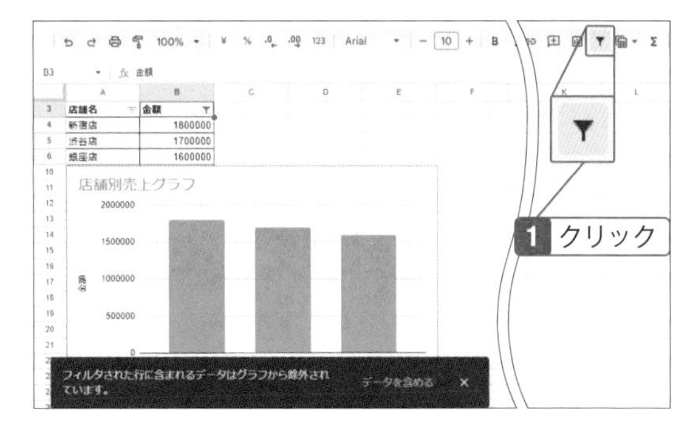

Hint

共有ファイルでフィルタを使う場合

社内でファイルを共有している場合、フィルタを使って閲覧していると、他のユーザーの画面にもフィルタされている状態で表示されます。そのような場合は、「データ」メニューの「フィルタ表示」→「新しいフィルタ表示を作成」をクリックして、自分用のフィルタ画面で操作しましょう。フィルタ表示を終了するときは右上の「×」をクリックします。再表示するときは、「データ」メニューの「フィルタ表示」をクリックして表示される一覧から選択します。なお、フィルタ表示は、自分のみが閲覧できますが、数値や文字の修正はデータに反映されます。

名前: フィルタ2　範囲: A3:B10

	A	B	C
1	店舗別売上表		
2			
3	店舗名	金額	
4	新宿店	1800000	
5	渋谷店	1700000	
6	銀座店	1600000	
7	池袋店	1500000	
8	大宮店	1300000	
9	横浜店	1200000	
10	合計	9100000	

07-07

スライサーでデータを抽出する

フローティングバーでフィルタが使える

前のSECTIONでは、データを抽出する方法としてフィルタ機能を紹介しましたが、ここではスライサーを使って抽出する方法を紹介します。スライサーの位置やサイズ、色は自由に変えられるので、頻繁にデータを抽出する場合は活用するとよいでしょう。

スライサーを追加する

1 表をクリックし、「データ」メニューの「スライサーを追加」をクリック。

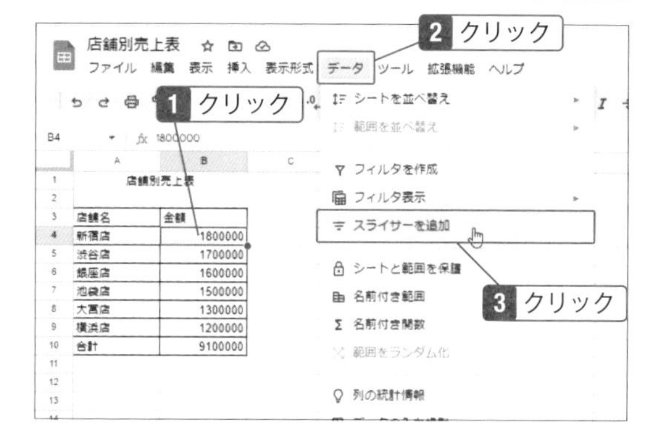

Note

スライサーとは

フィルタと同じく、スライサーもデータを抽出できる機能です。フィルタは表の見出し部分に表示される「フィルタ」ボタンで操作しますが、スライサーはドラッグで移動ができるバーで操作します。ファイルを共有している場合は、他のユーザーの画面にもスライサーは表示されますが、設定した条件は表示されません。

2 画面右端の「スライサー」パネルで、「列」の▼をクリックして「金額」を選択。

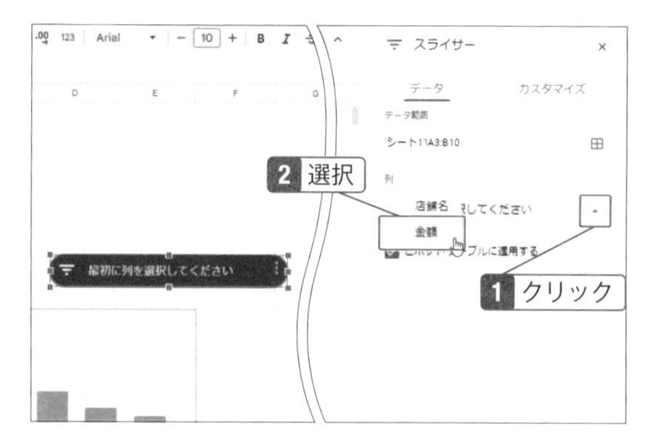

Hint

スライサーの名前を変えるには

手順2の画面で、「カスタマイズ」タブをクリックし、「タイトル」ボックスでスライサーの名前を変更することができます。スライサーの背景色を黒から別の色に変えたり、フォントサイズを変えたりすることも可能です。

3 スライサーをドラッグして見やすい位置に移動する。周囲の■をドラッグするとサイズ変更も可能。

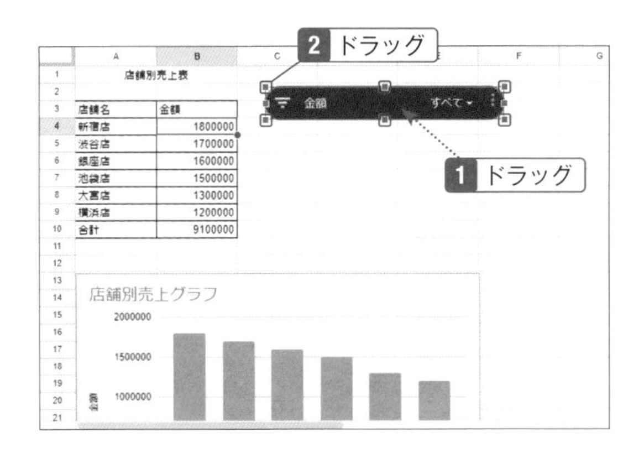

4 スライサーの「すべて」をクリック。続いて条件を指定し、「OK」をクリック(SECTIN07-06参照)。

1 クリック

2 設定

3 クリック

Check

スライサーを削除するには

スライサーをクリックし、キーボードの[Delete]キーを押すと削除できます。

5 抽出される。

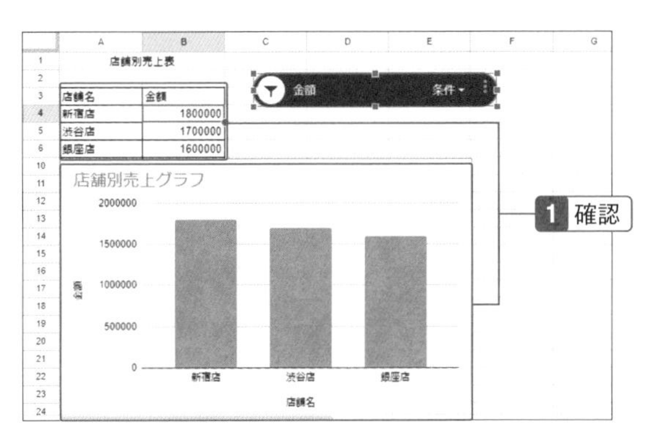

Hint

フィルタをデフォルトに設定する

ファイルを終了して、次回も同じ条件で抽出したい場合はデフォルトとして設定します。スライサーをクリックし、⋮をクリックして、「現在のフィルタをデフォルトに設定」をクリックします。ファイルを共有している場合は、他のユーザーのスライサーにも反映されます。

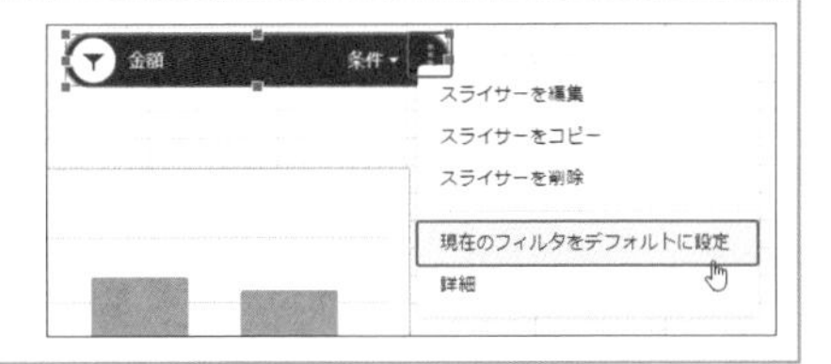

07-08

プルダウンで入力できるようにする

入力が簡単になり、入力ミスも防げる便利な機能

何度も同じデータを入力する場合は、プルダウンから選べるようにすると便利です。スプレッドシートでは、「データの入力規則」の機能を使うと、セルにプルダウンを設定することができます。

入力規則を設定する

1 「データ」メニューの「データの入力規則」をクリック。

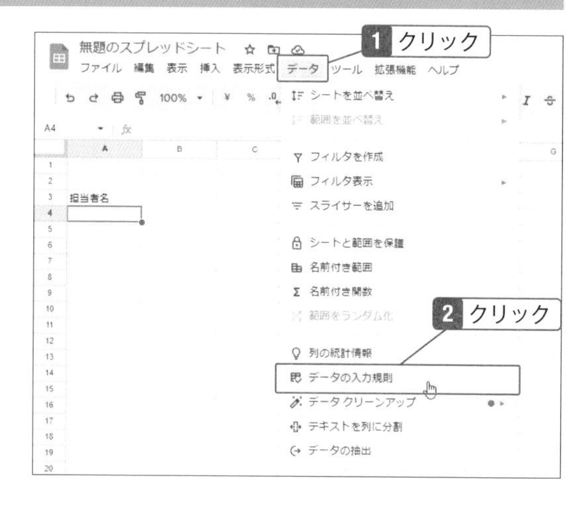

Note

入力規則とは

入力規則は、ルールを設定して入力の手間を省くことができる機能です。ここでは、入力済みの担当者名を使って、プルダウンで選択できるように設定しますが、手順3で、「日付」や「以上」など、さまざまな条件を設定できます。

2 画面右端に「データの入力規則」パネルが表示されるので、「ルールを追加」をクリック。

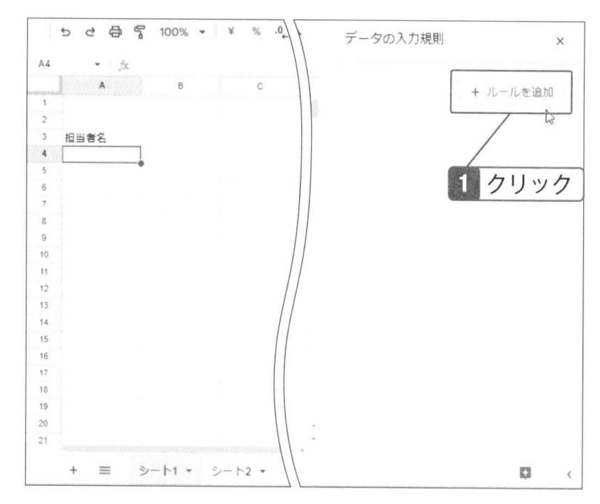

Hint

プルダウンの設定

入力規則の中でもプルダウンはよく使われるため、セルを右クリックして「プルダウン」、あるいは「@プルダウン」を入力すると、すぐにプルダウンの設定ができるようになっています。

3 「条件」の▼をクリックして「プルダウン（範囲内）」を選択。続いて「データ範囲を選択」をクリック。

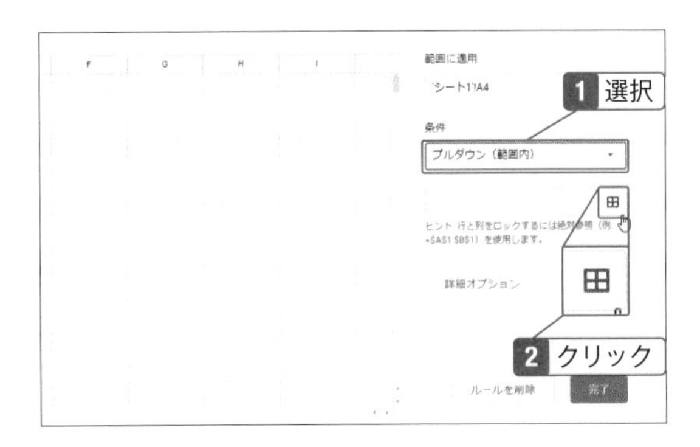

Hint

プルダウンの条件設定

ここでは、あらかじめ入力したデータを条件として指定しますが、手順3で「プルダウン」を選択して選択肢を入力することができます。

4 選択肢として使用するデータを選択。別のシートのデータも可。

5 画面右下の「完了」をクリック。

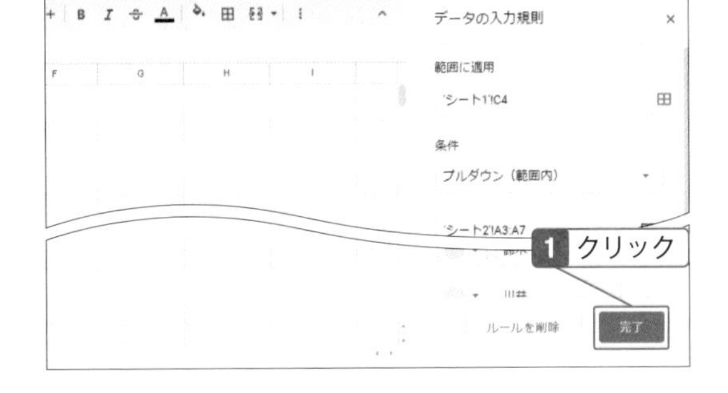

Hint

色を付けるには

手順5で、各項目の色を設定することができます。ここでの場合は、担当者ごとに別の色を設定することで、担当回数の多い人がひと目でわかるようになります。

6 クリックし、プルダウンから選択して入力できる。

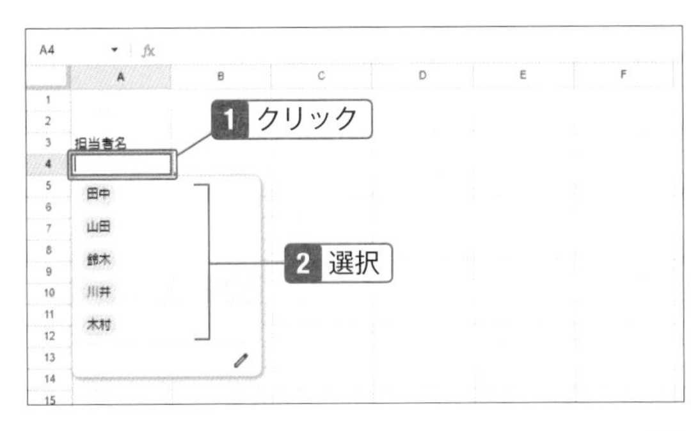

Check

入力規則を削除するには

入力規則を設定したセルをクリックし、[Delete] キーを押します。すべて削除する場合は、「データの入力規則」パネルで、削除するルールをポイントし、「ゴミ箱」をクリックしてください。

スマートチップで情報を挿入する

詳細情報を手早く挿入でき、参照する際にも便利

ユーザー名やファイル名を入力する際、スマートチップが便利です。簡単に情報を追加でき、クリックでメールを送信したり、ファイルを参照したりできます。Chapter08のドキュメントでもスマートチップが使えるので、ここで操作方法を覚えましょう。

カレンダーの予定を挿入する

1 半角の「@」を入力。

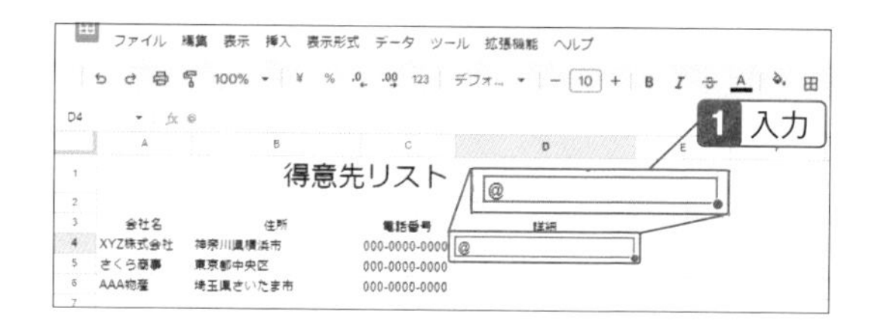

Hint

日付を挿入するには

半角の「@」を入力し、「今日の日付」や「明日の日付」を選択して簡単に入力することができます。また、「日付」をクリックすると、カレンダーを使って入力できます。

2 Chapter03で作成した予定の名前を入力すると候補が表示されるのでクリック。

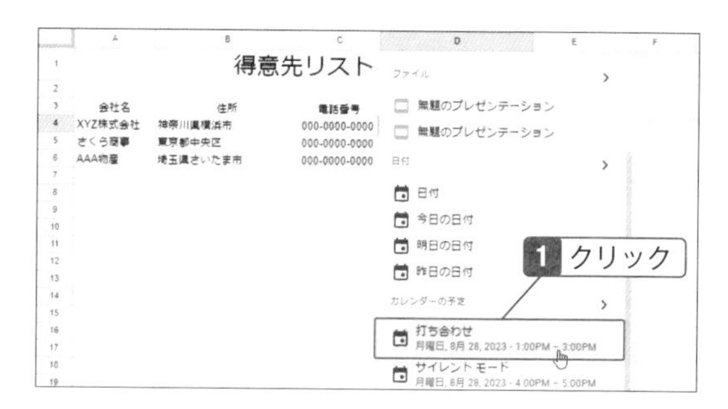

Note

スマートチップとは

スマートチップを使うと、他のユーザーやドキュメントのファイル、Googleカレンダーの予定、地図、YouTube動画などの情報を挿入することができます。リンク先のURLを入力する必要がなく、閲覧の際にクリックでアクセスすることが可能です。「挿入」メニューの「スマートチップ」または右クリックして「スマートチップ」から選択することもできます。

3 予定が挿入される。予定のタイトルをクリックするとGoogleカレンダーが開き予定の画面が表示される。

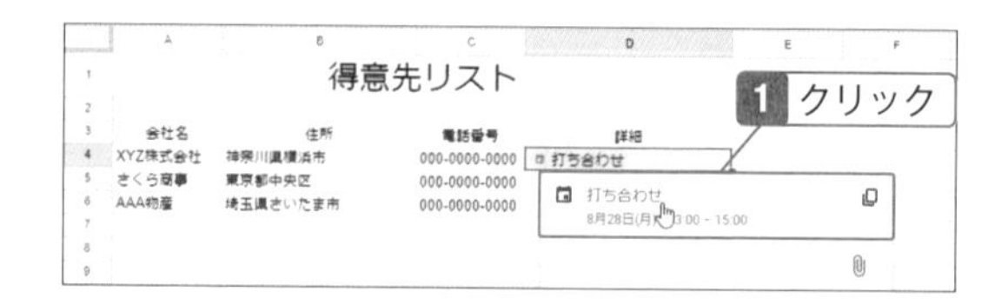

データを抽出する

1 挿入した予定をクリックし、「データ抽出」をクリック。

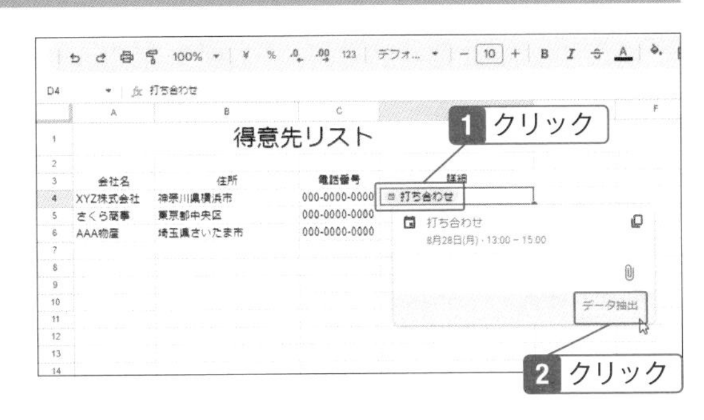

⚠ Check

スマートチップを削除するには

セルに入力した文字と同じように、スマートチップを挿入したセルをクリックして、キーボードの［Delete］キーを押せば削除できます。

2 画面右端のパネルで、取り出したい情報をクリックし、「解凍」をクリック。

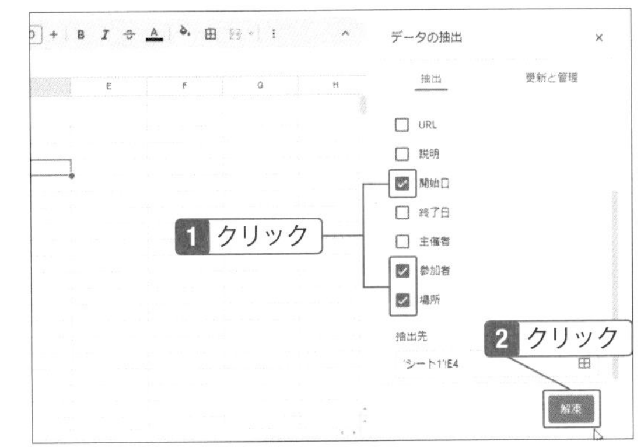

3 「チェック」をクリックすると情報が表示される。

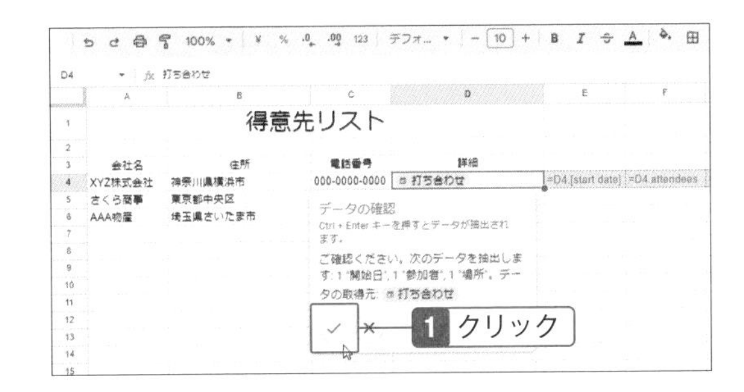

⚠ Check

ファイルの情報を抽出する

同様にスマートチップでスプレッドシートやドキュメントのファイルを追加し、「データ抽出」をクリックすると、ファイルのURLや作成日時、オーナーなどの情報を取り出すことができます。

Hint

地図を挿入するには

場所を入力する際にも、スマートチップが役立ちます。半角の「@」を入力し、住所を入力し始めると候補が表示されるのでクリックします。挿入後、地図を見たい場合はクリックするとGoogleマップが開きます。

07-10

マクロを使って操作を自動化する

繰り返しの操作を自動化して時間短縮

スプレッドシートでは、プログラミングの知識を必要とせずに、誰でも簡単にマクロを作成できます。ここではマクロの作成方法を知ってもらうために、SECTION07-05の棒グラフを作成する操作を自動化します。

マクロを記録する

1 「拡張機能」をクリックし、「マクロ」をポイントして「マクロを記録」をクリック。

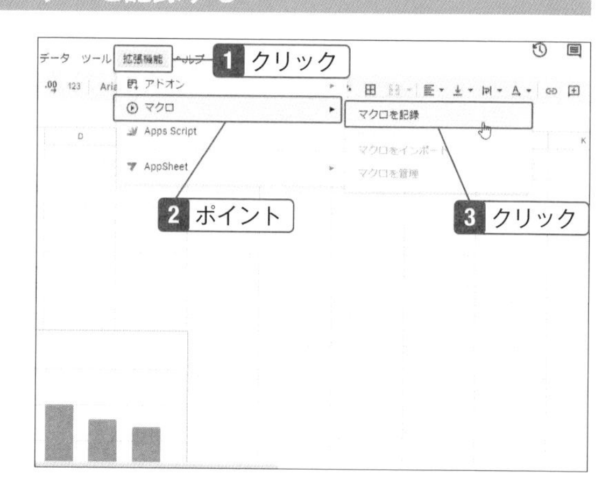

Note

マクロとは

操作を自動化できるのがマクロです。マクロと言うとプログラミングの知識が必要だと思うかもしれませんが、録画するような感覚で作成できます。ただし、操作ミスも記録するため、複雑なマクロを作成する場合はコードの編集が必要になります。

2 ここでは「絶対参照を使用」をクリックし、SECTION07-05の操作をする。

Check

絶対参照と相対参照

選択したセルと完全に一致するセルで実行する場合は「絶対参照」を選択し、別のセルでも操作可能にするには「相対参照」を選択します。

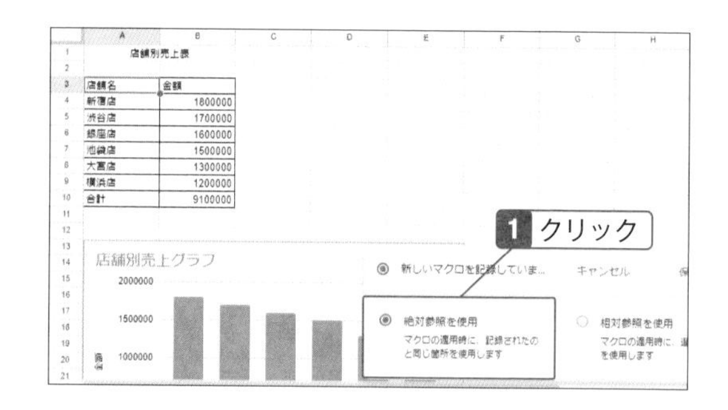

3 操作が終わったら、「保存」をクリック。

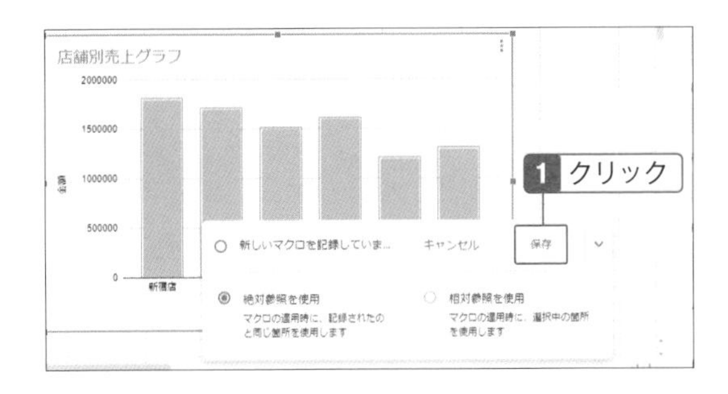

4 マクロに付ける名前を入力し、「保存」をクリック。

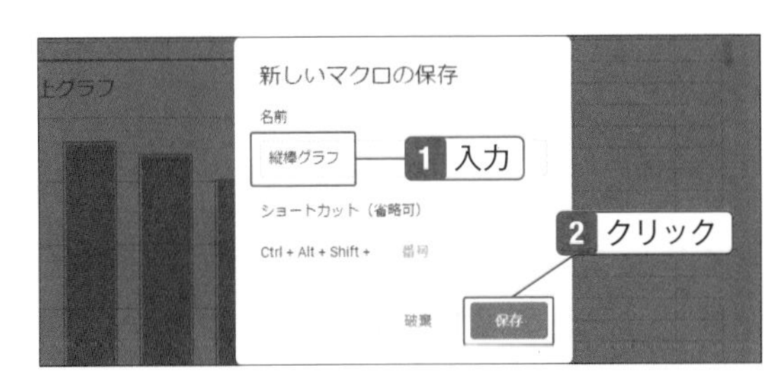

作成したマクロを実行する

1 「拡張機能」メニューの「マクロ」をクリックして、作成したマクロ名をクリック。

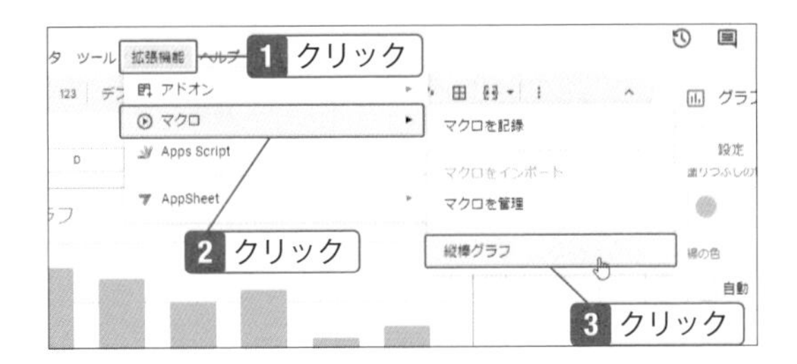

2 メッセージが表示されるので、「続行」をクリック。その後アカウントを選択して許可をクリックする。「許可」が見えていない場合はスクロール。再度、手順1を操作して実行する。

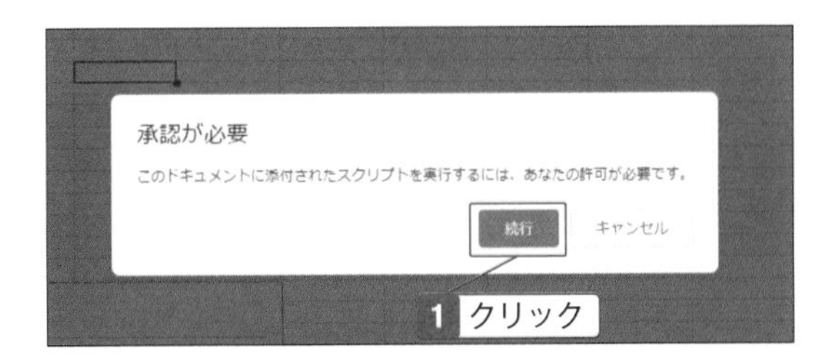

Hint

マクロを編集するには

Google スプレッドシートでマクロを作成すると、Google Apps Script（GAS）というプログラミング言語のコードが作成されます。少し変更したい場合や、記録中に間違えて操作した場合は、Apps Scriptの画面（「拡張機能」→「マクロ」→「マクロの管理」をクリックし、作成したマクロの⋮をクリックして「スクリプトを編集」）で編集します。その場合は、プログラミングの知識が必要です。

条件付き書式を設定する

1つずつ書式を設定しなくても、自動で書式設定ができる

マイナスの金額を赤、未完了の作業を黄色などにしたいとき、自動的に書式を設定できるのが条件付き書式です。さまざまな条件を設定できますが、ここでは「指定した値以下が赤」になるように設定します。

条件を指定して書式を設定する

1 書式を設定する範囲を選択し、「表示形式」メニューの「条件付き書式」をクリック。

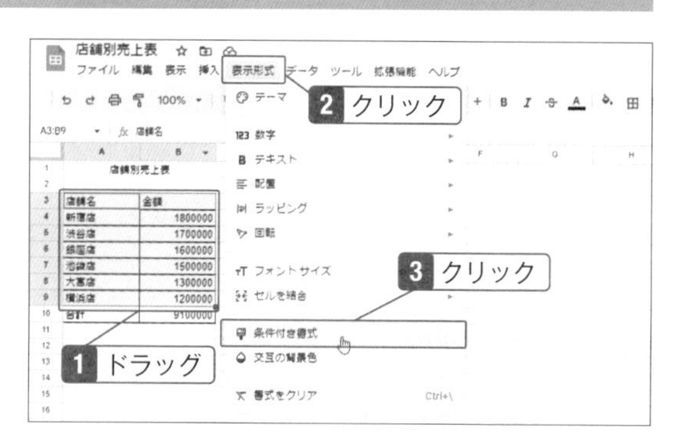

Note

条件付き書式とは

条件を設定し、その条件を満たしているセルに自動的に書式を設定できる機能です。「○月○日より前の日付」や「見積書を含むテキスト」のような条件にすることも可能です。

2 画面右端のパネルで書式ルールを設定する。ここでは「以下」を選択し、数値を入力。「塗りつぶし」を「赤」にし、「完了」をクリック。

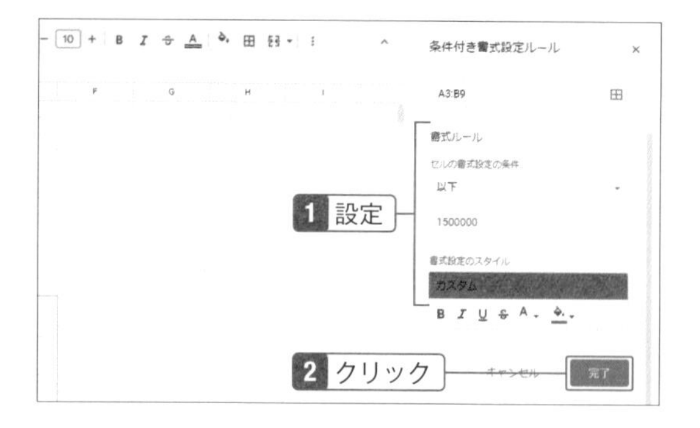

Check

条件付き書式を削除するには

設定した条件付き書式を削除する場合は、「条件付き書式設定ルール」パネルにある条件をポイントし、「ゴミ箱」をクリックします。

3 設定した条件に該当するセルに書式が設定される。

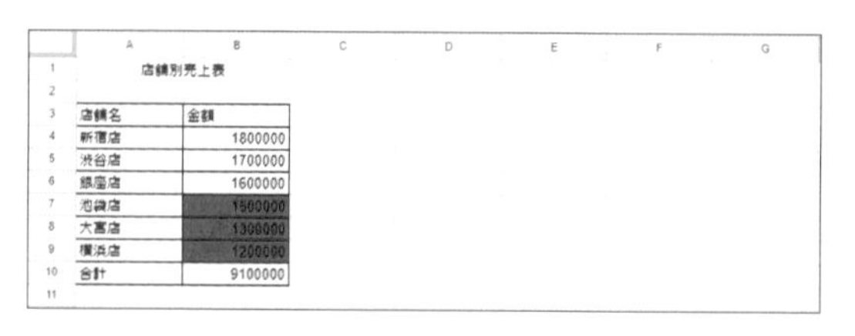

Chapter

08

「ドキュメント」で文書を作成する

一般的に、企画書や報告書などを作成する際には、ワープロソフトを使用しますが、Google Workspaceには、文書作成用の「Googleドキュメント」があるので、わざわざ他のソフトを使う必要がありません。また、作成した文書はそのままGoogleドライブに保存され、どの端末からも使用することができます。このChapterでは、Googleドキュメントの基本操作を解説します。

08-01

新規文書を作成する

文書作成に必須のワープロアプリ

まずは、Googleドキュメントの画面を開いて、新規文書を作成してみましょう。入力した文字には太字や斜体、色などを設定できるので、思い通りの文書を作成できます。Wordにある「名前を付けて保存」のような操作は不要なので、忘れないうちにファイルの名前を入力してください。

新規ファイルを作成する

1 Google Workspaceのアカウントにログインした状態でGoogleドキュメントにアクセスし、「空白」をクリック。

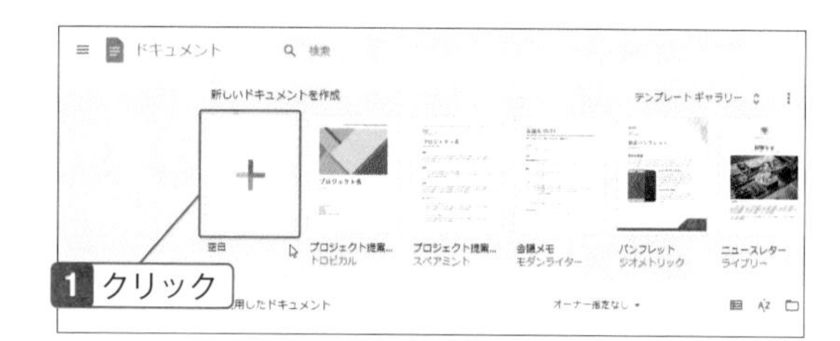

Note

Googleドキュメントとは

Googleが提供するワープロアプリで、文字や画像を入力したり、書式を設定したりしながら文書を作成できます。ダウンロードしなくてもブラウザ上で使うことができ、複数ユーザーでファイルを共有して、共同作業をすることもできます。また、Microsoft Wordファイルを開いて編集することも、反対にGoogleドキュメントで作成した文書をWord形式に変換することも可能です。Googleドキュメントにアクセスするには、画面右上の「Googleアプリ」ボタンをクリックして「ドキュメント」をクリックしてアクセスします。あるいは、https://docs.google.com/document/　にアクセスします。

2 新規文書が表示される。

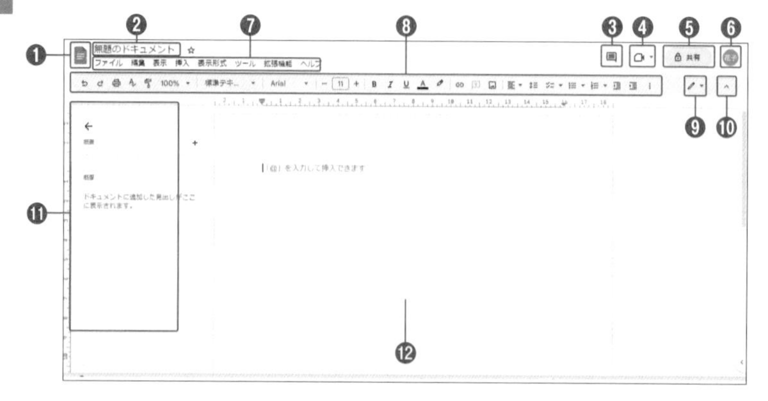

❶**ドキュメントホーム**：Googleドキュメントのホーム画面に戻る
❷**無題のドキュメント**：ここにファイル名を入力する
❸**コメント履歴**：過去のコメントが表示される
❹**会議で画面を共有する**：Meetの会議で参加または共有ができる
❺**共有**：他のユーザーとファイルを共有するときにクリックする
❻**Googleアカウント**：クリックすると、ユーザー名の確認やログアウト、アカウントの追加などができる
❼**メニューバー**：機能を選択して操作できる
❽**ツールバー**：よく使う機能がボタンで表示されている
❾**編集モード**：クリックすると「編集」「提案」「閲覧」モードから選択できる
❿**^**：メニューを非表示にする
⓫**ドキュメントの概要**：見出しなど文章を構造化して表示する
⓬**編集領域**：ここで文書を作成する

3 「無題のドキュメント」にファイル名を入力。

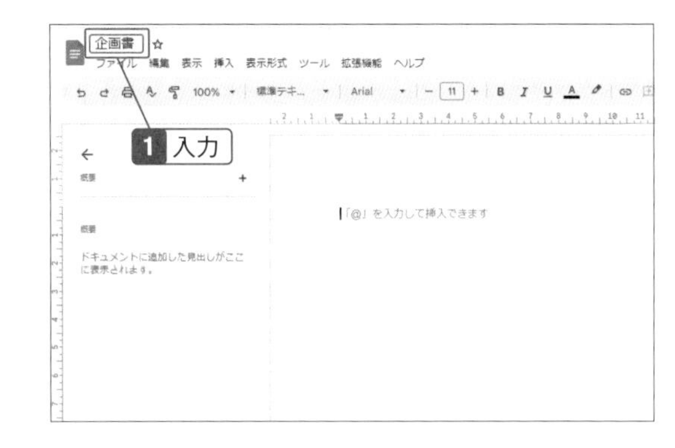

Hint

文字を装飾するには

上部に並んでいるボタンを使って、文字サイズや文字色を設定できます。また、画像の挿入やリンクの挿入、箇条書きなど、Microsoft Wordと同様の操作が可能です。

4 文章を入力する。自動保存され、左上部に「ドライブに保存しました」と表示される。「ドキュメントホーム」をクリックするとホーム画面に戻る。

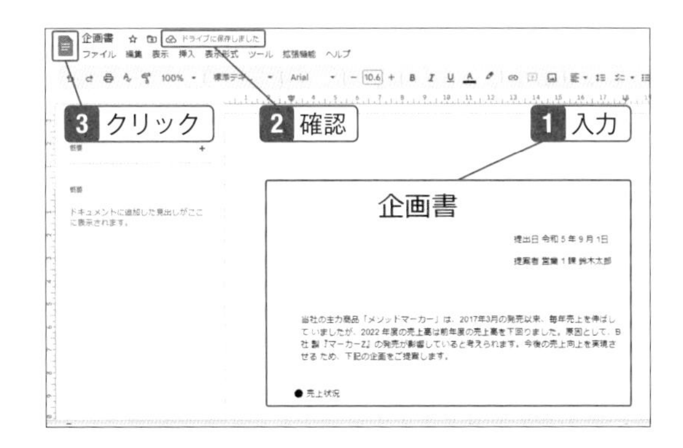

Hint

Googleドライブを表示するには

Chapter06で解説したドライブを表示するには、手順1の画面左上の「メインメニュー」ボタン≡をクリックし、「ドライブ」をクリックします。

08-02

Word形式やPDF形式で保存する

さまざまな形式のファイルに変換できる

Googleドキュメントで作成した文書を他のファイル形式で保存することができるので、文書をWord形式で提出するように頼まれても心配無用です。他のソフトで開いたときにレイアウトがくずれるのが心配ならPDFに変換して送るとよいでしょう。

Word形式で保存する

1 「ファイル」メニューの「ダウンロード」をポイントし、「Microsoft Word」をクリック。

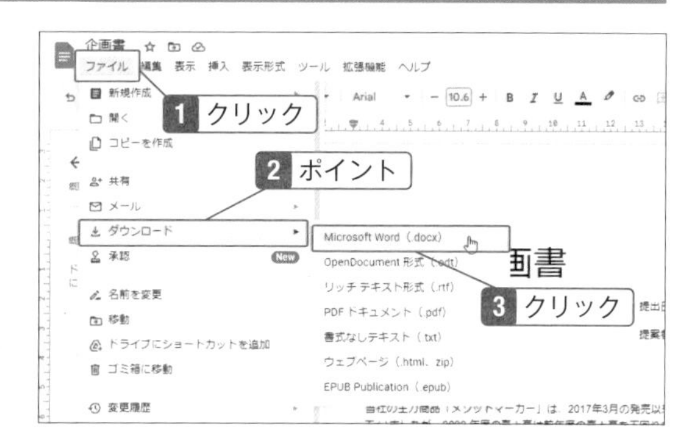

2 ファイルがダウンロードされる。画面左下のボタンをクリックすると開ける（Chromeの場合）。

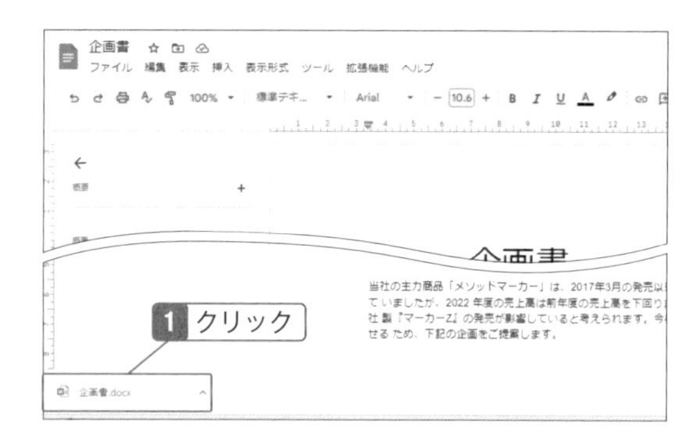

Note

PDFとは

PDF（Portable Document Format）は、Adobe（アドビ）社が開発した電子文書のフォーマットです。特定のソフトで作成したファイルを他の人に渡そうとしたとき、相手もそのソフトをインストールしていないと表示できないことがありますが、PDFの場合は専用ソフトを必要とせずに表示できるので、相手のパソコン環境を気にせずに送ることができます。PDF形式で保存するには、手順1で「PDFドキュメント」をクリックします。

08-03

Word文書を編集する

Wordがインストールされていないパソコンでもファイルを開ける

前のSECTIONでは、Word形式で保存しましたが、反対にWord文書を開くことも可能です。Wordがインストールされていないパソコンでも編集が可能なので、いざというときに役立ちます。ただし、Wordの「ワードアート」「ルビ」などの一部の機能は再現できません。

Wordファイルを開く

1 ドキュメントの画面で「ファイル」をクリックし、「開く」をクリック。

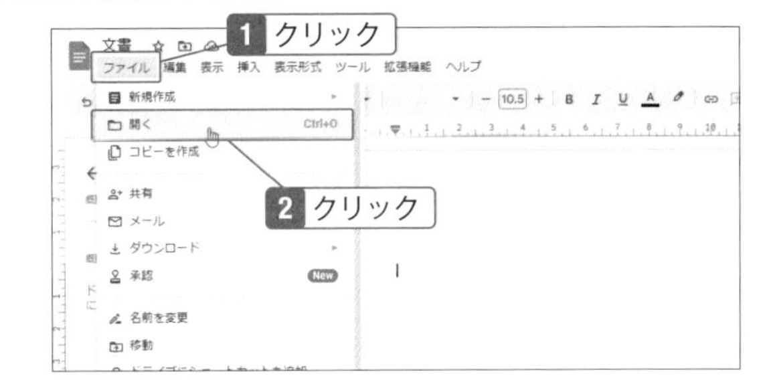

Check

Googleドライブからも開ける

SECTION06-02の方法でドライブにWordファイルをアップロードした画面からも開けます。

2 「アップロード」をクリックし、「参照」をクリックしてWordファイルをアップロードするとWord形式で開いて編集できる。

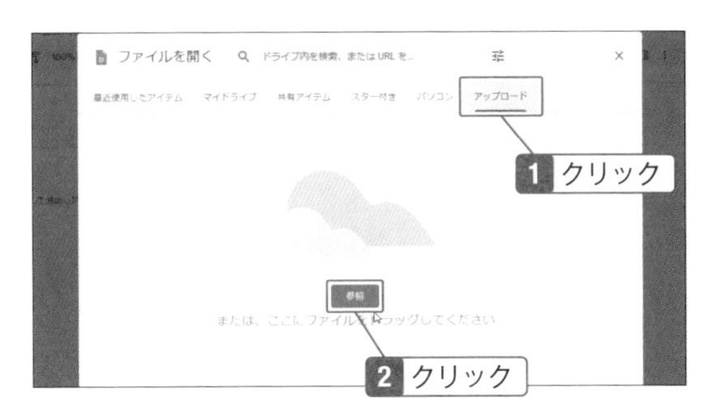

Hint

PDFファイルを開く

PDFファイルを開くときは、OCR（光学文字認識）機能が施され、ドキュメント形式に変換されます。ただし、スキャナーやスマホでスキャンして作成したPDFは、文章が正確に表示されないことがあるので、その場合は文字を修正して使用してください。

Hint

Wordファイルをドキュメント形式で保存する

Word文書をドキュメント形式で保存する場合は、「ファイル」メニューの「Googleドキュメントとして保存」をクリックします。

08-04 他のユーザーと共同作業をする

ファイルを共有して複数人で文書を編集する

Googleドキュメントのファイルを他のユーザーと共有することができます。修正箇所や意見がある場合は、SECTION08-05、06のように校正やコメントを付けることが可能です。なお、管理者が、組織外のユーザーとのファイル共有を許可していない場合もあります。

ドキュメントファイルを共有する

1 ドキュメントファイルを開き、「共有」をクリック。

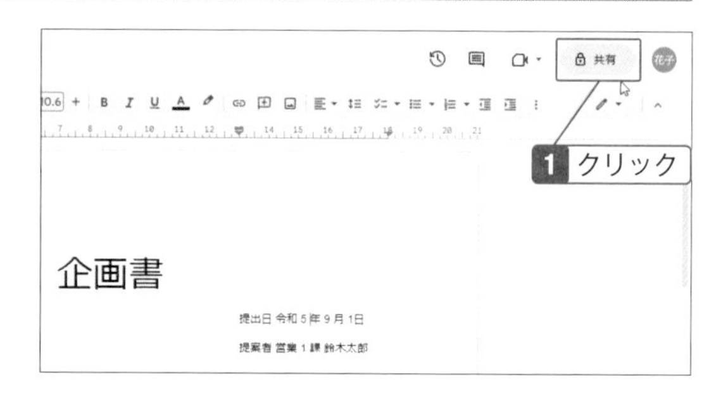

2 共有相手のメールアドレスを入力。続いて「▼」をクリックして権限を選択し、「送信」をクリック。相手が組織外の場合はメッセージが表示されるので、良ければ「このまま共有」をクリック。

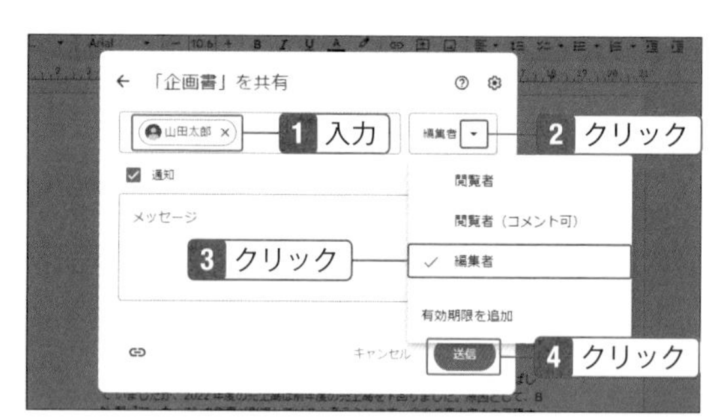

Check

権限の選択

「閲覧者」「閲覧者（コメント可）」「編集者」から選択します。編集者は閲覧と編集が可能です。閲覧者は、閲覧は可能ですが、編集はできません。「閲覧者（コメント可）」は、閲覧とコメントはできますが、編集はできません。

招待メールを受け取る

1 招待された人は、メールにある「開く」をクリック。

Hint

閲覧履歴を残したくない

「ツール」メニューの「アクティビティダッシュボード」をクリックすると誰がいつ閲覧したかがわかります。閲覧履歴を残したくない場合は、「アクティビティダッシュボード」の「プライバシー設定」をクリックし、「このドキュメントに関する私の閲覧履歴を表示」をオフにします。すべてのファイルの閲覧履歴を非表示にするには、ドキュメントホーム画面で、左上の☰をクリックし、「設定」をクリックし、「閲覧履歴を表示」をオフにします。

2 Googleドキュメントで編集できる。右上部にアイコンが表示される。

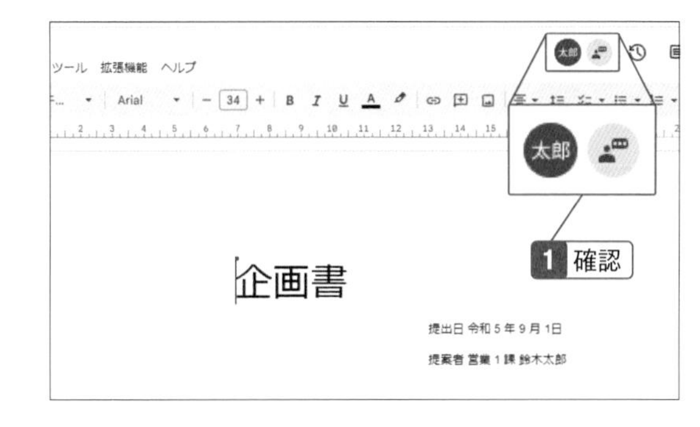

3 相手がクリックしたり、ドラッグで選択している箇所が表示され、ポイントすると編集している人の名前が表示される。

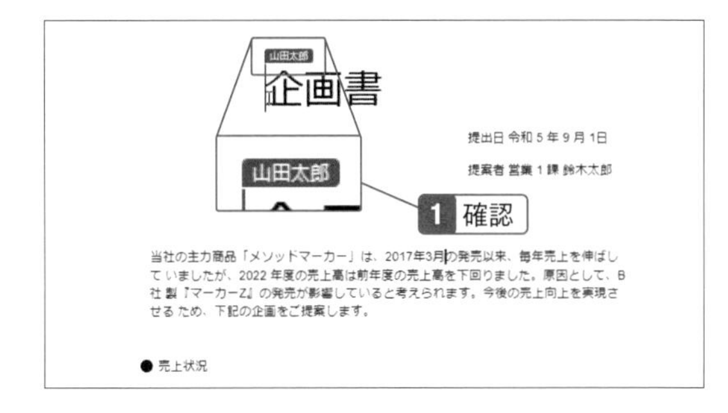

Hint

リアルタイムでやり取りしながら編集するには

画面右上にある「チャットを表示」をクリックすると、右端にチャットウィンドウが表示されます。文字を入力してやり取りしながら編集することが可能です。

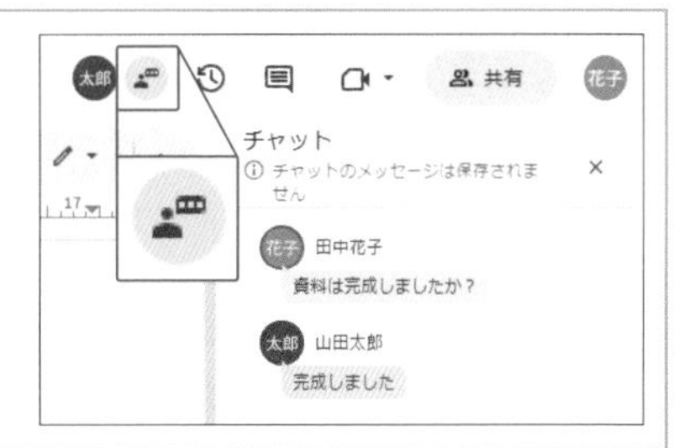

08-05

文書を校正する

提案モードで文書を修正する

SECTION08-04で、編集可能の共有設定をした場合、共有相手が文書の内容を自由に書き変えることができます。そのため、変更しなくてもよい箇所が反映されることがあります。そのような場合は提案モードを使って、変更箇所を確認してから反映させるようにしましょう。

提案モードにする

1 編集する人は「編集モード」をクリックし、「提案」を選択。

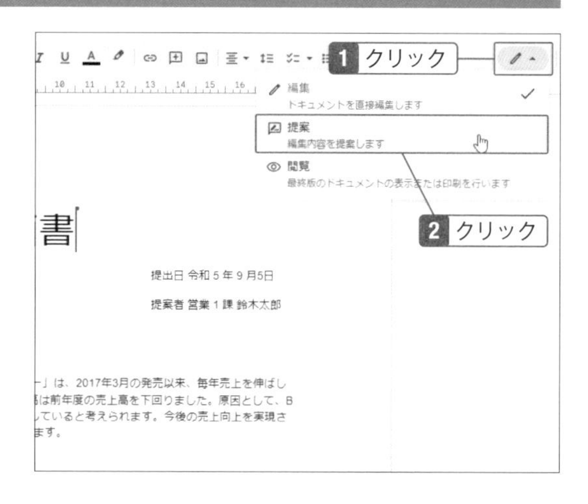

Note

提案モードとは

複数人で文書を編集する場合に提案モードを使います。提案モードにすると、変更した箇所が色や打消し線でわかるようになっていて、ファイルのオーナーが承認すると、元の文書が上書きされる仕組みになっています。

2 文書を編集すると変更履歴が表示される

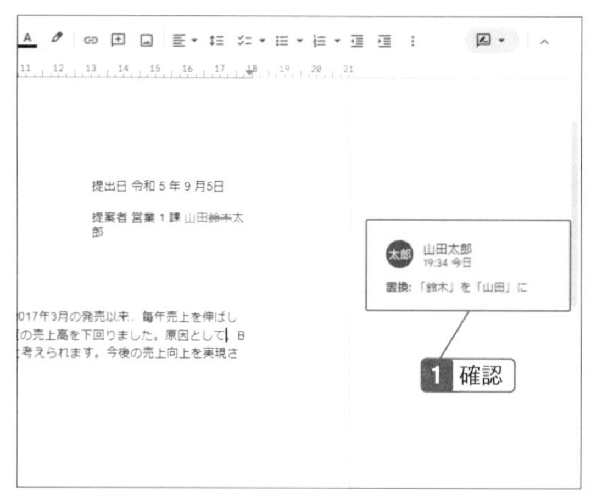

変更を承認する

1 変更を承認する側は、ポイントして「チェック」をクリック、拒否する場合は「×」をクリック。

Check

変更箇所を確認するには

変更した箇所は新しい色で表示され、削除した箇所には取り消し線が表示されます。

2 変更が反映された。

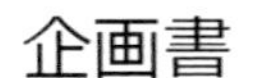

すべての変更を承認する

1 「ツール」メニューの「編集の提案を確認」をクリック。

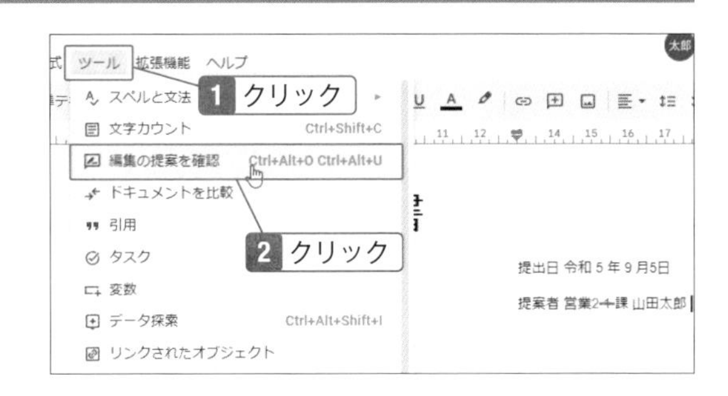

2 「すべて承認」または「すべて拒否」をクリック。

Hint

承認と拒否の結果を事前確認するには

手順2の「編集の提案を表示」の▼をクリックし、「「すべて承認」の結果をプレビュー」または「「すべて拒否」の結果をプレビュー」をクリックすると、承認または拒否する前にどのような結果になるかを確認することができます。

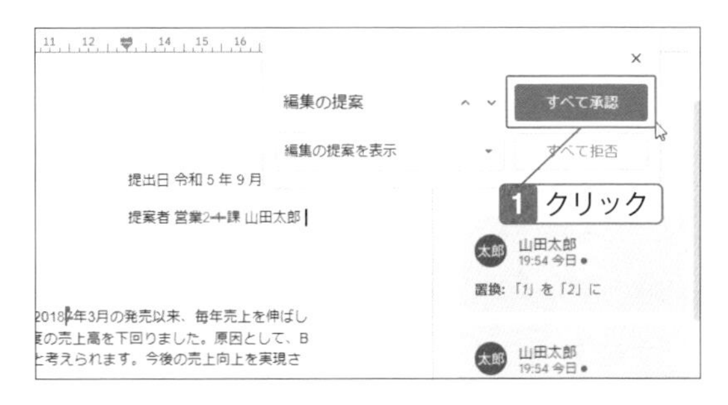

コメントを付ける

文書について指示や補足を入れられる

文書の修正をする前にコメントで意見を聞くこともできます。付けられたコメントへの返信や承認も可能です。画面上部の「チャットの表示」ボタンをクリックして文字での会話も可能ですが、コメントなら該当箇所を選択して聞くことができるので、確実に伝わります。

コメントを追加する

1 コメントを入れる箇所をクリックまたはドラッグし、「コメントを追加」をクリック。

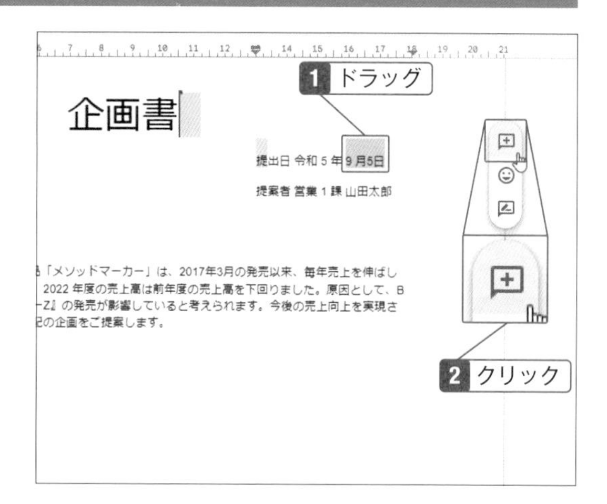

2 コメントを入力し、「コメント」をクリック。

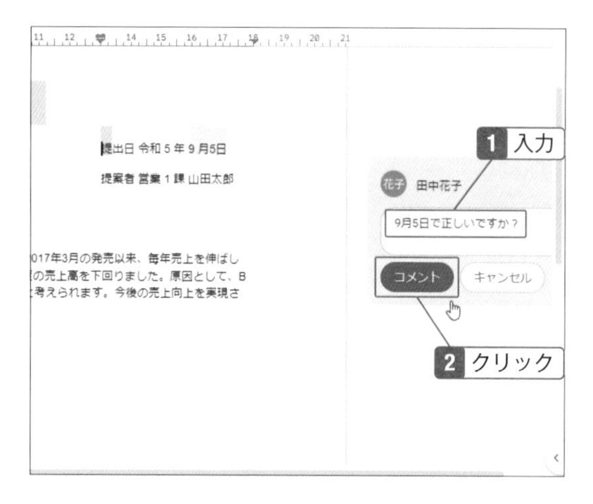

Hint

特定のユーザーに向けてコメントする場合

複数人で共有していて、特定のユーザー宛にコメントする場合は、メンションを使います。半角の「@」を入力するとユーザーが表示されるのでクリックして文字を入力します。

コメントに返信する

1 コメントをクリックして入力し、「返信」をクリック。

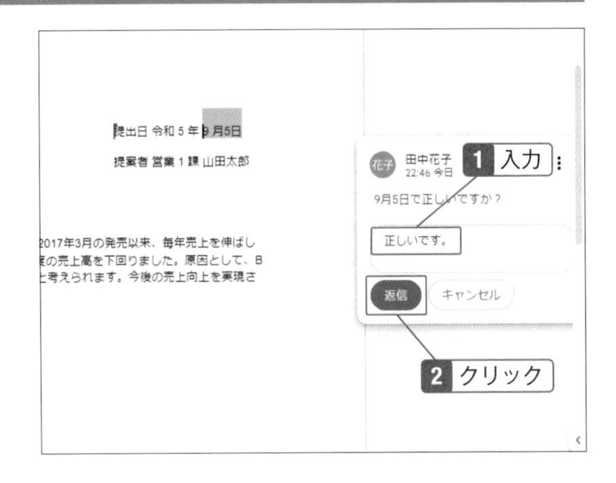

Check

コメントを削除するには

入力したコメントをクリックし、⋮をクリックして「削除」→「削除」をクリックします。ただし、そのコメントに付いている返信も削除されるので慎重に操作してください。

2 解決した場合は「チェック」をクリック。

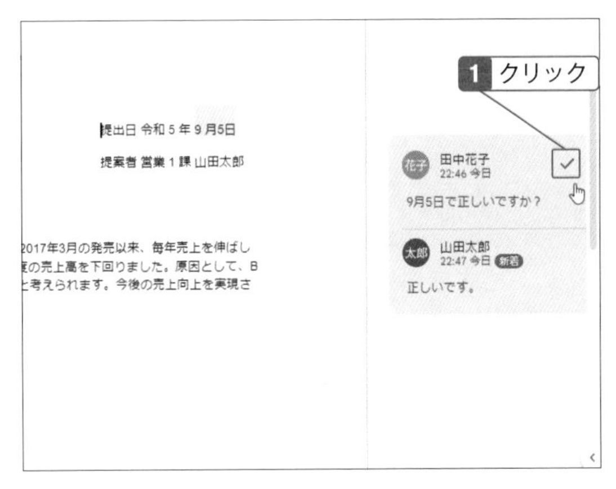

Hint

コメントの履歴を見るには

解決したコメントは非表示になりますが、画面上部の「コメント履歴を開く」ボタンをクリックすると、最新順にコメントが表示され、過去のコメントも確認できます。

Hint

ドキュメントのスマートチップ

SECTION07-09のスマートチップは、ドキュメントでも使えます。やるべきことが決まったときに、その場で「@タスク」と入力して内容を設定すると、割当先として指定したユーザーのToDoリストに自動的に追加され、日付を指定した場合はカレンダーにも表示されます。また、「@会議メモ」を使って、カレンダーの予定に会議メモを追加したり、メールで送信したりすることも可能です。その他、時間を計測するときに役立つ「@ストップウォッチ」と「@タイマー」などもあります。

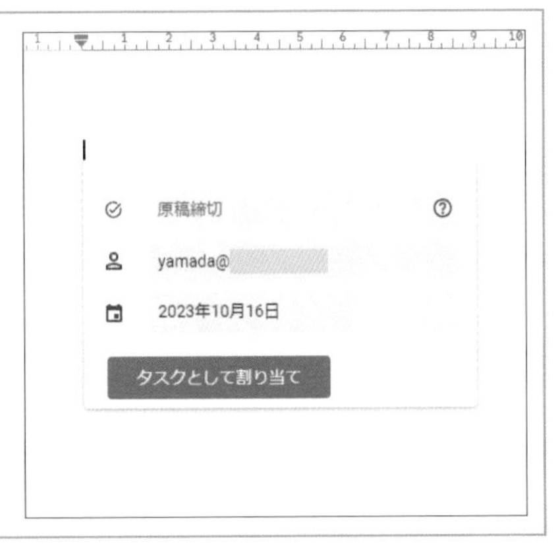

音声で入力をする

キーボード入力が苦手な人におすすめの音声入力機能

キーボードの入力が得意でない人は、長文を入力するのに時間がかかってしまいます。そこで音声入力がおすすめです。最近の音声入力機能は精度が高いので活用してください。

音声入力を開始する

1 入力する箇所をクリックし、「ツール」をクリックして「音声入力」をクリック。

Check

マイクアイコンをクリックできない

パソコンにマイクが接続されていないと使用できません。ノートパソコンの場合は内蔵されているので有効にします。Windowsの場合は、「設定」→「プライバシーとセキュリティ」→「マイク」でオンにします。

2 マイクのアイコンをクリック。

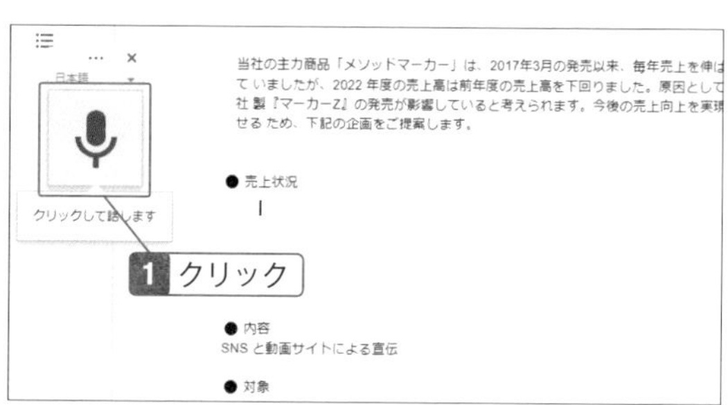

3 話しかけると、文字が入力される。

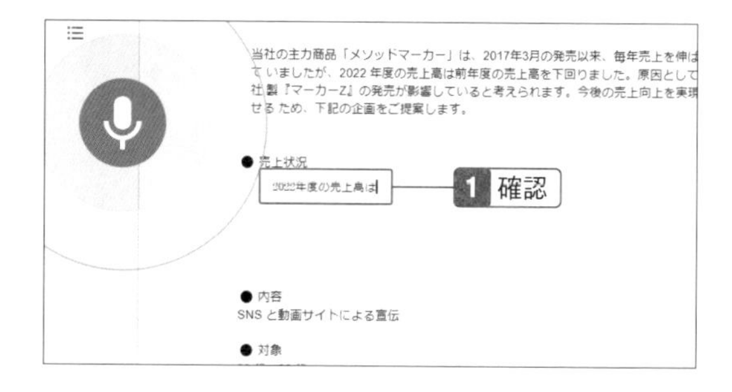

Chapter

09

「スライド」を使って プレゼンテーションを行う

パソコンを使ってプレゼンテーションを行うとき、プレゼンテーション専用のソフトでファイルを作成すると、操作しやすく、効果的な画面を作れます。プレゼンテーションソフトで有名なのが「Microsoft PowerPoint」ですが、Googleスライドでもプレゼン用ファイルを作成することが可能です。ここでは、Googleスライドの基本操作を解説します。

09-01

スライドを作成する

複数のスライドを追加して作成していく

プレゼン用のファイルは、複数のスライドで構成されていて、場面ごとにスライドを用意します。ファイルを作成した直後は、1枚のスライドのみなので、必要に応じてスライドを追加してください。ここでは、新規ファイルを作成し、Googleスライドの画面構成を確認します。

新規ファイルを作成する

1 Google Workspaceのアカウントにログインした状態でGoogleスライドにアクセスし、「空白」をクリック。

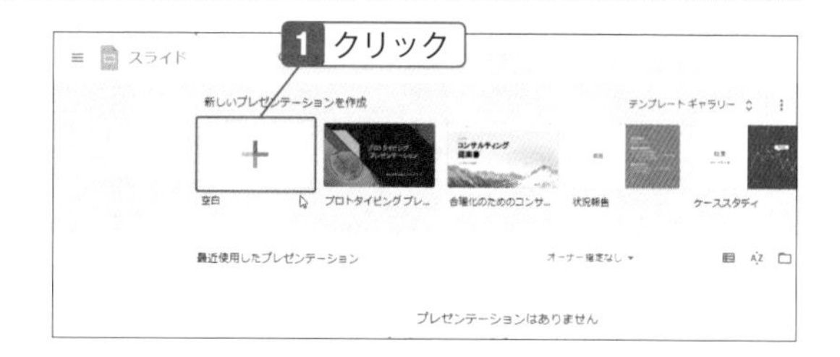

Note

Googleスライドとは

Googleスライドを使うと、プレゼンテーション用のファイルを作成できます。文字や画像に動きを付けたり、画面の切り替え時に効果を設定したりすることで、インパクトのあるプレゼンテーションを実現できます。Googleスライドにアクセスするには、画面右上の「Googleアプリ」ボタンをクリックし、「スライド」をクリックします。あるいは、https://docs.google.com/presentation/　にアクセスします。

2 新規のスライドが表示される。

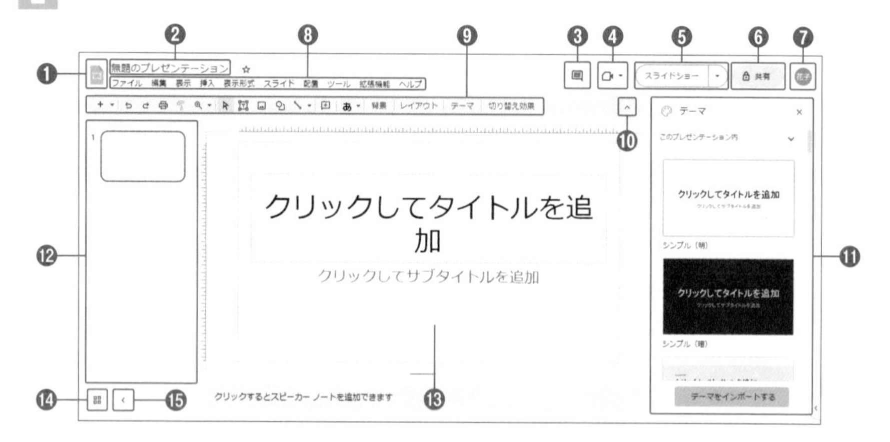

❶**スライドホーム**：Googleスライドのホーム画面に戻る
❷**無題のプレゼンテーション**：ここにファイル名を入力する
❸**コメント履歴**：過去のコメントが表示される
❹**会議で画面を共有する**：Meetの会議で共有ができる
❺**スライドショーを開始**：プレゼンテーションを実行する
❻**共有**：他のユーザーとファイルを共有するときにクリックする
❼**Googleアカウント**：クリックすると、ユーザー名の確認やログアウト、アカウントの追加ができる
❽**メニューバー**：機能を選択して操作できる
❾**ツールバー**：よく使う機能がボタンで表示されている
❿**^**：メニューを非表示にする
⓫**テーマ**：スライドのテーマを選択できる
⓬**フィルムストリップ**：ファイル内のスライドを表示できる。移動、削除も可能
⓭**編集領域**：文字や画像を入れながら作成する領域
⓮**グリッド表示**：中央にスライド一覧を表示する
⓯**フィルムストリップを非表示**：フィルムストリップの表示・非表示を切り替える

3 「無題のプレゼンテーション」をクリックしてファイル名を入力。

Note

スライドとは

Googleスライドのファイルは、複数枚のスライドで構成されています。それぞれのスライドを作成し、実際のプレゼンテーションでは、スライドをめくるようにして表示させます。

4 「ドライブに保存しました」と表示される。「スライドホーム」をクリックするとGoogleスライドのホーム画面が表示される。

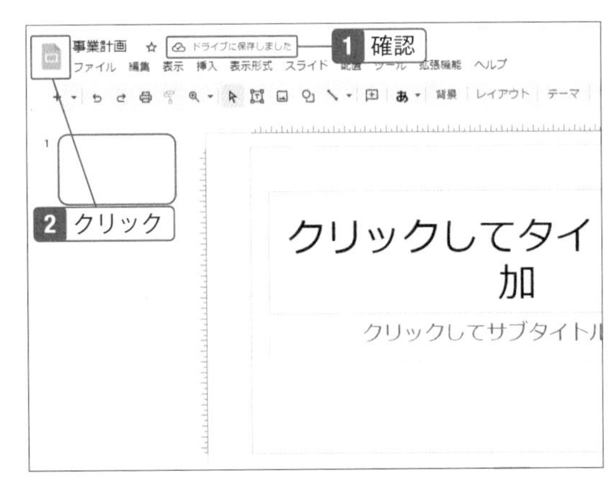

テーマを設定する

すべてのスライドのデザインを統一できる

スライドごとに異なるデザインにすると、見た目があまり良いものではありません。そうは言っても、1つ1つにデザインを設定していくのは時間がかかりますし、自分でデザインを考えるもの大変です。そこで、テーマを使いましょう。すべてのスライドに統一感を持たせることができます。

すべてのスライドにテーマを設定する

1 左端一覧のスライドをクリックした状態で、「テーマ」をクリックし、テーマを選択する。

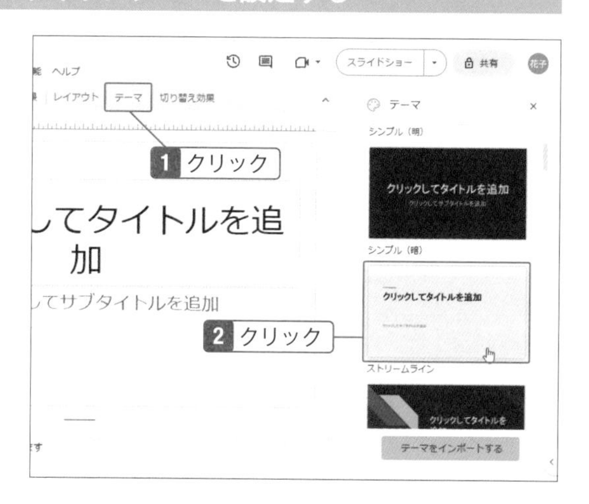

Note

テーマとは

スライドの背景や、文字色、レイアウトなどがセットでテーマとして用意されています。1つ1つ設定しなくても、すべてのスライドに適用することができ、統一感を持たせることができます。

2 テーマが変更された。クリックしてタイトルとサブタイトルを入力。

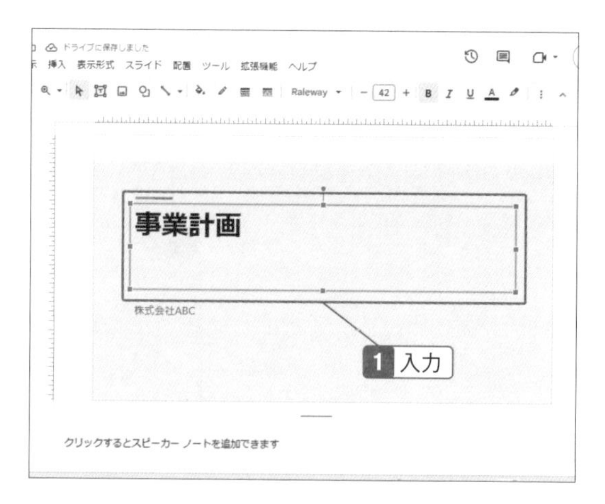

Check

文字を中央に配置するには

入力した文字のボックスをクリックし、ツールバーの⋮ボタンをクリックして「配置」の「中央」をクリックします。

3 「新しいスライド」ボタンをクリック。

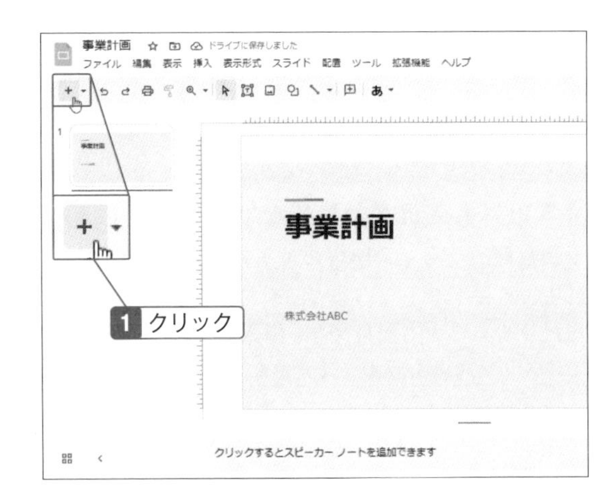

Hint

背景に色や画像を設定するには

好きな色や画像を背景にすることも可能です。「スライド」メニューの「背景を変更」をクリックして表示された画面で色や画像を指定します。「完了」をクリックすると選択しているスライドに設定し、「テーマに追加」をクリックするとすべてのスライドに設定します。

4 新しいスライドにもテーマが適用される。

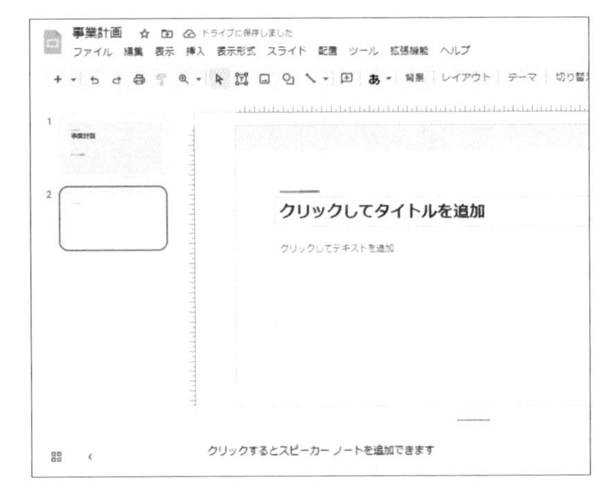

Check

スライドを移動・削除するには

左側の一覧にあるスライドをドラッグすると入れ替えることができ、スライドをクリックして[Delete]キーを押すと削除できます。間違えて削除した場合は、ツールバーの「元に戻す」ボタンをクリックしてください。

Hint

別のレイアウトにしたい場合

ここでは、タイトルと本文のレイアウトを追加しますが、他のレイアウトにしたい場合は、手順3の「新しいスライド」ボタンの右にある▼をクリックしてレイアウトを選択します。また、「スライド」メニューの「レイアウトを適用」をポイントした一覧から、他のレイアウトに変更することができます。

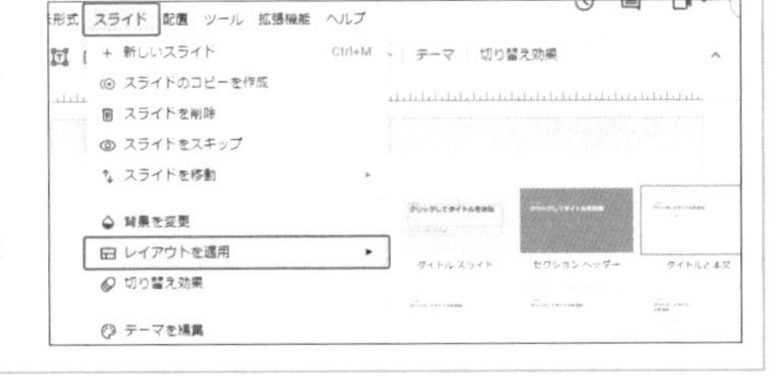

09-03 画像や表を挿入する

文字以外も入れて効果的なプレゼンにしよう

文字だけのスライドでは説得力が足りないので、必要な箇所に画像や表、動画などを入れるようにしましょう。矢印や二重丸などの図形を入れたり、YouTubeの動画を埋め込んだりすることも可能です。挿入した画像や表はドラッグ操作でサイズ変更ができるので、バランスよく収めてください。

画像を挿入する

1 「挿入」をクリックし、「画像」をポイントして「パソコンからアップロード」をクリック。その後表示される画面で画像ファイルを選択。

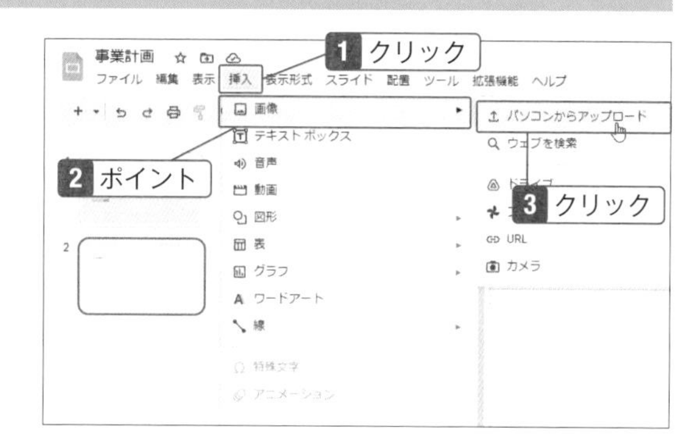

2 画像が挿入された。四隅のハンドルをドラッグしてサイズを調整する。

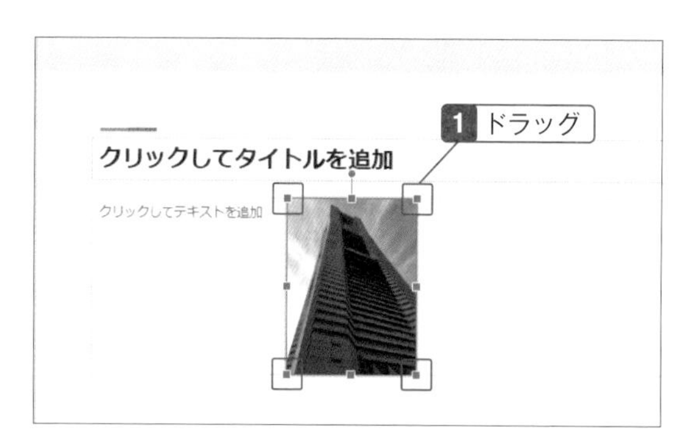

Hint

図形を入れるには

「挿入」メニューの「図形」から矢印や四角形などの図形を挿入することができます。

3 ドラッグで移動する。

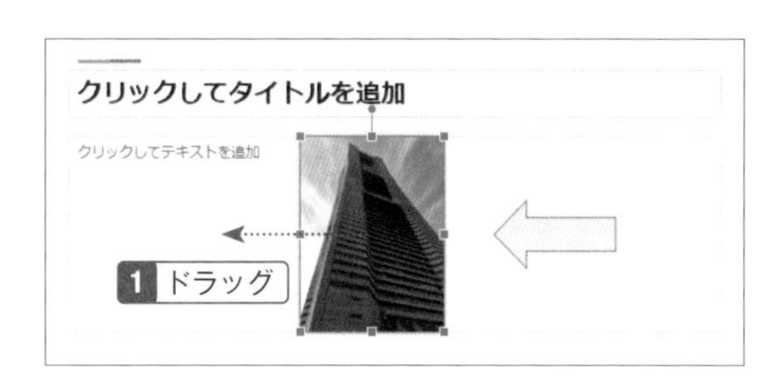

表を挿入する

1 「挿入」をクリックし、「表」をポイントして挿入する行列をクリックする。

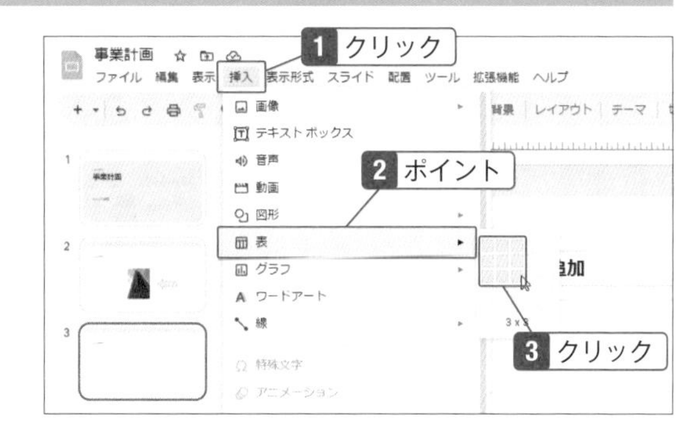

2 表が挿入された。ドラッグでサイズと位置を調整する。

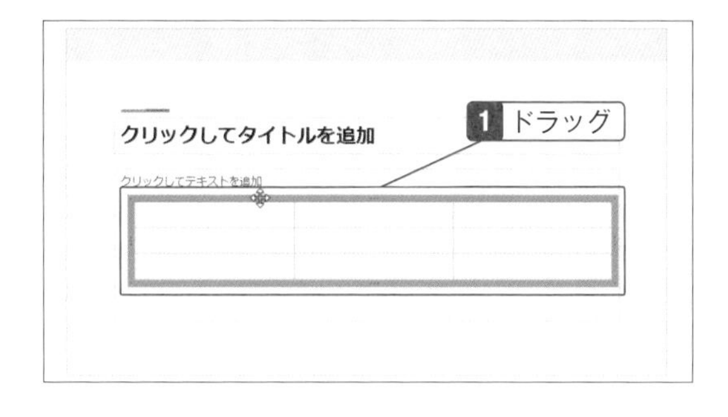

Hint

スライドに音声を入れるには

音声を入れる場合は、Googleドライブに音声をアップロードした後、「挿入」メニューの「音声」をクリックして追加することができます。

Hint

動画を入れるには

「挿入」メニューの「動画」からGoogleドライブにアップロードした動画を挿入することが可能です。また、YouTubeの動画のアドレスを入力して埋め込むこともできます。ただし、Google Workspaceの試用期間内や申込後30日未満のアカウントは、YouTubeにアクセスできない場合があります。

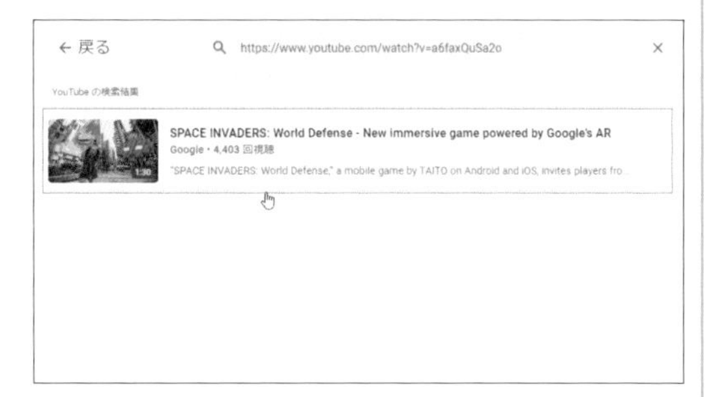

09-04

画像にアニメーションを設定する

アニメーションを使うことで注目させることができる

写真やイラストを挿入したが、まだ物足りないと感じる場合はアニメーションを設定しましょう。写真を右からスライドさせて表示したり、イラストを回転させたりなどして、見ている人を引き付けることができます。ただし、アニメーションを使いすぎると煩わしく感じる人もいるので、目立たせたい箇所に設定してください。

画像をスライドさせる

1 画像をクリックし、「挿入」メニューの「アニメーション」をクリック。

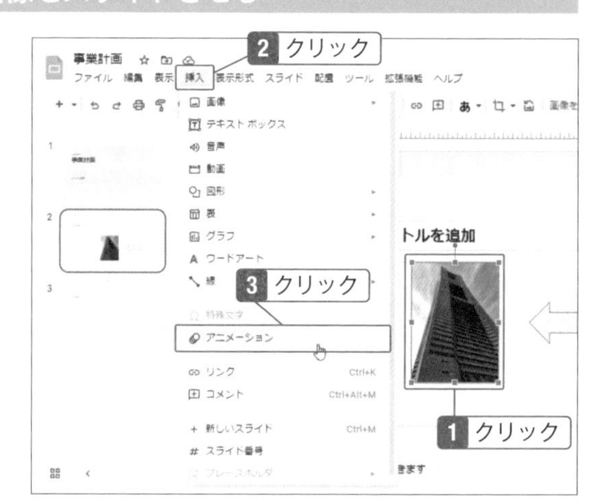

2 「アニメーションの種類」の▼をクリック。

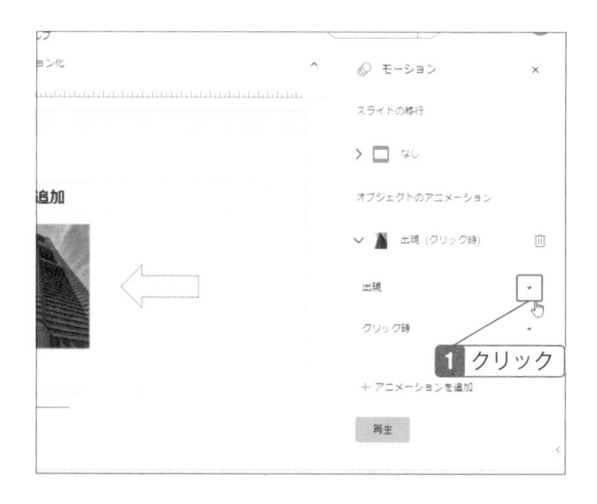

Note

アニメーションとは

アニメーションを使うと、スライド内のテキストや画像、グラフなどのオブジェクトを表示するときに、スライドやズームなどの動きを付けることができます。

3 アニメーションを選択。

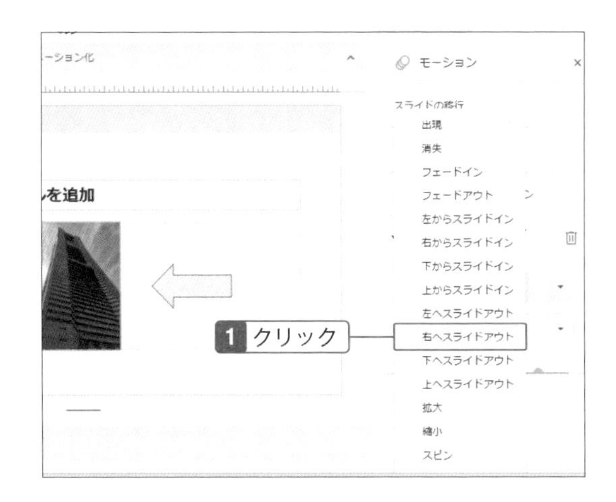

Check

アニメーションを削除するには

手順2の画面にある「ゴミ箱」をクリックすると設定したアニメーションを削除できます。

4 「開始条件」の▼をクリックし、「前のアニメーションの後」を選択。

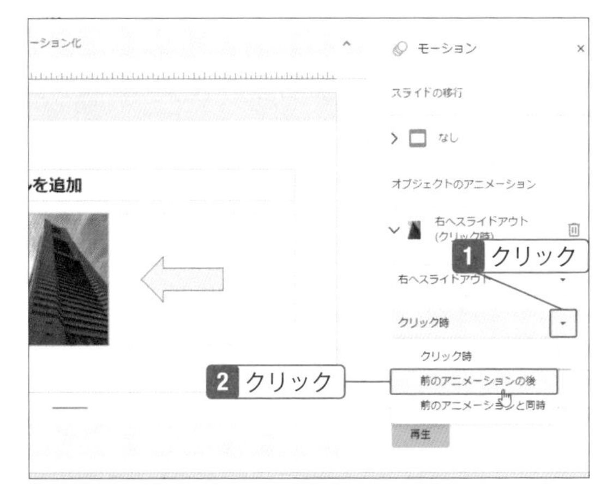

Check

アニメーションの開始条件

マイクで説明しながら進行する場合、アニメーションが自動で再生されるとタイミングがずれることもあります。そのような場合は、手順4で「クリック時」を選択して、クリック（またはキーボードの矢印キーを押す）したときにアニメーションが再生されるようにするとよいでしょう。

5 スライダで速度を調整し、「再生」をクリックして確認する。

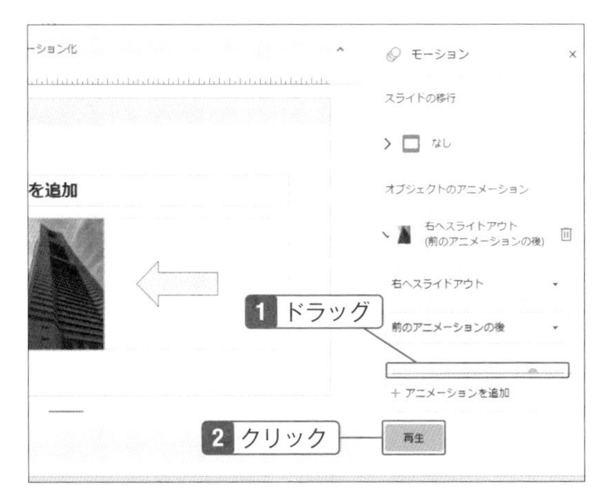

09-05

スライドを切り替えるときの効果を設定する

次のスライドへ移動するときに変化を付ける

時間をかけてスライドを作成しても、単調な画面では視聴者は飽きてしまうかもしれません。スライドを切り替えるときに、スライドや反転などの効果を付けることで飽きさせない画面になります。前のSECTIONのアニメーションと併用して魅力的な画面を作成しましょう。

1 スライドを選択し、「切り替え効果」をクリック。

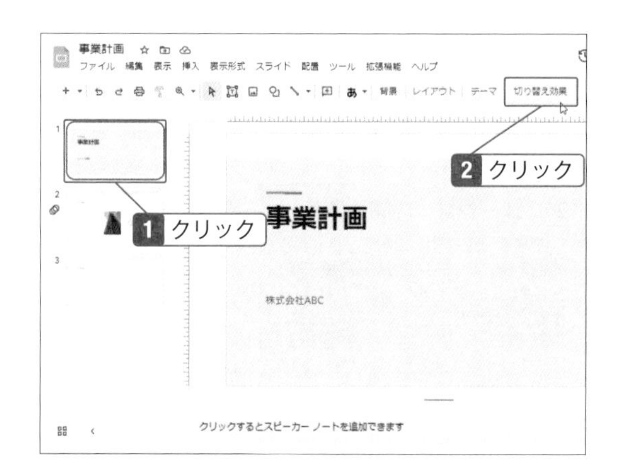

2 ▼をクリックし、効果を選択する。その後スライダで「速度」を調整。「再生」をクリックすると確認できる。

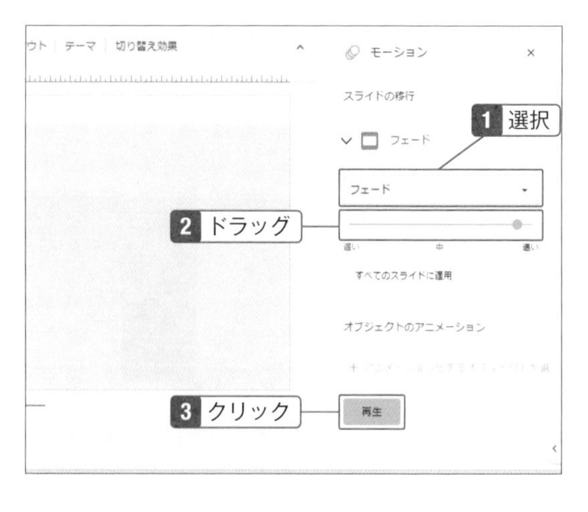

Check
すべてのスライドに同じ切り替え効果を設定する

スライドごとに切り替え効果を設定してもかまいませんが、手順2の「すべてのスライドに適用」をクリックすると、すべてのスライドに同じ切り替え効果を設定できます。

09-06

プレゼンテーションを実行する

プレゼンテーションを実行して確認する

スライドが完成したら、プレゼンテーションを試してみましょう。最初のスライドから始めることも途中のスライドから始めることもできます。デフォルトでは、クリックして次のスライドに移動しますが、自動で切り替えることもできます。

スライドショーを開始する

1 左側の一覧から一番上のスライドをクリックし、「スライドショーを開始」をクリック。

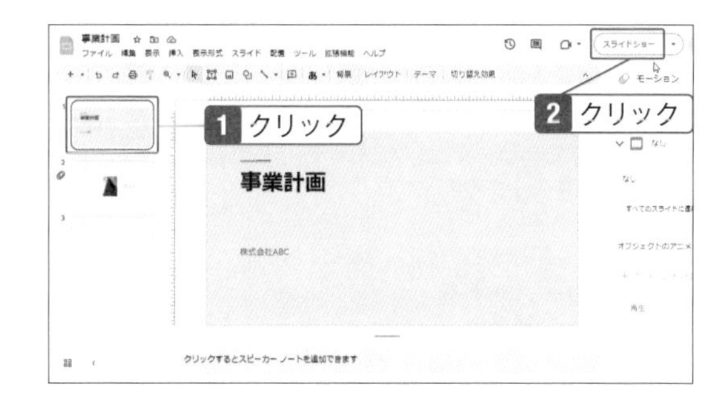

Check

最初のスライドから開始するには

選択しているスライドから開始されますが、最初から再生する場合は、先頭のスライドをクリックしておくか、「スライドショーを開始」の▼をクリックし、「最初から開始」をクリックします。

2 再生される。画面をクリックして進める。レーザーポインタを使う場合は、画面左下をポイントし、「オプション」ボタンをクリックして「レーザーポインタをオンにする」をクリック。終了する際は、[Esc] キーを押す。

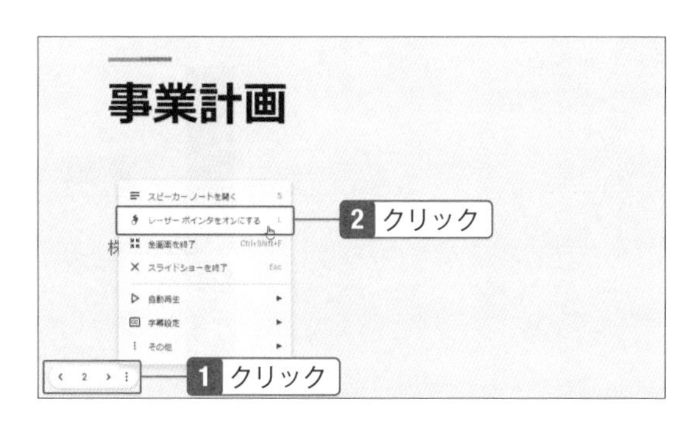

09-07 スピーカーノートを使ってプレゼンをする

自分の画面に台本を表示させてプレゼンができる

プレゼンテーションでは緊張して上手く話せない場合もあるでしょう。スピーカーノートを使えば台本を見ながら進行することができます。もちろん、ユーザーの画面には表示されず、自分の画面だけに表示されます。Chapter04のGoogle Meetでプレゼンをする場合にも使えるので活用してください。

スピーカーノートを表示する

1 スライド下部のボックスに文字を入力。ボックスが表示されていない場合は、「表示」メニューの「スピーカーノートを表示」をクリック。

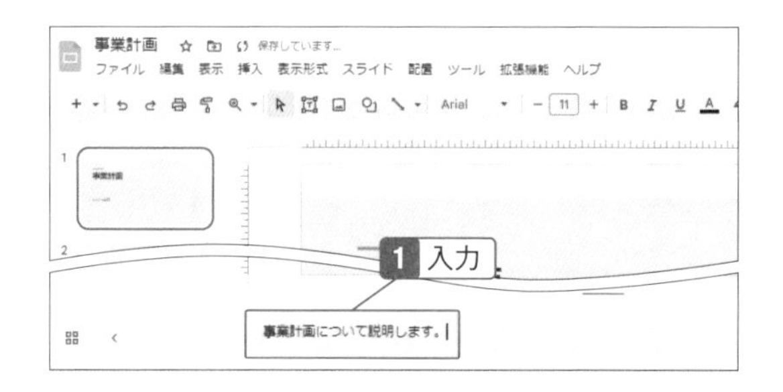

Hint

スピーカーノートを音声で入力する

「ツール」メニューの「スピーカーノートを音声入力」をクリックすると「マイク」アイコンが表示されるので、クリックして話しかけて入力できます。

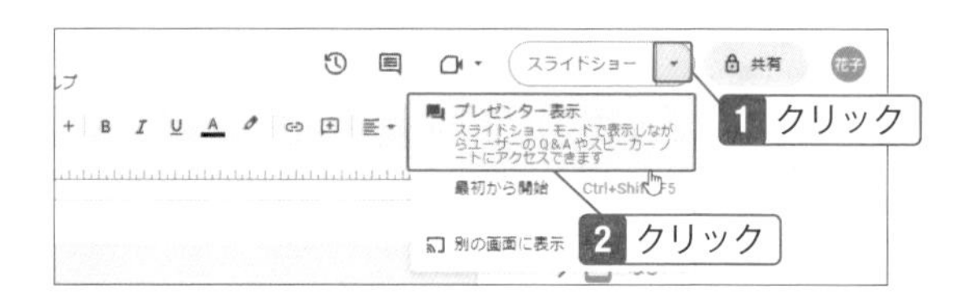

2 「スライドショーを開始」の▼をクリックし、「プレゼンター表示」をクリック。

3 「プレゼンター表示」画面にスピーカーノートが表示される。「次へ」をクリックして次のスライドに移動する。

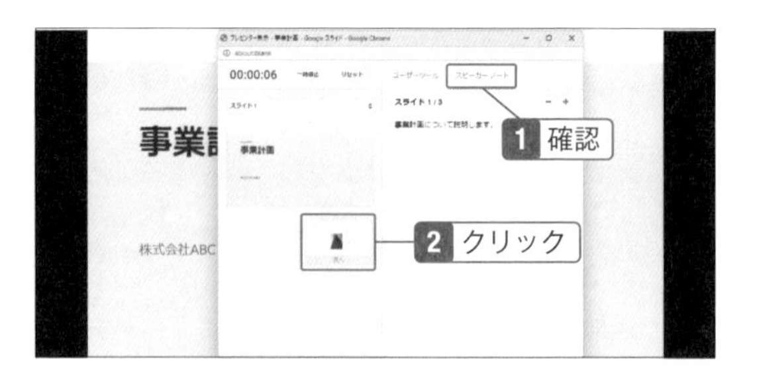

Hint

台本を見ながらオンラインでプレゼンする場合

SECTION04-07のGoogle Meetでプレゼンをする際も、ここでの方法でスライドショーを開始すれば、視聴者にはプレゼンの画面のみを表示させ、自分はスピーカーノートを見ながらプレゼンができます。

Chapter

10

「フォーム」で手軽にアンケートを作成する

たとえば、社員研修のアンケートを取りたいと思ったとき、アンケート用紙を配布しなくてもGoogleフォームを使って回答してもらうことができます。紙を使わないのでコスト削減になりますし、回答する側もクリックで選択できるので、ペンで記入するより負担が少ないはずです。ここでは、簡単なアンケートフォームの作り方とアンケート結果の見方を説明します。

フォームを作成する

アンケートのタイトルと説明を忘れずに入れよう

アンケートフォームの作成は、高度な知識が必要と思っている人も多いと思いますが、Googleフォームを使えば、初心者でも簡単に作れます。まずは、Googleフォームにアクセスし、ファイルを作成してみましょう。画面構成もシンプルなのですぐに使い方を覚えられます。

アンケートフォームを作成する

1 Google Workspaceのアカウントにログインした状態でGoogleフォームにアクセスし、「空白」をクリック。

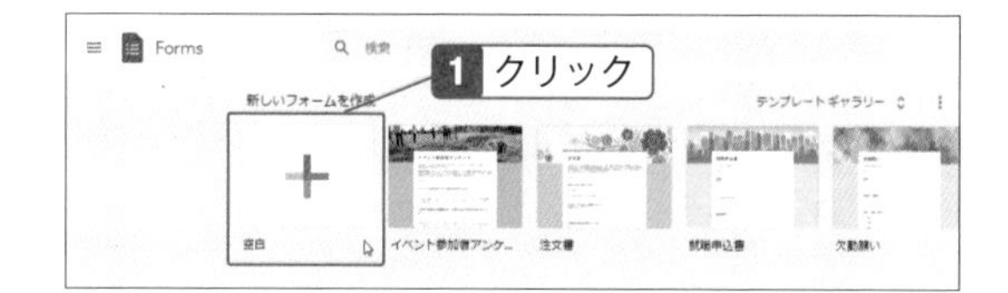

Note

Googleフォームとは

Google フォームを使用すると、セミナーアンケートや小テスト問題などを作成し、他のユーザーに回答してもらうことが可能です。回答結果は、グラフを使ってわかりやすい画面で見ることができます。Googleスプレッドシートにアクセスするには、画面右上の「Googleアプリ」ボタンをクリックし、「フォーム」をクリックします。あるいは、https://docs.google.com/forms/（またはカスタムURL） にアクセスしてください。

2 空白のフォームが表示される。

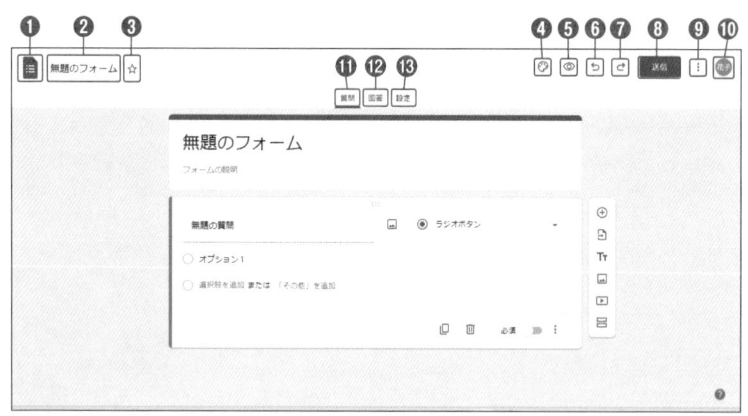

❶**フォームのホーム**：Googleフォームのホーム画面に戻る

❷**無題のフォーム**：ここにファイル名を入力する

❸**スター**：重要なフォームに印を付けられる

❹**テーマをカスタマイズ**：ヘッダーに画像を入れたり、色を変更できる

❺**プレビュー**：公開前に確認ができる

❻**元に戻す**：行った操作を戻す

❼**やり直し**：元に戻した操作をやり直す

❽**送信**：フォームを送信する

❾**その他**：コピーの作成、削除、印刷などができる

❿**Googleアカウント**：ログアウトや他のアカウントに切り替える

⓫**質問**：質問を作成する

⓬**回答**：アンケートの回答を見る

⓭**設定**：フォームの形式を選択したり、設定ができる

3 タイトルを入力。

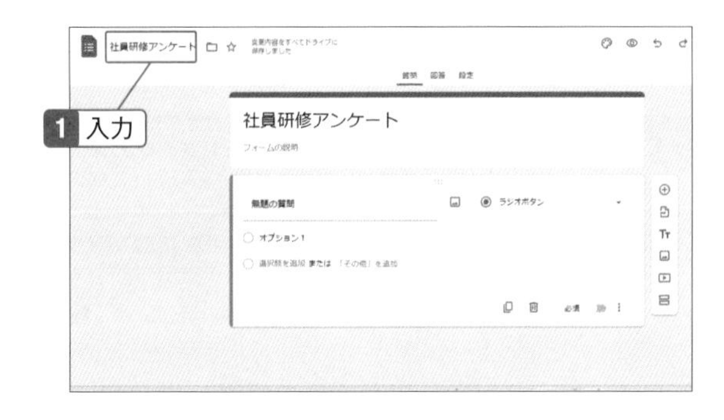

4 フォームのタイトルが自動で表示される。必要であれば変更する。説明を入力して、「フォームのホーム」をクリック。Googleフォームのホーム画面が表示される。

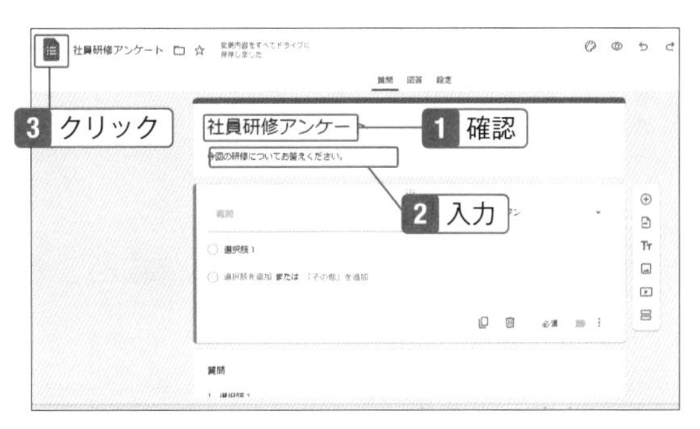

Check

フォームの名前

ファイル名を入力すると、自動的にフォームの名前が入力されます。タイトル名と別にしたい場合は、フォームの名前を修正してください。

10-02

ラジオボタンを作成する

1つ選んでもらう場合はラジオボタンを使う

質問の回答を選んでもらうときには、ラジオボタンを使います。回答者はワンクリックで選択できるので手早く答えることができます。複数選択してもらう場合は「チェックボックス」を選択しましょう。作成したら実際に送信して試してください。

クリックで選択するボタンを作成する

1 ファイルを開き、「無題の質問」に質問を入力。「ラジオボタン」になっていることを確認する。

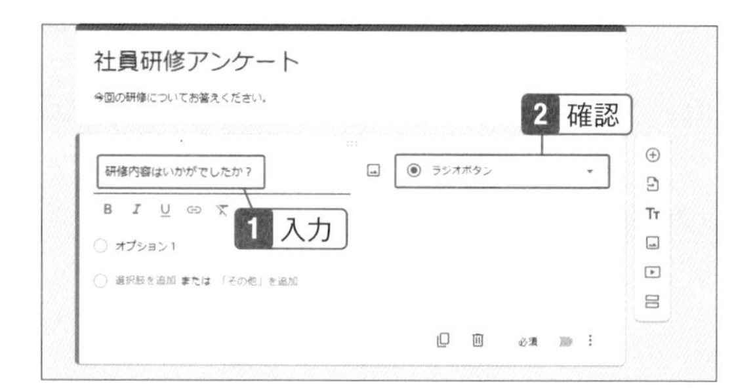

2 「オプション」に1つ目の選択肢を入力して[Enter]キーを押す。

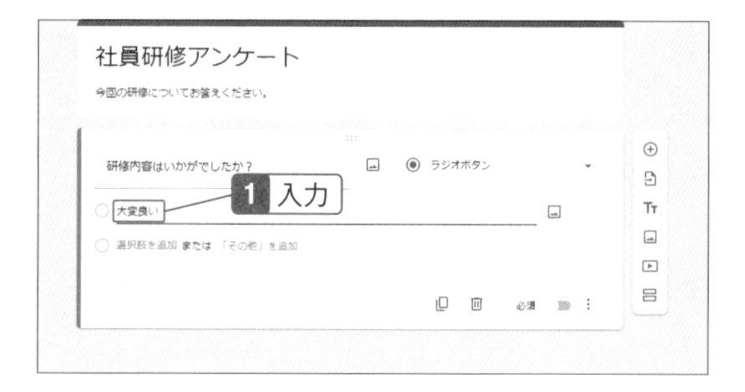

Check

選択を必須にするには

必ず選択してもらうようにするには、手順2の画面右下の「必須」をクリックしてオンにします。

3 2つ目の選択肢を入力。

10-03

プルダウンリストを作成する

選択肢がたくさんある場合はプルダウンを使う

回答の選択肢が多い場合は、スペースを取りますし、見た目もよくありません。そのようなときには、クリックして選択肢を表示するプルダウンを使います。その方が回答者も答えを探しやすいです。

一覧から選べる選択肢を作成する

1 「質問を追加」をクリック。

Note

プルダウンとは

手順2で「プルダウン」を選択しますが、このようにクリックするとメニューが表示される形式をプルダウンと言います。選択肢が多い場合は、スペースを節約するためにプルダウンを使用します。

2 ▼をクリックして「プルダウン」を選択。続いて質問文を入力し、各選択肢を入力。

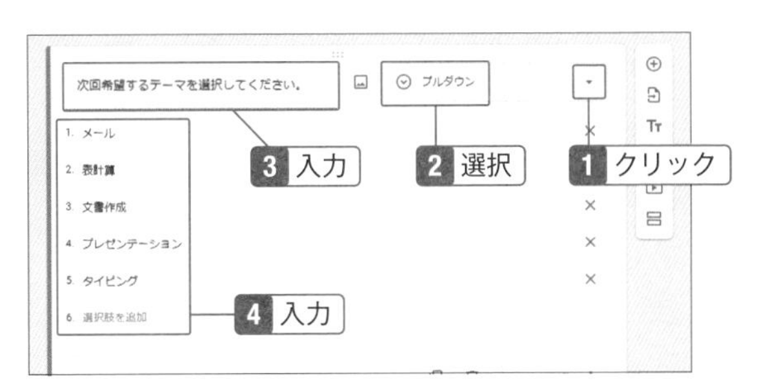

Check

質問を削除するには

削除したい質問をクリックし、下部の🗑をクリックします。

3 アンケートを受け取った人はプルダウン形式で選択できる。

10-04 記述式のボックスを作成する

文章で答えてもらうにはテキストボックスを使う

研修を受けた感想などを聞きたいとき、選択肢から選んでもらうだけではデータが足りないこともあります。詳しく聞きたいときは、記述式で答えてもらいましょう。テキストボックスを使うと長文でも入力可能です。文章が長すぎると困る場合は、入力文字数に制限を付けることもできます。

記述式の回答欄を作成する

1 最後の質問をクリックした状態で、「質問を追加」をクリック。続いて▼をクリックして「記述式」を選択し、質問を入力。

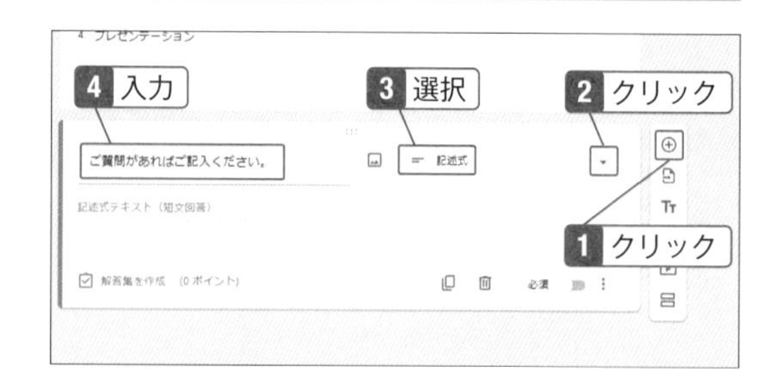

Check

テキストボックスの作成

文章で答えてもらいたい場合に「テキストボックス」を使います。テキストボックスには「記述式」と「段落」があり、短文の場合は「記述式」を選択し、段落で入力してもらう長文の場合は「段落」を選択します。

2 「その他のオプション」をクリックして「回答の検証」をクリック。

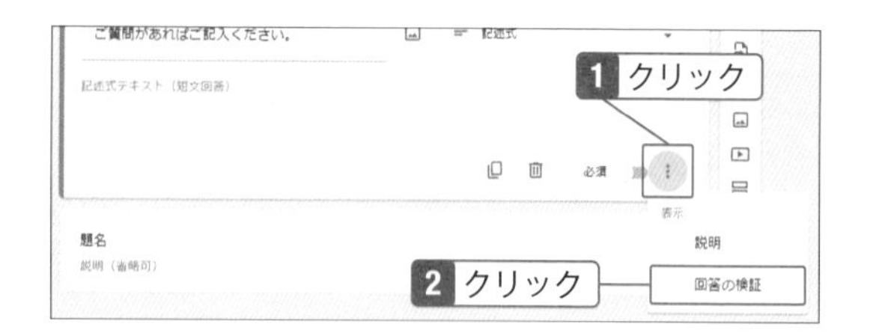

3 ▼をクリックして「長さ」を選択し、最大文字数を設定する。続いてエラーメッセージを入力。

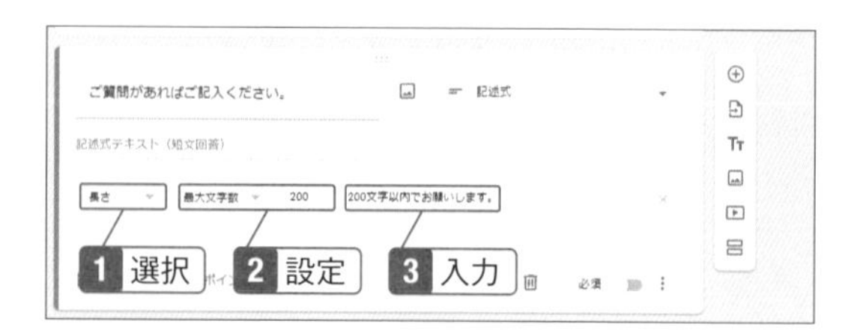

作成したフォームを送信する

メールだけでなくWebサイトにも掲載して回答してもらおう

フォームが完成したら、ユーザーに配布しましょう。メールで送信することも、Webサイトに埋め込むことも可能です。Chapter11のGoogleサイトの場合は、簡単に挿入することができます。

フォームを送信する

1 画面右上の「送信」をクリック。続いて送り先のアドレス、件名、メッセージを入力し、「送信」をクリック。

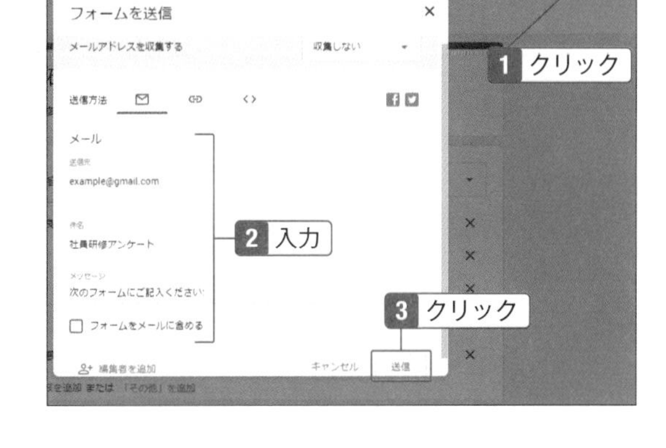

Check

外部ユーザーにフォームを公開するには

デフォルトではフォームの社外共有がオフになっているので、組織外の人に回答してもらう場合は、「設定」タブをクリックし、「回答」の「v」をクリックして「○○と信頼できる組織のユーザーに限定する」をオフにしてください。

2 リンクを送る場合は、🔗をクリックして、リンクをコピーして送信する。

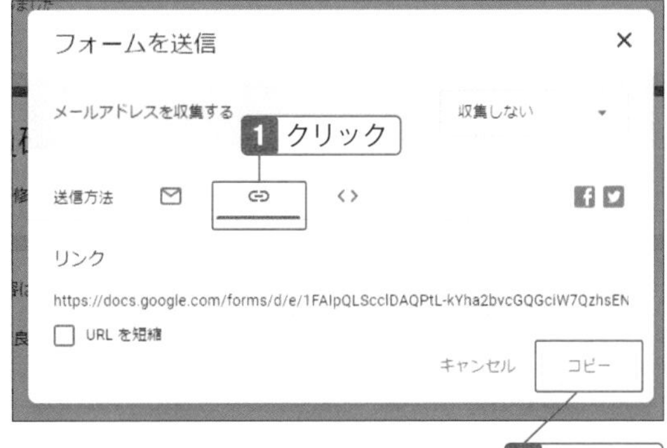

Hint

メールアドレスを収集するには

送信者のメールアドレスを収集する場合は、手順2の画面右上にある▼をクリックし、「確認済み」または「回答者からの入力」をクリックします。

10-06

1ページに1つの質問を表示する

最後まで回答してもらえるように工夫しよう

複数の質問を追加していくと、ページが縦に長くなり、質問の見分けがつきにくくなる場合があります。そのような場合は、セクションを使って質問を区切りましょう。SECTION10-08のテスト問題の作成でも役立ちます。

セクションを追加する

1 1つ目の質問をクリックし、「セクションを追加」をクリック。

2 セクションタイトルを削除する。同様に1問ずつセクションを設定する。

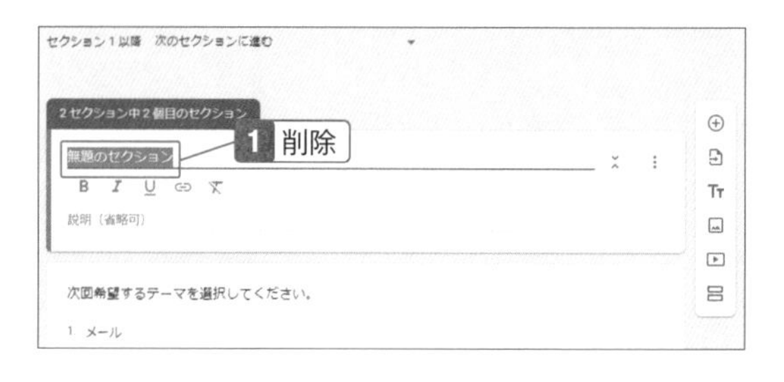

3 セクションが分かれた。

Hint

進行状況バーを表示する

手順3の下部にある「○/○ページ」というバーを表示させるには、上部の「設定」→「表示設定」の「v」をクリックし、「進行状況バーを表示」をオンにします。

10-07

テンプレートを使ってフォームを作成する

フォームを素早く作成したいときに使えるひな型

フォームを一から作成している時間がない場合はテンプレートを使ってみましょう。また、作成したフォームをテンプレートとして登録することも可能です。そうすれば、次回は一から作成する必要がなくなります。

テンプレートを選択する

1 フォームのトップ画面で、「テンプレートギャラリー」をクリック。

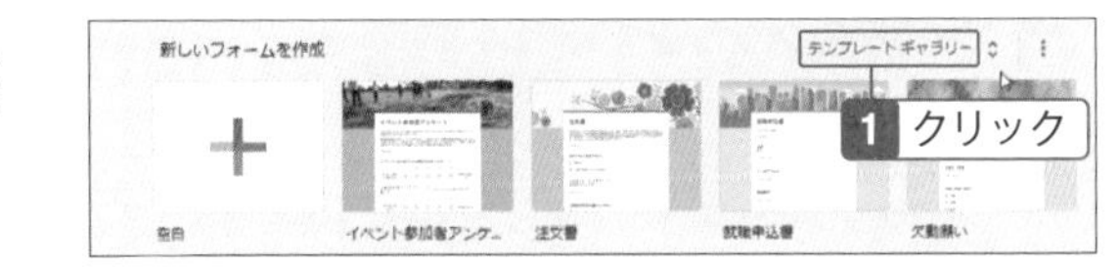

2 「全般」タブで、使いたいフォームをクリック。

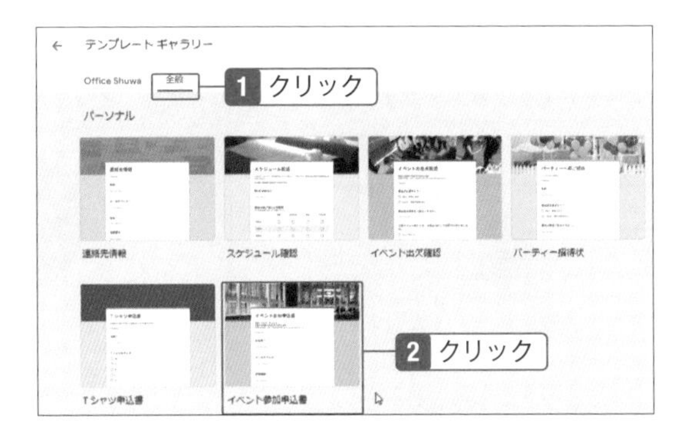

Hint
テンプレートとして登録する

作成したフォームをテンプレートとして登録し、再利用できます。手順2の組織名のタブをクリックした画面で、「テンプレートを送信」をクリックして指定します。

3 内容を修正して作成する。

Check
文字色や背景を変更するには

手順3の画面上部にある をクリックすると、文字色や文字サイズ、背景色を設定することができます。また、ヘッダーの画像を変更することもできるので、イメージに合った写真や画像を設定してください。

アンケート結果を見る

回答を分析して商品開発や業務改善に役立てる

フォームの作成時と同じ画面でアンケート結果を見ることができるので、商品改良やサービス改善に役立ててください。アンケート結果をスプレッドシート形式で表示すれば、数値の並べ替えや最大値なども調べられます。なお、アンケートの受付を終了する際は、「回答を受付中」をオフにするのを忘れないようにしましょう。

アンケート結果を表示する

1 「回答」をクリックすると、アンケート結果が表示される。「回答を受付中」をクリック。

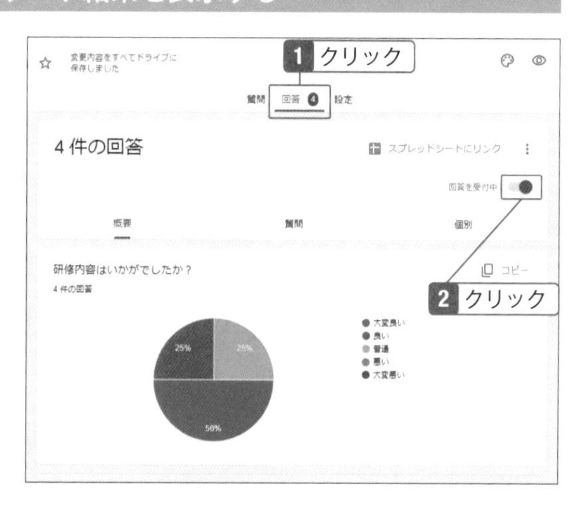

Check

各ユーザーの回答を見るには

「個別」タブをクリックすると、ユーザーごとの回答を見ることができます。

2 回答の受付を終了した。

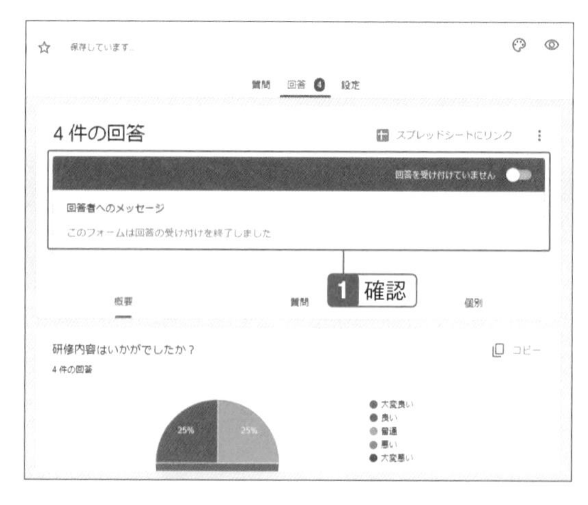

Hint

回答をスプレッドシートに表示するには

手順2の をクリックすると、アンケートの結果をスプレッドシートに表示できます。数字の最高値や平均を把握したり、グラフを作成したりなどして、さまざまな角度から分析ができます。

回答をダウンロードする

1 回答の画面で⋮をクリック。

2 「回答をダウンロード」をクリック。

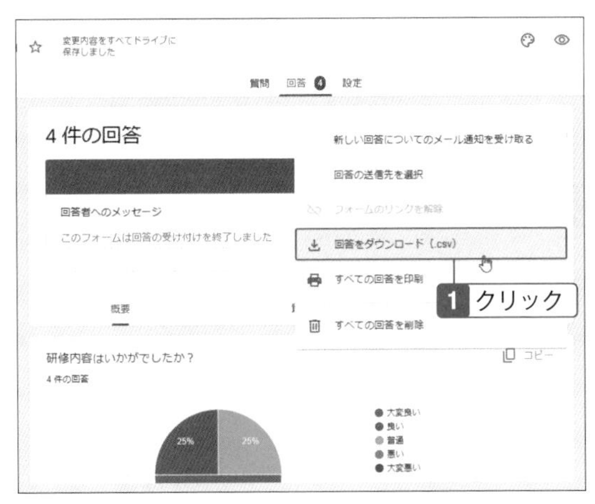

Check

ダウンロードしたファイルを解凍する

ZIP形式で圧縮されてダウンロードされるので、展開してファイルを開いてください。エクスプローラーでダウンロードしたファイルをクリックし、「すべて展開」をクリックすると解凍できます。

テスト問題を作成する

確認テストやクイズもGoogleフォームで作れる

Googleフォームは、質問形式のフォームだけでなく、採点式の問題を作成する場合にも役立ちます。他のサービスやアプリを使わずに、誰にでも簡単に作成できるので活用してください。

テスト形式に変更する

1 「設定」をクリックし、「テストにする」をオンにする。

2 問題を入力し、「解答集を作成」をクリック。

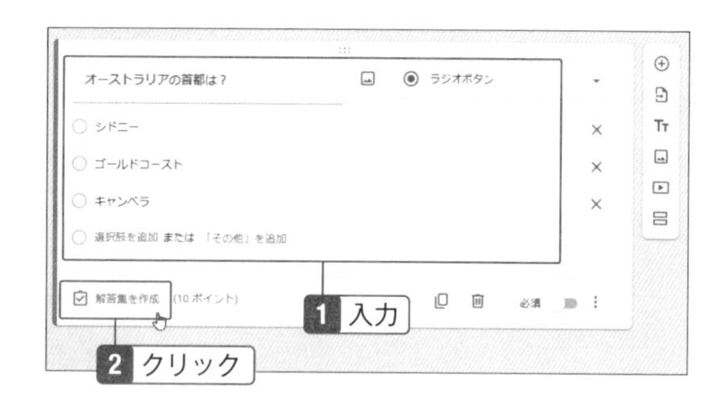

3 正解を選択し、右上に点数を入力。その後「完了」をクリック。

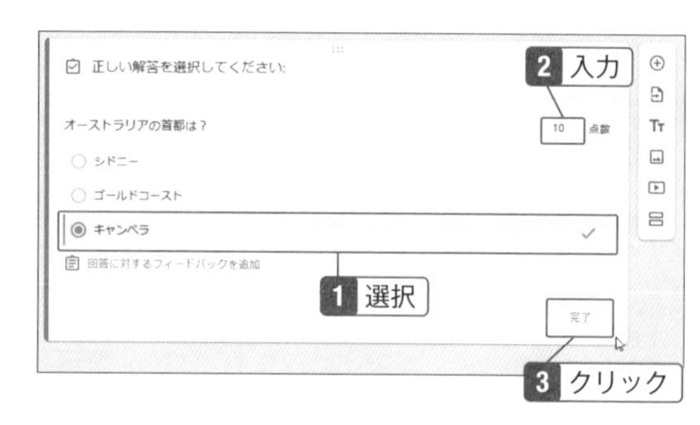

Hint

回答の回数を1回のみにするには

デフォルトでは、同じユーザーが何度も回答することができます。制限したい場合は、手順1の設定画面で「回答」→「回答を1回に制限する」をオンにします。

Chapter

11

「Googleサイト」で社内・社外向けのサイトを作成する

Googleサイトを使うと、社内用のサイトや特定の人だけがアクセスできるサイトを簡単に作成できます。公開の設定をして誰もがアクセスできるWebサイトにすることも可能です。専用ソフトは不要で、HTMLの知識がなくても直感的にサイトを作れるので、サイト作成に慣れていない人でもすぐに使えます。1つのサイトだけでなく、複数のサイトを作れるので、目的に合わせて使い分けるとよいでしょう。

11-01

サイトを作成する

社内専用サイトもネット上のサイトも作れる

ここでは、新規サイトを作成し、画面構成を確認します。ファイル名とページタイトルは忘れずに入力してください。文章を入力する際の改行方法も覚えましょう。なお、Googleサイトでは、複数のサイトを作成できるので、別のサイトが必要な場合はここでの作成方法を繰り返してください。

新しいサイトを作成する

1 Google Workspaceのアカウントにログインした状態でGoogleサイトにアクセスし、「空白」をクリック。

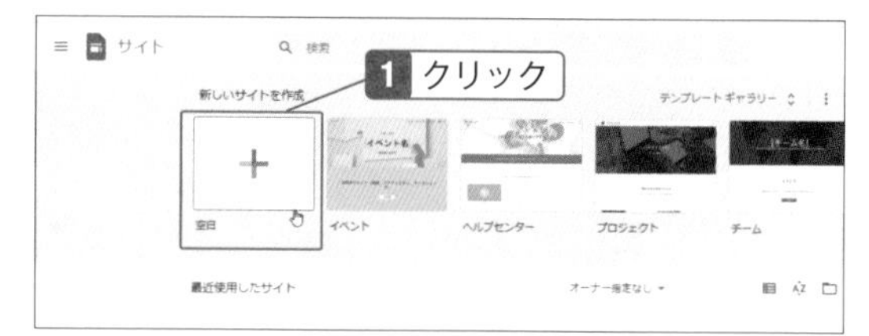

2 サイトの作成画面が表示される。

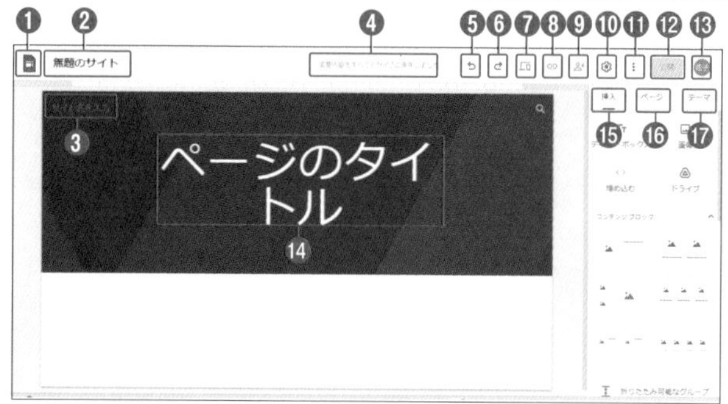

❶Googleサイトのホーム：Googleサイトのホーム画面に戻る
❷無題のサイト：ここにファイル名を入力する
❸サイト名：ファイル名を入力するとサイト名が自動的に表示される。変更可能。
❹変更内容をすべてドライブに保存しました：クリックすると変更履歴を表示する
❺直前の操作を元に戻す：今行った操作を戻す
❻直前の操作をやり直す：戻した操作を取り消す
❼プレビュー：公開前に確認ができる
❽非公開サイトのリンクをコピーできません：公開すると「公開サイトリンクをコピー」に変わりサイトのリンクをコピーできる
❾他のユーザーと共有：他のユーザーと共有するときにクリックする
❿設定：設定画面を表示する
⓫その他：変更履歴、サイトのコピー、ヘルプが使える
⓬公開：公開するときにクリックする
⓭Googleアカウント：クリックすると、ユーザー名の確認やログアウト、アカウントの追加ができる
⓮ページのタイトル：ページのタイトルを入力する
⓯挿入：各項目を挿入できる
⓰ページ：ページの追加と管理ができる
⓱テーマ：テーマを選択できる

3 ファイル名を入力。

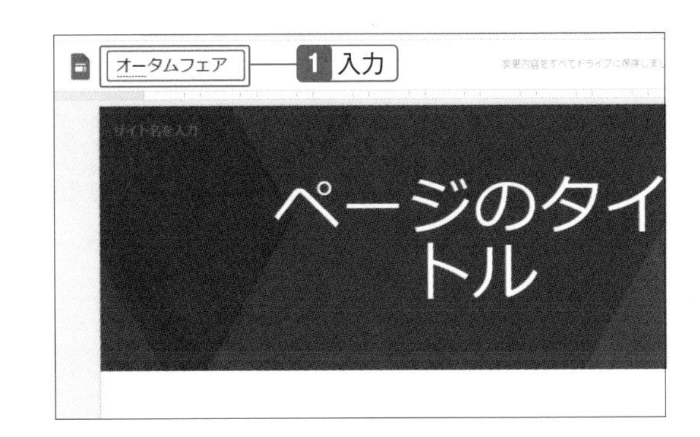

Note

Googleサイトとは

Googleサイトは、Googleが提供するWebサイト作成サービスです。アクセスするには、画面右上の「Googleアプリ」ボタンをクリックし、「サイト」をクリックするか、https://sites.google.com/（またはカスタムURL） にアクセスします。使える容量は、Google Workspaceのアカウントの容量に含まれます。

4 ページタイトルを入力。左右の●をドラッグして幅を調整する。

Note

セクションとは

Googleサイトでは、文章や画像、表などをセクション単位で挿入します。セクションをドラッグして場所を入れ替えたり、セクションの背景に色や画像を設定することが可能です。

5 「挿入」をクリックし、「テキストボックス」をクリックして文章を入力。

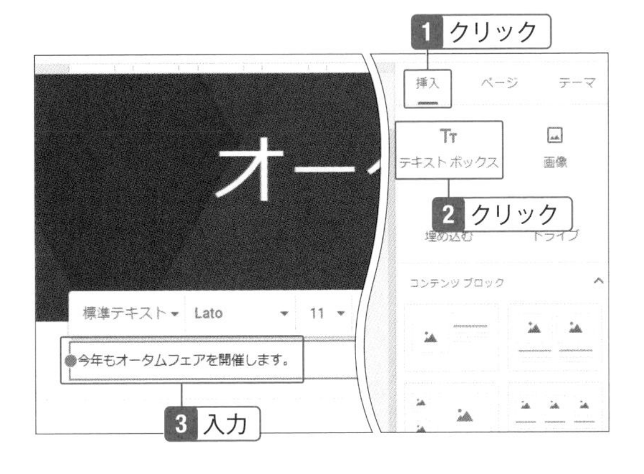

Check

改行するには

文章の途中で改行する場合は[Shift] キーを押しながら [Enter] キーを押します。[Enter] キーのみ押した場合は段落が変わります。内容が変わる場合は [Enter] キーでもかまいません。

11-02

ロゴとファビコンを設定する

サイトを象徴する画像を用意して設定する

サイトのシンボルとなるロゴを作成しましょう。ロゴは、訪問者の目が届きやすい位置に表示されます。ロゴと一緒に、お気に入りやブラウザのタブに表示されるファビコンも設定してください。あらかじめ会社のロゴとなる写真またはイラストを用意しておくとどちらもすぐに設定できます。

ロゴを設定する

1 「設定」をクリック。

Check

ロゴの作成

ロゴは企業や店舗をイメージできる画像のことです。各ページに表示されるので何のサイトであるかがわかる画像を設定してください。

2 「ブランドの画像」をクリックし、「ロゴ」の「アップロード」をクリックして画像を指定する。

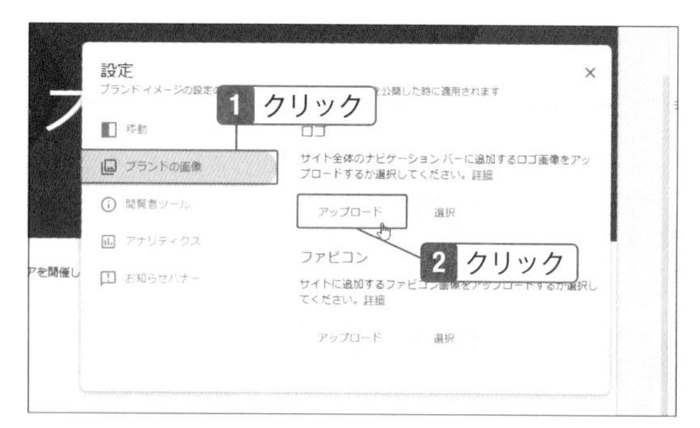

Check

複数のサイトを作成できる

Googleサイトでは、1つのサイトだけでなく、複数のサイトを作成できます。新たに作成する場合はSECTION11-01の操作をします。同じデザインで作成したい場合は、サイトを開き、画面右上の「その他」をクリックして、「コピーを作成」をクリックすると複製されるので内容を編集して使用してください。

3 代替テキストを入力する。

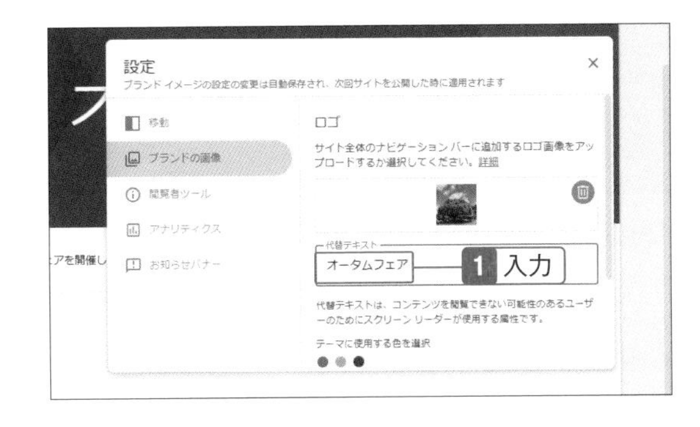

Note

代替テキストとは

ネットの接続が不安定なときやブラウザの不具合によって画像が表示されない場合、そこに何の画像があるかがわかるように表示するのが代替テキストです。また、音声読み上げソフトにも認識されます。写真だけでなくイラストなどにも設定しておきましょう。

ファビコンを設定する

1 「ファビコン」の「アップロード」をクリックして画像を指定する。

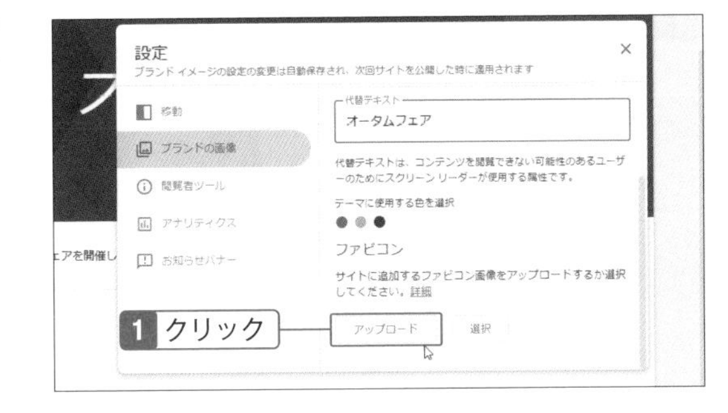

2 「×」をクリックして閉じる。

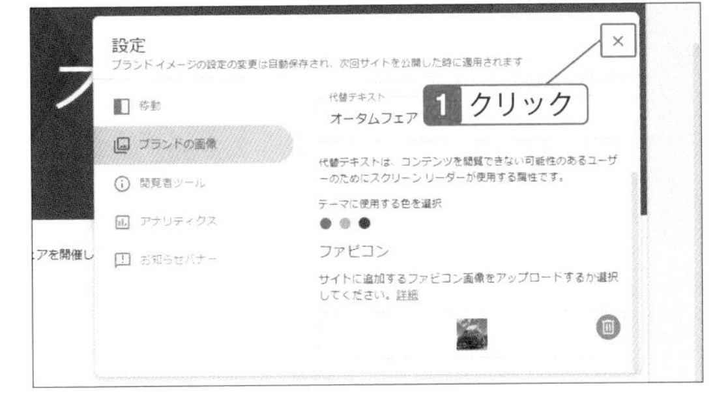

Check

画像を削除するには

手順2の画面で🗑をクリックすると削除できます。

Note

ファビコンとは

ブラウザのタブやブックマークに表示される小さなアイコンのことです。Googleサイトでは、「.png」「.jpg」「.gif」形式の画像を指定して、簡単に設定できるようになっています。

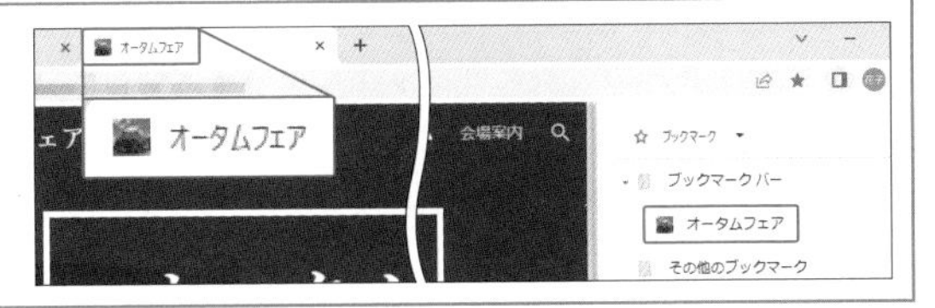

11-03

テーマを設定する

サイト内でデザインを統一できる

サイト内のページを統一するためにテーマを使いましょう。テーマの種類は少ないですが、ページタイトルの画像は後で変更することも可能なので、イメージで選択するとよいでしょう。ここではテーマ「ディプロマット」を選択しますが、ナビゲーションの背景色を変えたり、フォントスタイルを変えることもできます。

テーマを選択する

1 「テーマ」をクリックして任意のテーマを選択。

2 任意の色をクリック。フォントスタイルを変更することも可能。

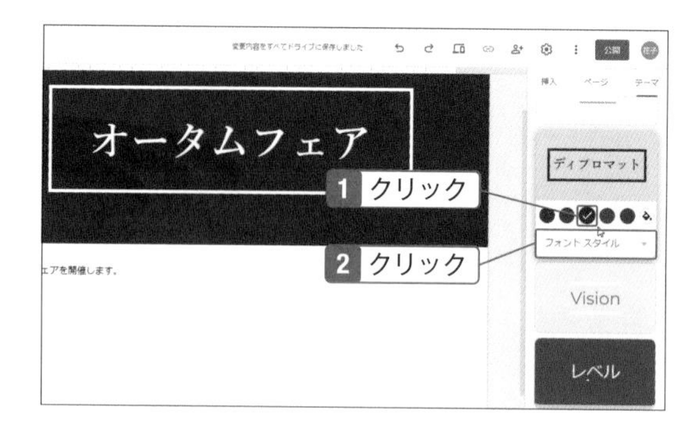

Hint

ページタイトルの背景を変更するには

ページタイトルの背景に別の画像を設定したい場合は、ページタイトル部分をクリックし、「画像」をクリックします。「アップロード」または「選択」をクリックして画像を指定します。なお、手順2の画面上部にある「+」をクリックして、カスタマイズしてテーマを作成することも可能です。

11-04

ページを作成する

リンクや画像で見やすいサイトを作成しよう

Webサイトは、複数のページで構成されています。別のページやサイトに移動できるように、画像や文字にリンクを設定しましょう。また、文字だけでなく、写真やイラストを入れると、格段に見やすくなり、見栄えも良くなります。

コンテンツブロックを追加する

1 サイドパネルの「挿入」タブにある「コンテンツブロック」から使用するレイアウトをクリック。ここでは3つの画像があるブロックを選択。

2 「＋」をクリックし、「アップロード」をクリックして画像を指定する。

Check

文字を装飾するには

文字列をドラッグして選択するとメニューが表示され、太字やテキストの色などの設定ができます。

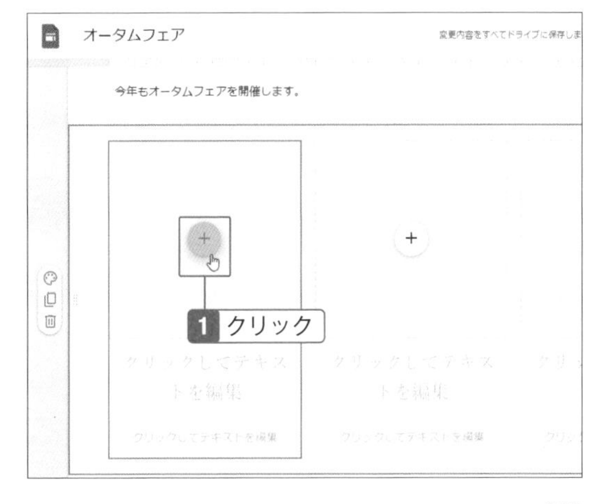

画像にリンクを設定する

1 追加した画像をクリックして選択し、「リンクを挿入」ボタンをクリック。

Check

文字列にリンクを設定するには

文字をクリックして移動させる場合は、ドラッグで文字列を選択してから「リンクを挿入」ボタンをクリックして指定します。

2 URLを入力し、「適用」をクリック。

リンクボタンを追加する

1 「挿入」の「ボタン」をクリックし、リンク先のURLを入力して「挿入」をクリック。

2 両端の●をドラッグしてサイズを調整する。

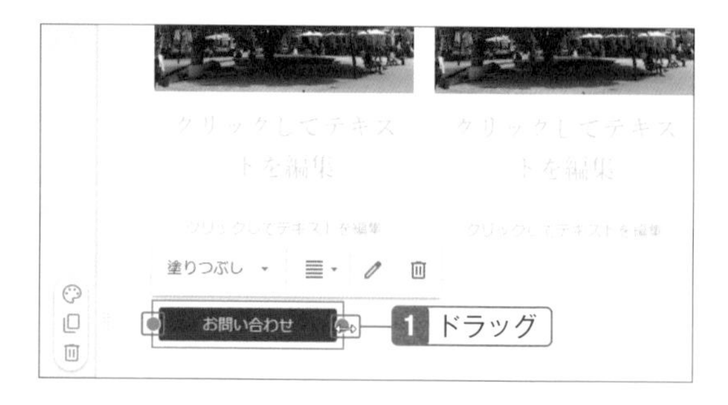

ページを追加する

1 「ページ」をクリックし、「+」をポイントして「新しいページ」をクリック。

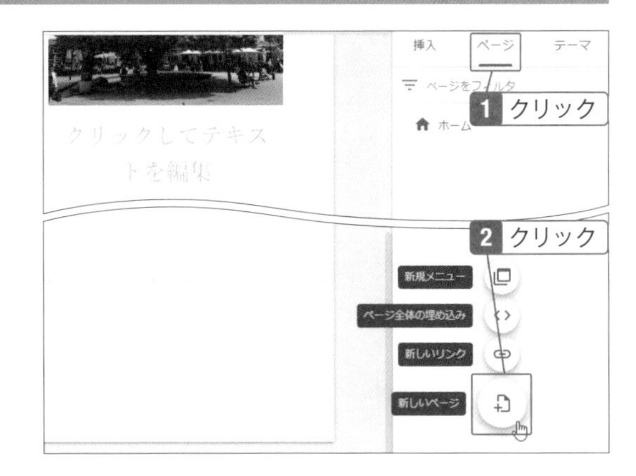

Check

ページタイトルに画像を入れたくない場合

ページタイトルの背景に画像を表示させたくない場合は、ページタイトル部分をクリックし、メニューの「見出しのタイプ」をクリックして「タイトルのみ」を選択してください。

2 ページ名を入力し、「完了」をクリック。

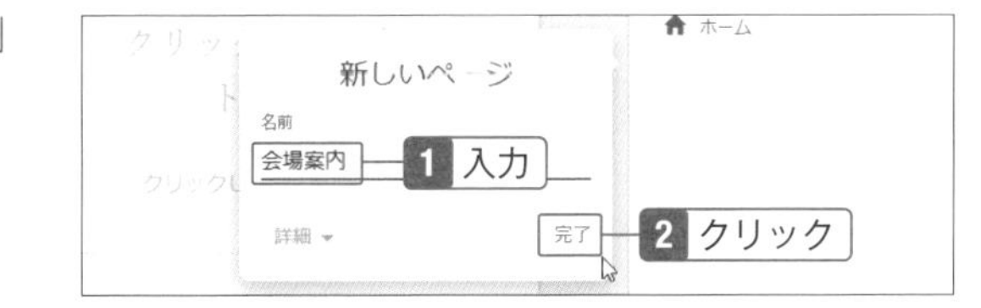

Check

ナビゲーションに表示させたくない場合

追加したページは上部のナビゲーションに表示され、クリックでページを切り替えることができます。メニューに表示させたくない場合は、サイドパネルの「ページ」タブで表示させたくないページの ⋮ をクリックし、「ナビゲーションに表示しない」をクリックします。

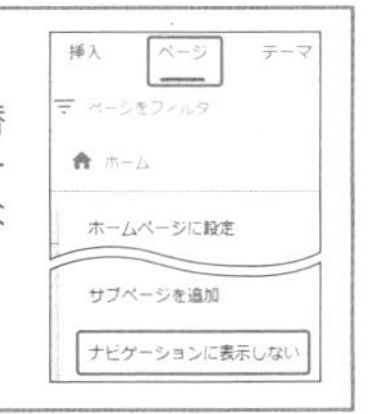

3 ページが追加された。ナビゲーションをクリックしてページを切り替えることができる。

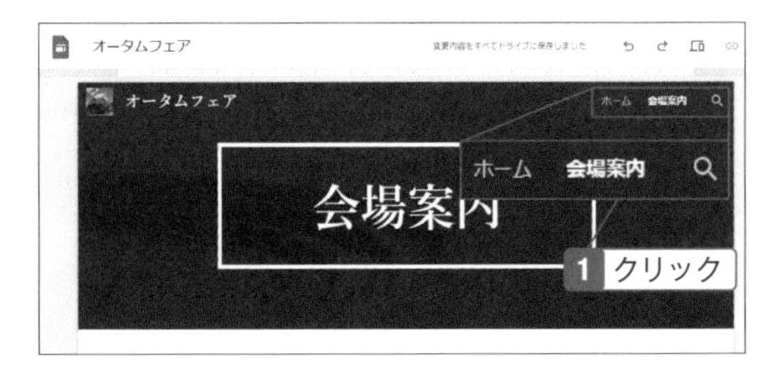

Check

ページをコピー・削除するには

サイドパネルの「ページ」タブで表示させたくないページの ⋮ をクリックし、「ページのコピーを作成」をクリックすると複製できます。削除する際は、「削除」をクリックします。

11-05

地図やカレンダーを挿入する

会社の地図や営業日などのカレンダーも掲載できる

Webサイトに会社や会場の周辺地図を掲載したい場合、Googleマップを使って簡単に挿入することができます。また、営業日やイベントスケジュールなどを設定したGoogleカレンダーを表示させることも可能です。

地図を挿入する

1 「挿入」タブの「地図」をクリック。

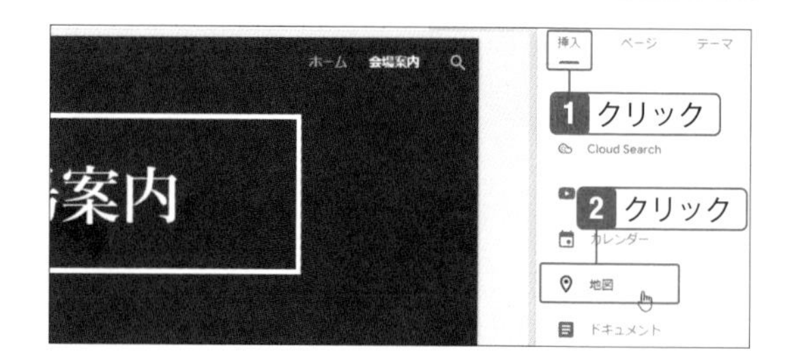

2 住所を入力し、「選択」をクリック。

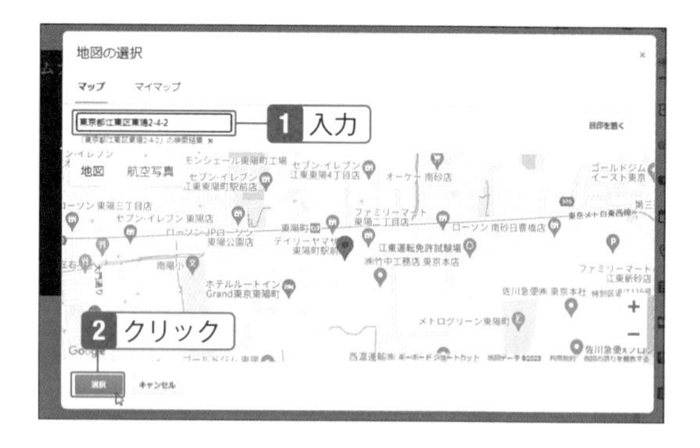

3 周囲の●をドラッグしてサイズを調整する。

カレンダーを挿入する

1 「挿入」タブの「カレンダー」をクリック。

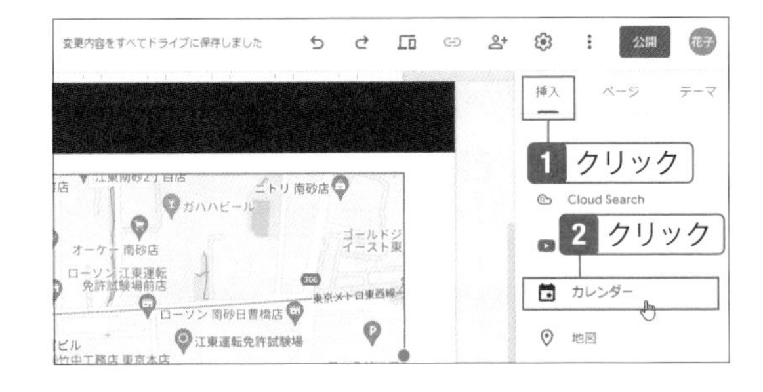

⚠ Check

カレンダーの挿入

SECTION03-12で作成したカレンダーを挿入できます。

2 カレンダーをクリックし、「挿入」をクリック。

3 「設定（確定）」ボタンをクリックし、表示モードを「月」にして「完了」をクリック。

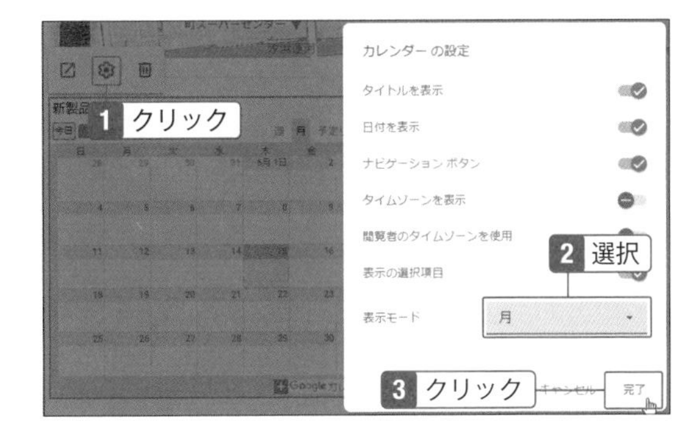

4 カレンダーを挿入した。周囲の●をドラッグしてサイズを調整する。

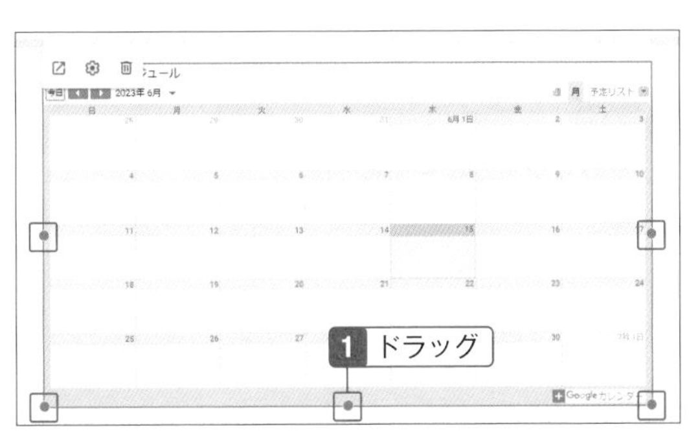

11-06

セクションを編集する

セクションの移動や削除は簡単にできる

「挿入」タブから追加した画像や地図は1つ1つがセクションになっていて、ドラッグアンドドロップで自由に移動することが可能です。たとえば、写真と文章の位置を逆にしたいと思ったら、簡単に入れ替えることができます。また、セクションの背景に画像を設定することもできるので、イメージに合うように編集してみましょう。

セクションを移動する

1 移動したいセクションのつまみをドラッグ。

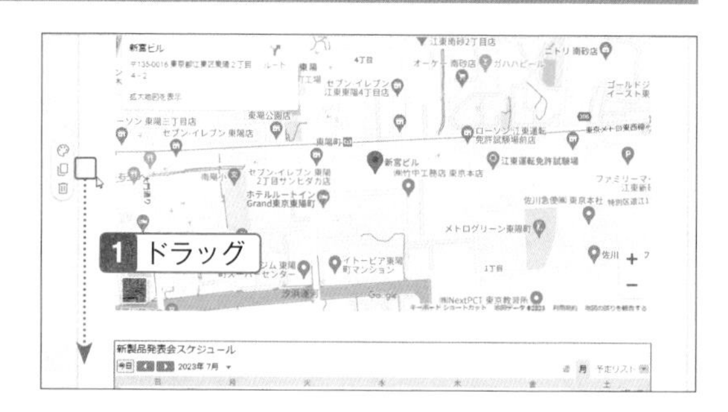

2 テキストボックスと画像のセクションを入れ替えた。

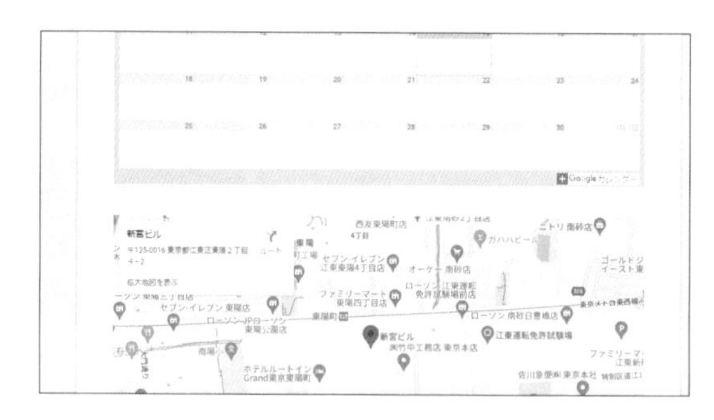

Hint

セクションをコピーするには

コピーしたいセクションをクリックし、「セクションのコピーを作成」をクリックするとコピーできます。

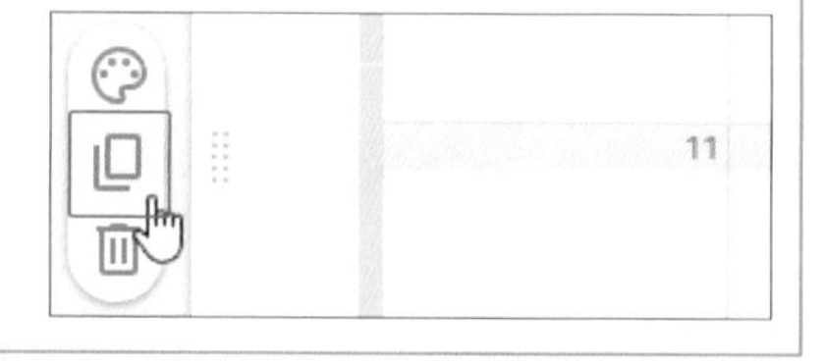

セクションに背景を設定する

1 テキストボックスをクリックし、画面左の「セクションの色」をクリックして「画像」をポイントし、「選択」をクリック。

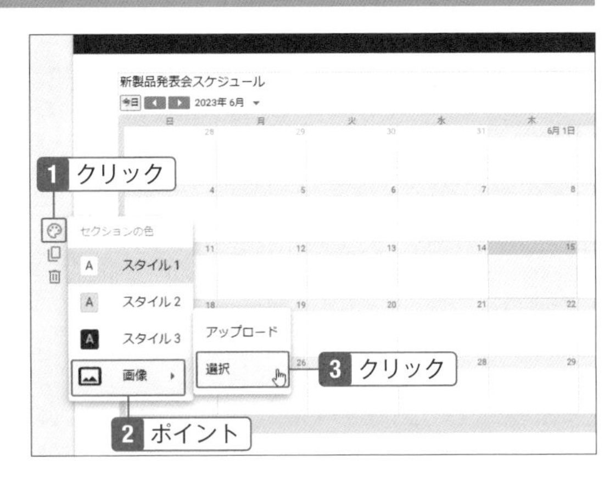

Check

パソコンに保存してある画像を背景に設定するには

手順1で、「アップロード」をクリックしてパソコンにある画像を指定することも可能です。

2 ギャラリーから画像を選択して「選択」をクリック。

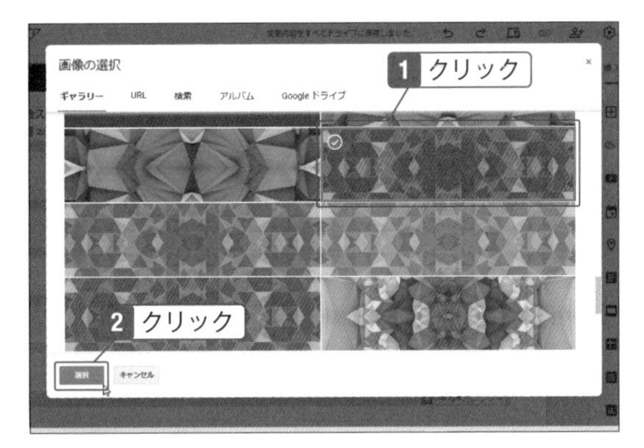

3 セクションに背景を設定した。

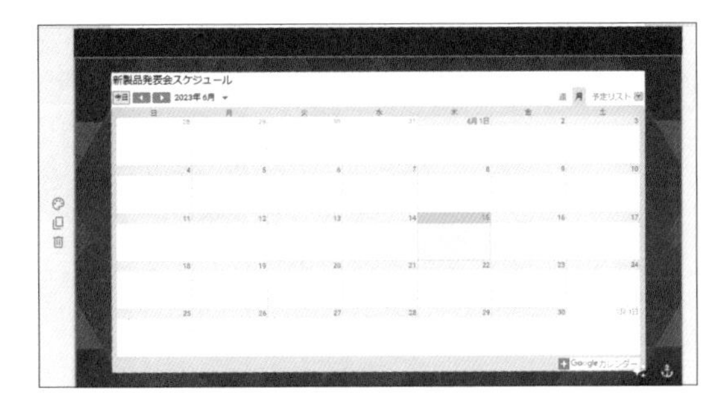

Hint

テンプレートを活用する

本書では一からサイトを作成しましたが、Googleサイトのホーム画面にある「テンプレートギャラリー」をクリックすると、カテゴリー別にテンプレートが用意されています。画像と文章を修正して手早く作成できるので活用してください。

11-07

サイトを公開する

公開する前にプレビューで確認する

一通り完成したらサイトをプレビューして確認しましょう。組織内や特定のユーザーに公開することも、インターネットで誰でもアクセスできるように公開することもできます。どちらにしても、作成したすべてのページを表示させて、ミスがないかよく確認してください。

プレビューで確認する

1 「プレビュー」をクリック。

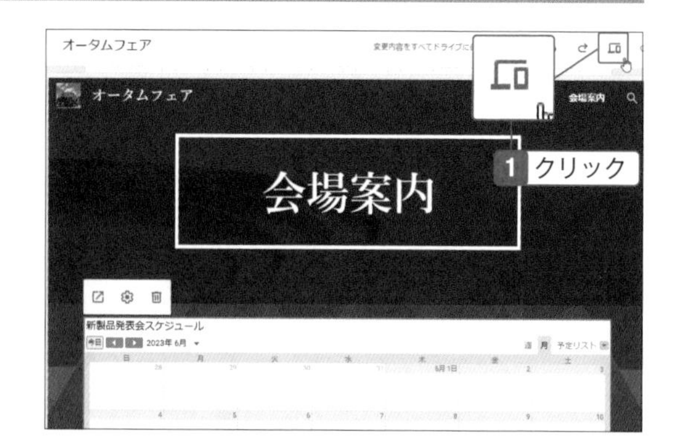

2 スマホ、タブレットでの画面もクリックして確認する。確認したら「×」をクリック。

Check

プレビューで確認する

サイトを作成したら、公開する前に必ずプレビュー画面で確認してください。特に組織外への公開は注意が必要です。発表前や社外秘の情報が掲載されていないか十分に注意しましょう。

組織内のユーザーにサイトを公開する

1 「公開」をクリック。

2 アドレスの末尾の文字を英数字（小文字、数字、ダッシュのみ可）で入力。「公開」をクリック。

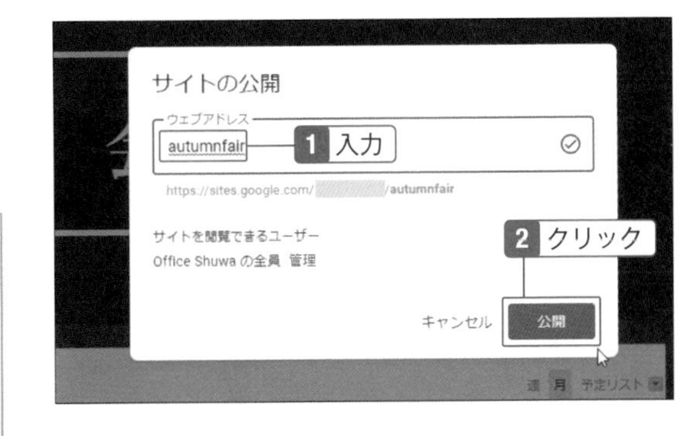

他のユーザーと共同編集するには

手順2の画面で、「サイトを閲覧できるユーザー」の「管理」をクリックして相手のメールアドレスを入力し、権限を「編集者」にして送信します。

サイトにアクセスする

1 「▼」をクリックし、「公開したサイトを表示」をクリック。

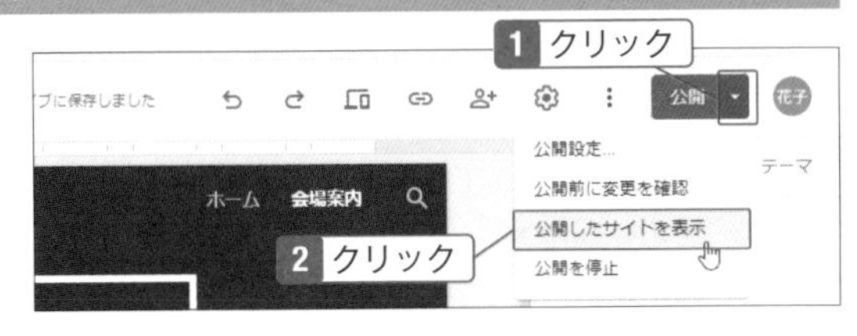

2 新しいタブにサイトが表示される。

Check

非公開にするには

手順1で「公開を停止」をクリックして「OK」をクリックすると非公開になります。

インターネットに公開する

1 「他のユーザーと共有」をクリック。

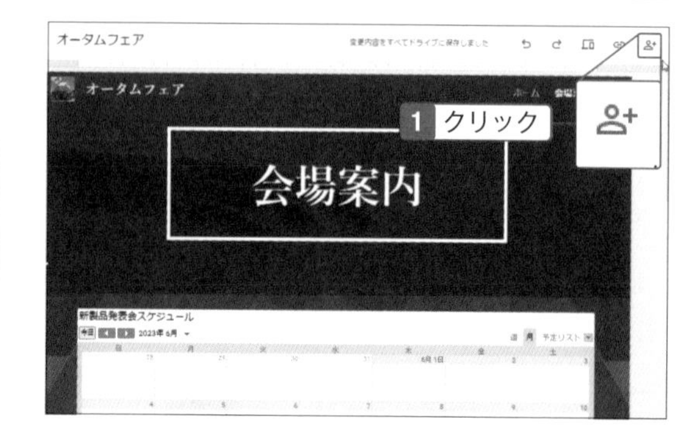

Check

公開するときの注意

ここでの方法で公開にすると、誰でも閲覧できる状態になります。間違えて社内用のサイトを公開にしないように気を付けてください。

2 「公開済みサイト」の▼をクリックし、「公開」をクリック。その後「完了」をクリック。

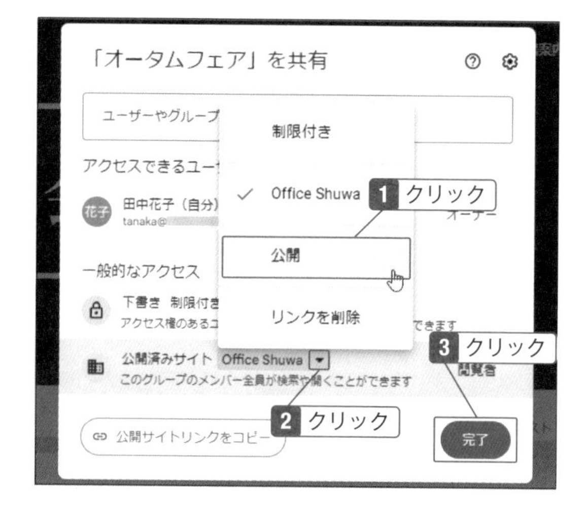

Check

WebサイトのURLを知らせるには

手順2の「公開サイトリンクをコピー」をクリックすると、URLをコピーしてWebサイトを紹介できます。

Hint

英数字のURLに変更する

日本語のページタイトルの場合、URLをコピーして貼り付けるとランダムの英数字で表示されます。そのため、サイドパネルの「ページ」タブで、ページの⋮をクリックし、「プロパティ」→「詳細」をクリックした画面の「カスタムパス」で英数字を設定してください。

Chapter

12

管理者向けの設定を行う

このChapterでは、管理者側の操作について解説します。ユーザーの追加やアプリの設定、ビルディングやリソースの追加は欠かせない操作です。また、プロフィール情報や契約情報も確認しておきましょう。さまざまな管理設定がありますが、会社の規模や目的に応じて必要な箇所を設定してください。

12-01

管理画面を表示する

管理コンソールですべてを管理する

Google Workspaceの管理画面を「管理コンソール」と言います。管理者は常にこの画面を使うので、アクセス方法と画面構成を確認してください。個人用のGoogleアカウントや管理者権限がないアカウントでは管理コンソール画面には入れないので管理者用のアカウントでログインしましょう。

管理コンソールを表示する

1 https://workspace.google.co.jp/ にアクセスし、「管理コンソール」をクリック。

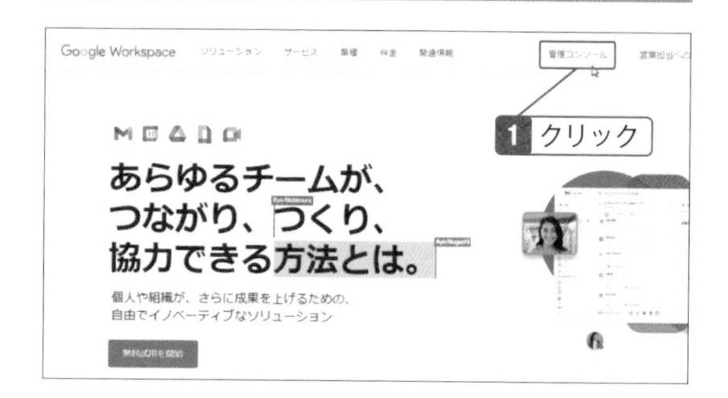

Note

管理コンソールとは

管理コンソールは、Google Workspace サービスのすべてを一元管理できる画面のことです。ユーザーの追加や削除、支払い管理、データの移行など、さまざまな管理と設定ができます。管理コンソール画面に入れるのは、Google Workspaceの管理者としての権限を持っている人のみで、その他のユーザーが使用する場合は、管理者としての権限を付与してもらう必要があります。

2 Google Workspaceのアカウントでログインする。

Check

管理コンソールへのアクセス方法

ここでのように、Google Workspaceのサイトからアクセスする方法以外に、直接管理画面へのアドレス（admin.google.com）にアクセスしてログインする方法もあります。

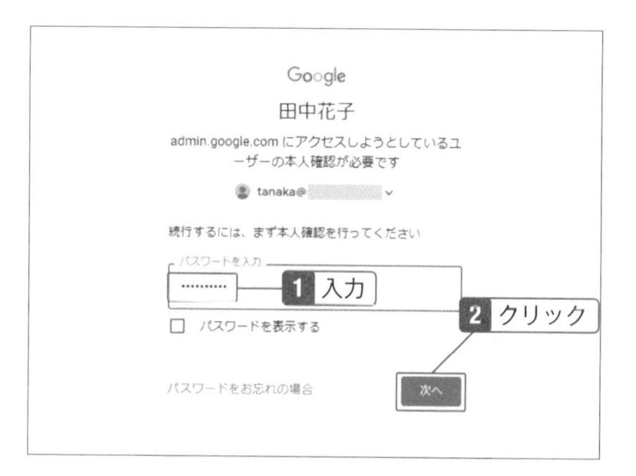

3 管理コンソールのホーム画面が表示された。

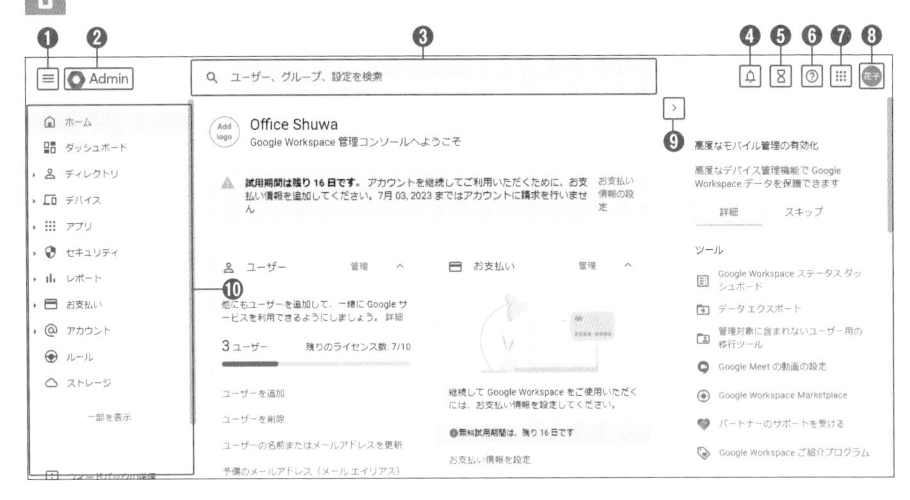

❶**メインメニュー**：メニューの表示・非表示を切り替える

❷**Admin**：クリックすると管理コンソールのホーム画面を表示できる

❸**検索ボックス**：ユーザーやグループ、設定を検索することができる

❹**アラート**：「ユーザーの追加」や「不審なログイン」などのアクションがあったときに通知がある

❺**タスク**：タスクの進捗状況が表示される

❻**ヘルプ**：わからないことがあったときに調べることができる

❼**Googleアプリ**：Googleの他のサービスを利用するときは、ここをクリックして移動できる

❽**Googleアカウント**：クリックすると、ユーザー名の確認やログアウト、アカウントの追加ができる

❾**>**：右端に表示されているツールを非表示にする。再表示するには<をクリックする

❿**メニュー**：ここから選択して設定する

4 「メインメニュー」をクリック。

5 メニューボタンのみが表示される。再度「メインメニュー」をクリックすると元の表示になる。

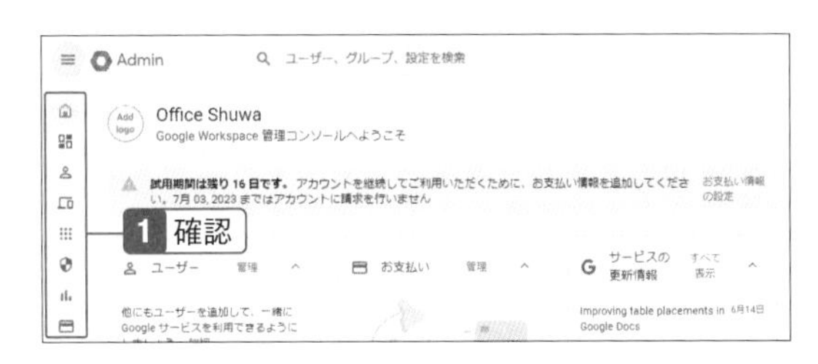

12-02

支払い手続きをする

支払いにはクレジットカードを使う

SECTION01-02で、「無料試用を開始」をクリックして始めると、Google Workspace Business Standardプランを14日間無料で利用することができますが、続けて使用する場合はお支払い情報の入力が必要です。その後は月単位での支払いとなり、登録したクレジットカードから自動的に支払われます。なお、お支払い情報の設定は特権管理者のみが操作可能です。

支払い情報を入力する

1 ホーム画面にある「お支払い情報の設定」をクリック。

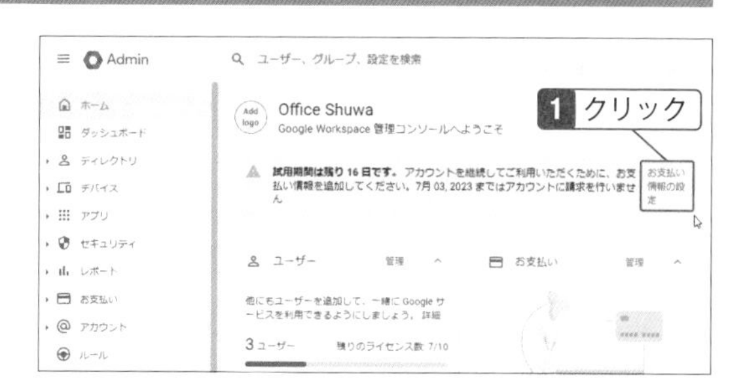

Check

無料試用の残日数に注意

SECTION01-02で「無料試用を開始」をクリックしましたが、14日間は試用期間となります。管理画面のトップにメッセージが表示されているので確認してください。期間を過ぎても支払いができない場合はGoogle Workspaceを使用できなくなります。

2 スクロールして「開始」をクリック。

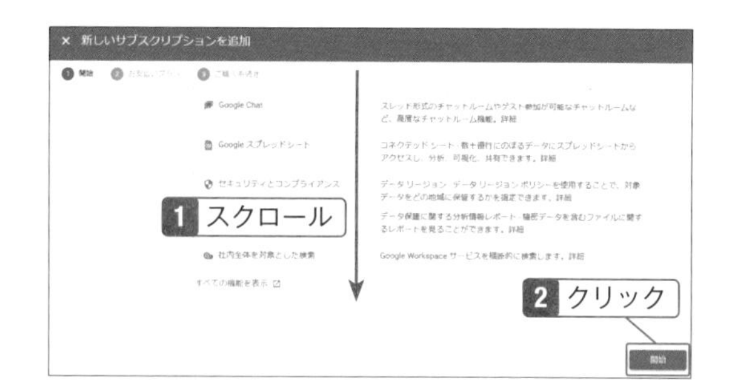

Check

支払い画面の表示方法

メインメニューの「お支払い」→「サブスクリプション」をクリックして上部の「お支払い情報を設定」をクリックしても表示できます。

3 お支払いプランを選択し、「ご購入手続き」をクリック。

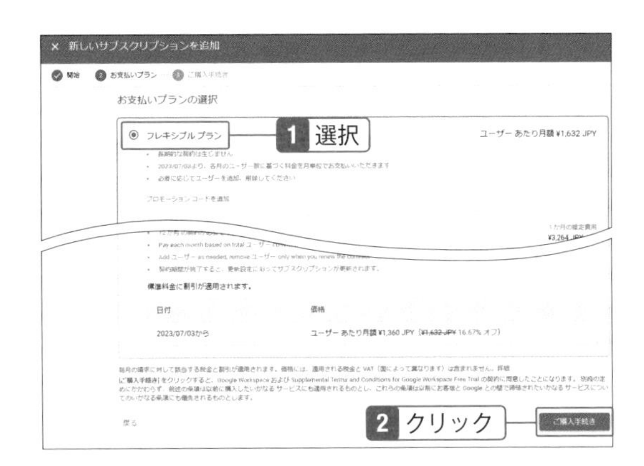

4 氏名、住所、カード情報を入力し、「注文」をクリック。

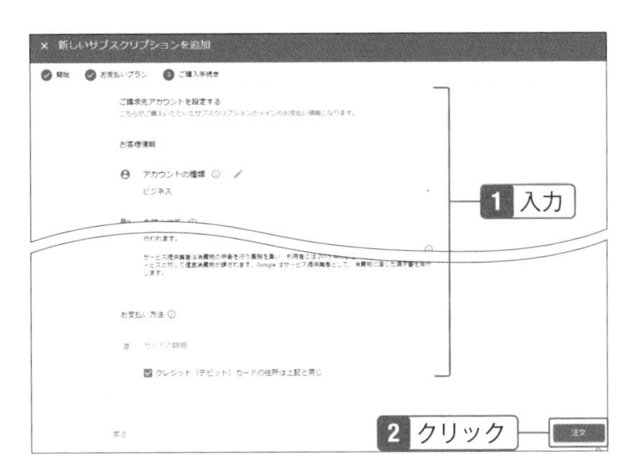

5 購入した。

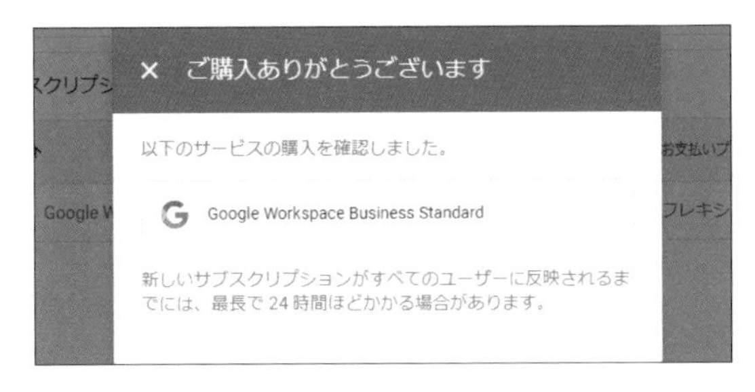

Hint

支払い方法を変更する

クレジットカード情報を間違えて入力した場合や変更したい場合は、メニューの「お支払い」→「お支払いアカウント」→「お支払い方法を表示」をクリックし、設定されているカード情報の「編集」をクリックして入力します。

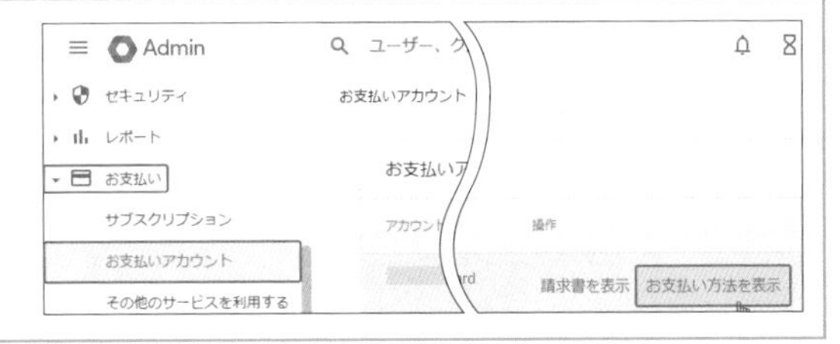

12-03

アカウント設定を確認する

組織名の変更やメイン管理者の変更も可能

ここでは、管理者アカウントの設定を確認します。Google Workspaceからサービスに関するメールやお支払いについてのお知らせが届くので、連絡先情報のメールアドレスを正しく設定してください。組織名を変更したい場合もプロフィール画面でできます。一緒にタイムゾーンも設定しておきましょう。

組織名や連絡先情報を設定する

1 メニューの「アカウント」をクリックし、「アカウント設定」をクリック。

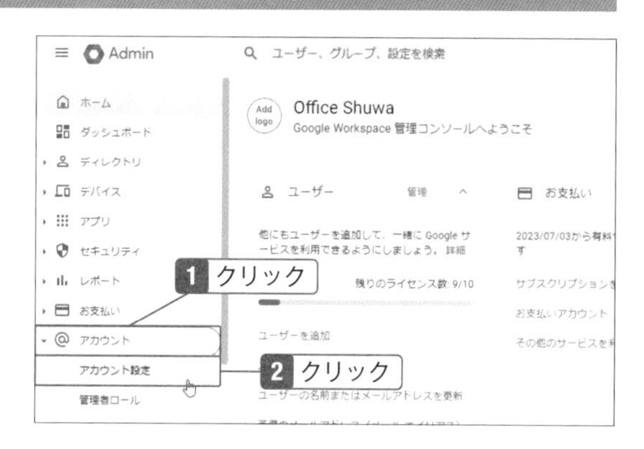

2 「プロファイル」をクリック。

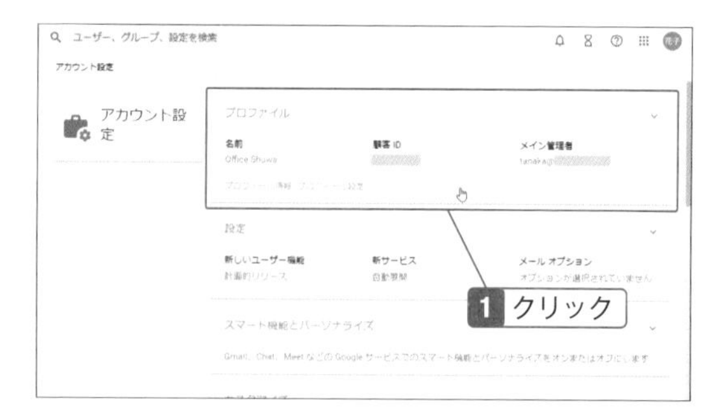

Hint

お知らせを受け取るには

手順2の画面で「設定」をクリックすると、Google Workspaceの新サービスをリリース時から利用するか否かの設定ができます。また、最新情報や機能に関するお知らせのメールを受け取るか否かの設定もできます。

3 プロフィール情報が表示された。アカウント名を変更する場合は「名前」をクリックして変更可能。

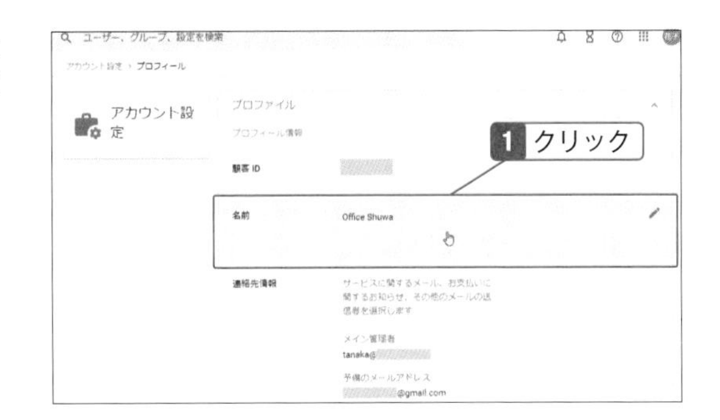

4 「連絡先情報」をクリック。

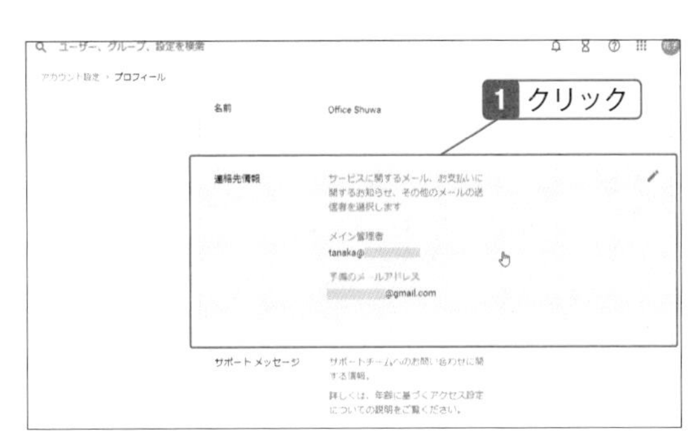

5 メイン管理者を変更できる(特権管理者の権限が必要)。メールアドレスを変更する場合は修正し、「保存」をクリック。

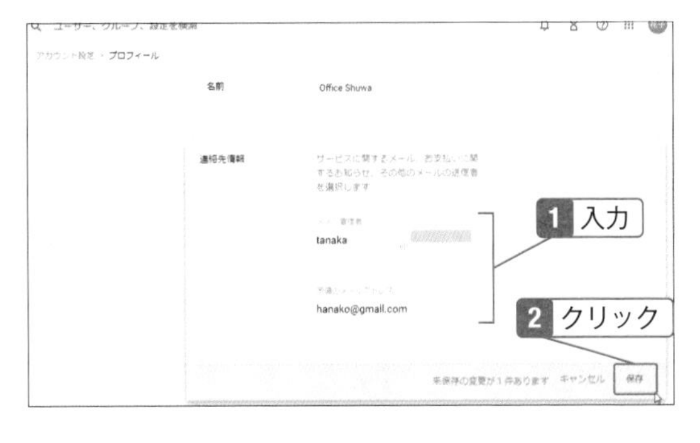

Check

連絡先情報の確認

ここに入力されているメールアドレス宛に、サービスや支払いに関するお知らせなどのメールが届きます。別のアドレスに送信する場合は変更してください。

6 タイムゾーンをクリックし、「Asia/Tokyo」に設定する。

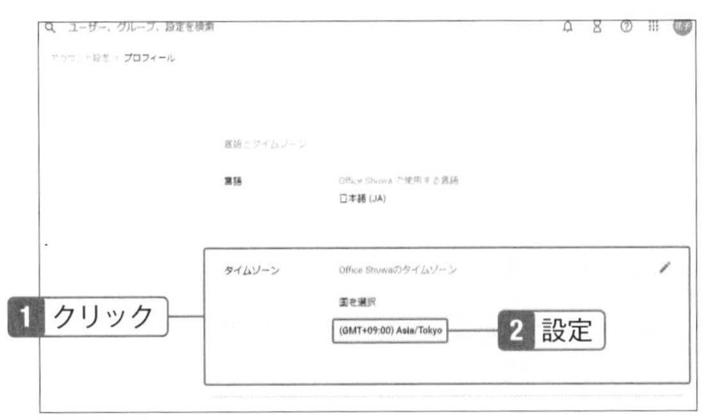

12-04

カスタムURLを設定する

GmailやGoogleカレンダーのURLをわかりやすくする

GmailやGoogleカレンダーへのURLには、途中に「google.com」が含まれるので、少し長めのアドレスになります。カスタムURLを使うと、短めのアドレスにできるので、ユーザーにとって覚えやすく好都合です。

会社のドメインでアクセスできるようにする

1 メニューの「アカウント」→「アカウント設定」をクリックし、「カスタムURL」をクリック。

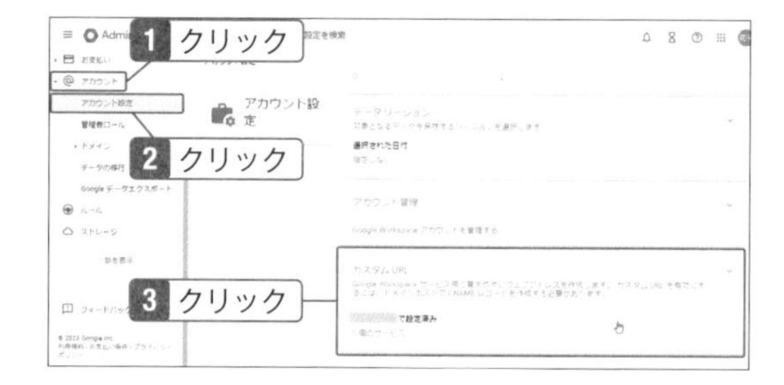

Note

カスタムURLとは

GmailやGoogleカレンダーへアクセスする際のURLを短くしたい場合は、カスタムURLで設定できます。たとえば、https://mail.google.com/u/～の場合、「mail.google.com/u/～」の部分を任意の英数字に変更できるので、「https://mail.shuwa.com」のような短いアドレスでアクセスできるようになります。設定後、元に戻したい場合は、手順2の画面で「デフォルト」を選択し、「保存」をクリックしてください。

2 カスタムの選択肢をクリックしてアドレスに入れる文字を入力し、右下の「保存」をクリック。

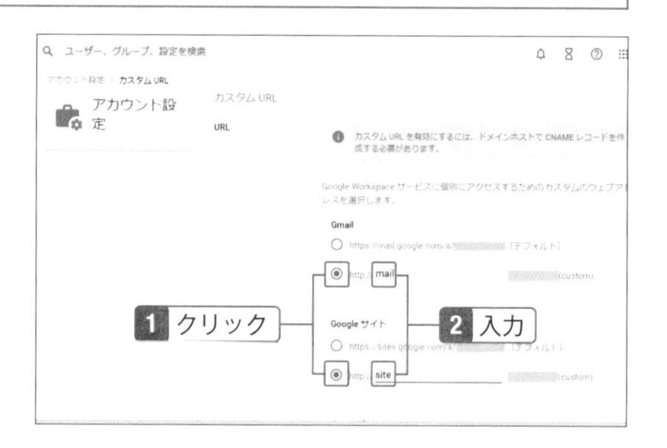

3 「I'VE COMPLETED THESE STEPS」をクリック。

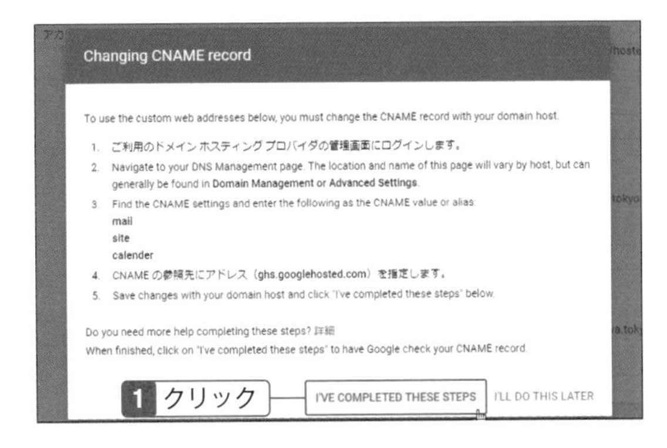

ドメイン取得サービスのサイトで設定を変更する

1 使用しているドメイン取得サービスのレコード設定画面にアクセスする（ここではお名前.com）。

⚠ Check

DNS設定

利用しているドメイン取得サービスのDNS設定画面で設定します。お名前.comの場合は、「ネームサーバーの設定」→「ドメインのDNS設定」をクリックします。ドメインを選択して「次へ」をクリックし、「DNSレコード設定を利用する」の「設定する」をクリックした画面で設定します。

2 種類を「CNAME」、先ほど設定した文字と「ghs.googlehosted.com」を設定し保存する。
レコードが更新されるまでには 2日程度かかる場合がある。

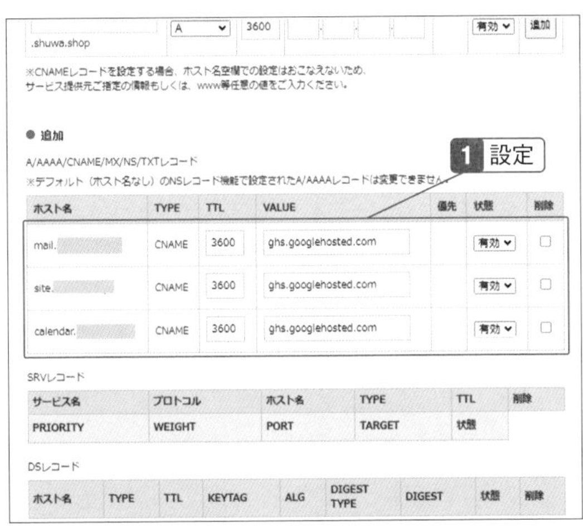

組織のロゴを設定する

組織や会社のシンボルとなる画像を入れる

Google Workspaceでは、画面右上のアカウントアイコンの左に「Google」と表示されますが、この「Google」の部分に会社のロゴを入れることができます。ロゴを設定すると、アカウントに追加しているすべてのユーザーの画面にも表示されるので、会社のイメージに合う画像に変更しましょう。

会社のロゴを設定する

1 メニューの「アカウント」→「アカウント設定」をクリックし、「カスタマイズ」をクリック。

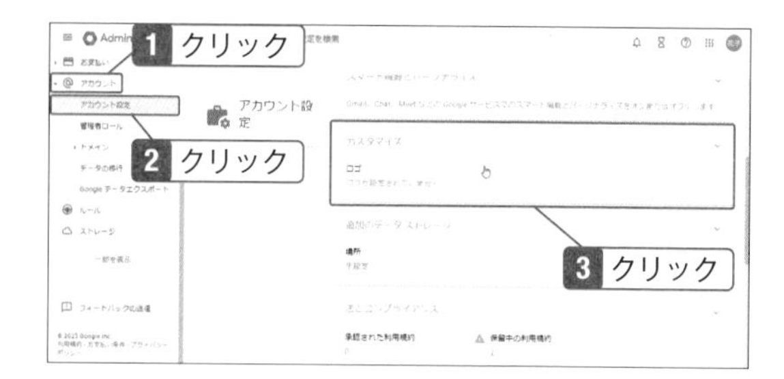

Note

ロゴとは

Google Workspace内で、組織のシンボルとなる画像のことです。Gmailやカレンダー、ドライブなどの画面右上にも表示され、組織に登録しているユーザーの画面にも同じロゴが表示されます。使用する画像ファイルは PNG形式またはGIF形式で、最大 320 x 132 ピクセル、30 KB 以内の画像ファイルを指定します。なお、ロゴに「Google」や「Gmail」などのGoogle の商標を入れることはできないので注意してください。「Powered by Google」という用語は使用可能です。

2 「Custom logo」をクリック。

3 「アップロードするファイルを選択」をクリック

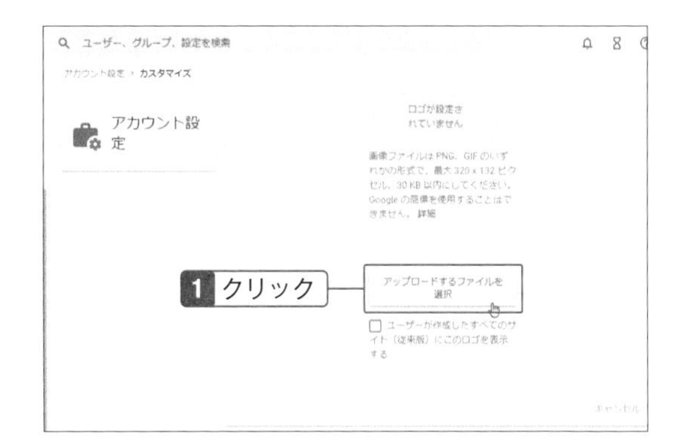

4 画像を選択し、「開く」をクリック。

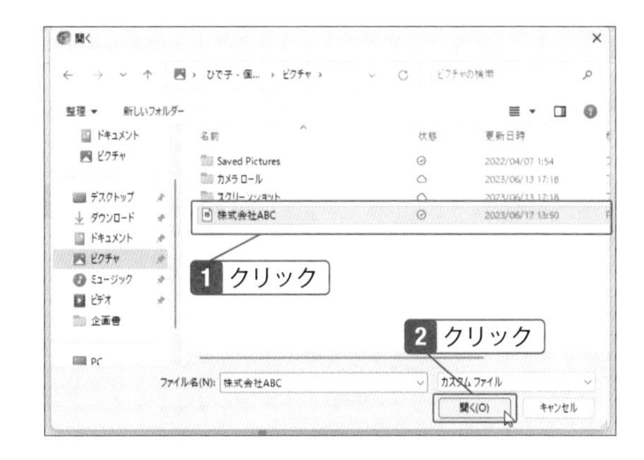

5 「保存」をクリック。時間が経つとロゴが反映される。4日ほどかかる場合もある。

Check

デフォルトのロゴに戻すには

デフォルトに戻す場合は、手順5の画面で「Default logo」をクリックして「保存」をクリックします。

12-06 ユーザーを追加する

ユーザーを追加するごとに料金がかかるので注意する

社内でGoogle Workspaceを使用する場合、ユーザーを追加する必要があります。管理コンソールで簡単に追加することができ、無料試用期間でも可能です。ただし、試用期間を過ぎるとユーザーごとに月額料金を支払うことになるので注意してください。

新しいユーザーを追加する

1 メニューの「ディレクトリ」→「ユーザー」をクリック。

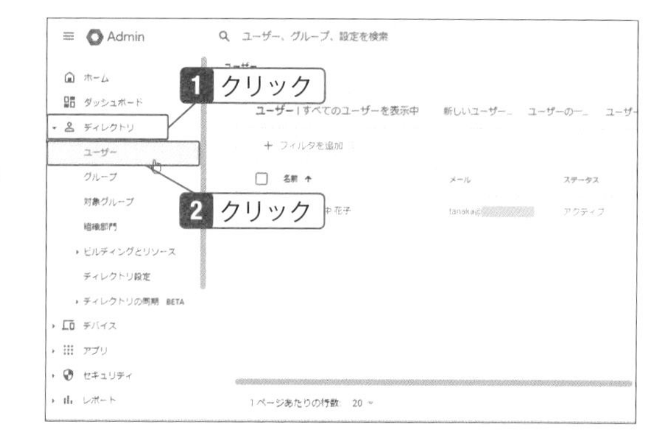

Check

ユーザーを追加するときの注意

ユーザーを追加することは簡単にできますが、試用期間が過ぎると1ユーザーごとに月額料金がかかるので気を付けましょう。追加したユーザーを削除する方法はSECTION12-11を参照してください。

2 「新しいユーザーの追加」をクリック。

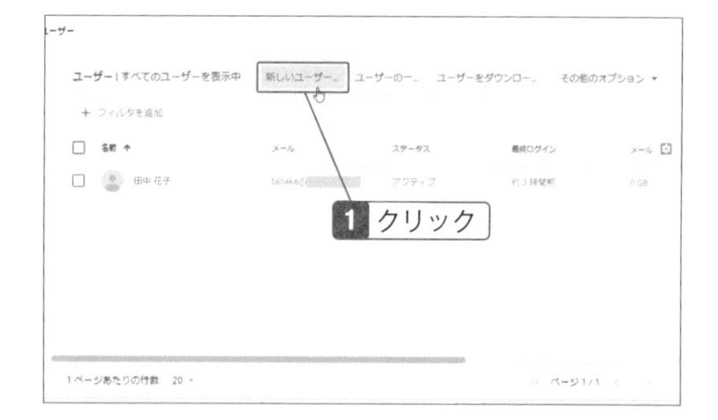

Check

ユーザー情報を設定する

ユーザーを追加したら、手順2の画面で追加したユーザーをクリックします。「ユーザー情報」をクリックし、ユーザーの予備のアドレスや電話番号などの連絡先情報を追加してください。

Hint

連絡先の共有設定

連絡先でユーザーを検索する際、検索ボックスをクリックしたときにユーザーの候補を表示させるには、「ディレクトリ」→「ディレクトリ設定」→「共有設定」で、「連絡先の共有を有効にする」をオンにします。よく使う機能なので設定しておきましょう。

3 姓名とメールアドレスを入力し、「新しいユーザーの追加」をクリック。

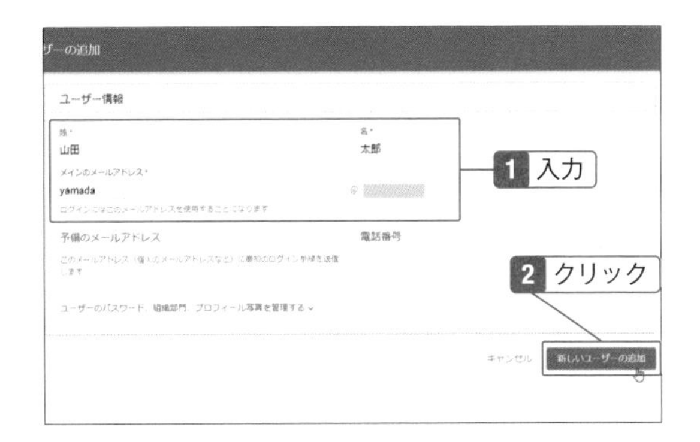

4 「完了」をクリック。次の画面も「完了」をクリック。

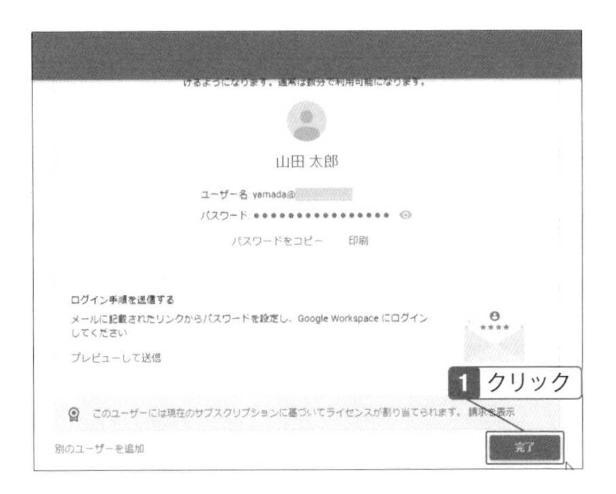

⚠Check

ユーザーにパスワードを伝える方法

手順4で◎をクリックするとパスワードが表示され、「パスワードをコピー」をクリックするとパスワードをコピーできます。紙で渡す場合は「印刷」をクリックします。あるいは「プレビューして送信」をクリックしてその場でメールで送ることも可能です。

ユーザーがログインする

1 ユーザーは、管理者から伝えられたパスワードでログインする。メッセージが表示されるので「理解しました」をクリック。続いてログインに使うパスワードを入力し、「パスワードを変更」をクリック。その後ログインできる。

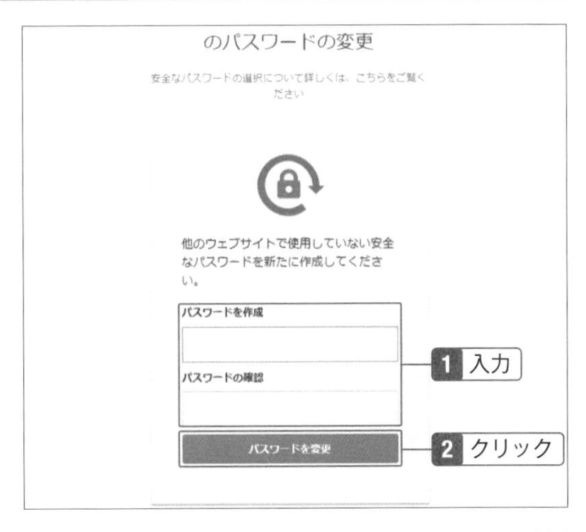

ユーザーに管理者権限を設定する

役割分担で効率よく管理する

Google Workspaceを1人で管理するのが大変な場合は、複数の人で管理することになります。その際、初めから用意されている役割があるので、簡単に割り当てることができます。8種ありますが、すべての管理ができるのは特権管理者です。

管理者の役割を設定する

1 メニューの「ディレクトリ」→「ユーザー」をクリック。

1 クリック
2 クリック

Note

管理者ロールとは

管理者の役割を設定することです。複数のユーザーに設定することで、管理業務を分担することができます。

2 役割を設定するユーザーの名前をクリック。

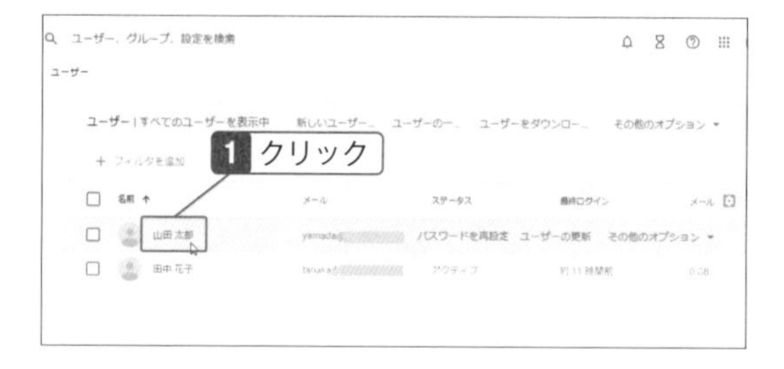

Check

各ロールの管理者を確認するには

メニューの「アカウント」→「管理者ロール」をクリックし、各ロールをクリックすると管理者を確認できます。

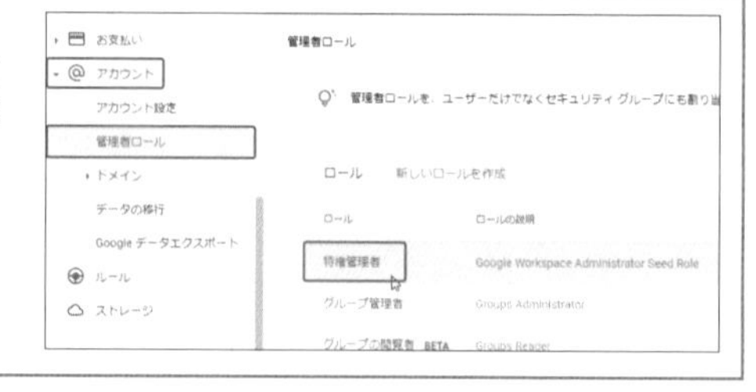

3 「管理者ロールと権限」をクリック。

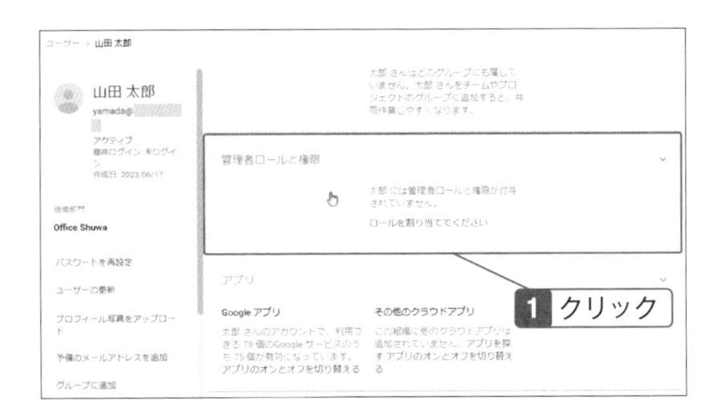

4 割り当てる役割のスライダをオンにする。

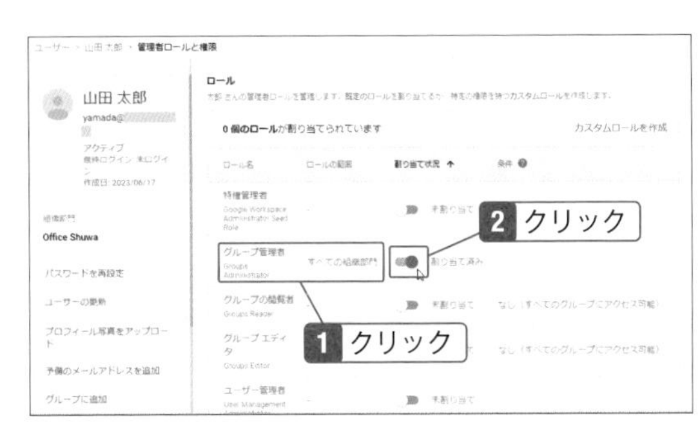

Hint

特定の組織のみに権限を与えるには

ユーザー管理者とヘルプ管理者の場合は、オンにした後、ロール範囲の をクリックして特定の組織のみを選択することが可能です。

5 右下の「保存」をクリック。

Check

管理者の種類

選択した管理者の種類によって役割が異なります。

特権管理者：すべての機能へのアクセス権があり、組織のすべてのアカウントを管理することができます。
グループ管理者：Google グループを管理できます。
グループの閲覧者：グループ情報を読み取ることはできますが、情報の変更と更新はできません。
グループエディタ：グループリソースのセキュリティを除いたグループ管理者の権限が付与されます。
ユーザー管理者：管理者以外のユーザーに関するすべての操作を行うことができます。
ヘルプデスク管理者：管理者以外のユーザーのパスワードを再設定できます。また、ユーザープロフィールや組織構造、組織部門の表示ができます。
サービス管理者：Googleカレンダーや Googleドライブなどの設定や各端末を管理できます。
Storage 管理者：組織のストレージ確認や、レポートとドライブの設定ができます。
モバイル管理者：モバイル端末を管理できます。

12-08 組織部門を作成する

組織部門を追加して組織内を分類する

初めに作成した組織部門を最上位とし、下位に別の組織部門を作成することが可能です。新たに作成した組織部門にユーザーを移動させることも簡単にできます。また、追加した組織部門の下に組織部門を配置することも可能です。ここでは新規に組織部門を作成しユーザーを移動させる方法を解説します。

新しい組織部門を作成する

1 メニューの「ディレクトリ」→「組織部門」をクリックし、「組織部門の作成」をクリック。

Note

組織部門とは

組織部門は、特定のユーザーをまとめて管理しやすいように作成するグループのことです。デフォルトでは、すべてのユーザーが最上位の組織部門に配置されますが、新たに組織部門を作成すると、最上位の組織部門の下にサブの組織部門を作成できます。

2 組織部門名を入力して「作成」をクリック。

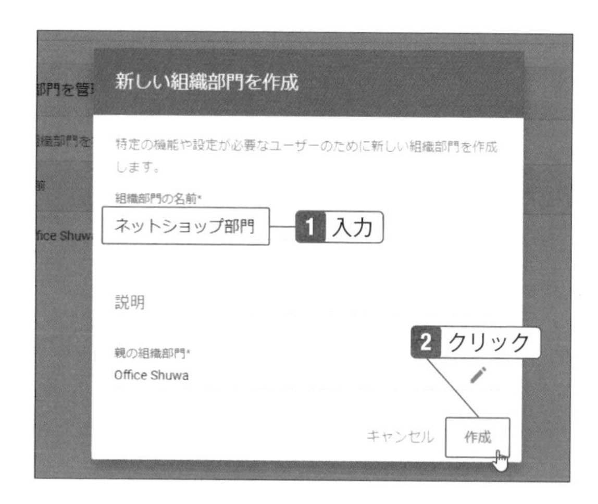

作成した組織部門にユーザーを移動する

1 ユーザー画面(SECTION12-07の手順2)で、移動するユーザーのチェックを付ける。「その他のオプション」をクリックし、「組織部門を変更」をクリック。

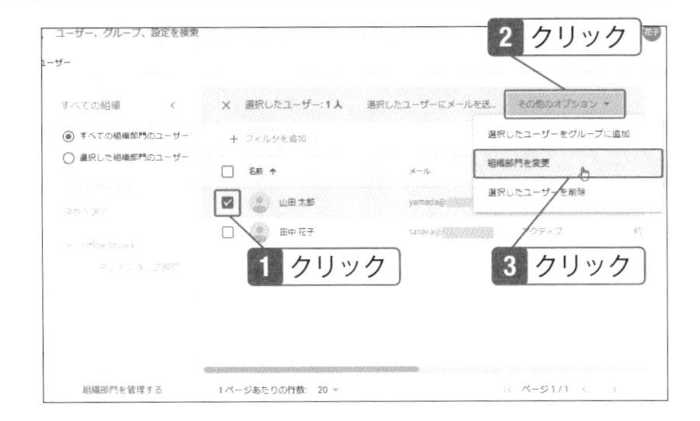

2 作成した組織部門を選択し、「続行」をクリック。確認画面が表示されるので「変更」をクリック。

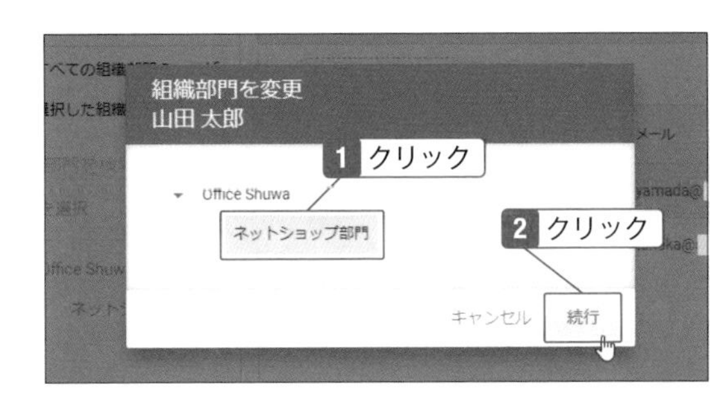

3 左の一覧で「選択した組織部門のユーザー」をクリックし、組織部門をクリックするとユーザーが表示される。表示されない場合はキーボードの[F5]キーを押して画面を更新する。

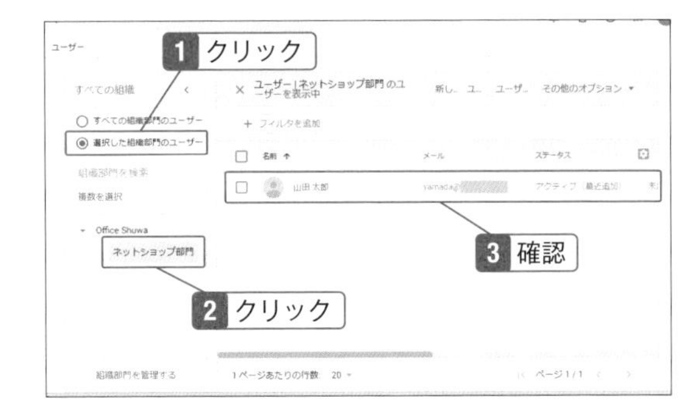

Hint

組織部門を削除・移動するには

　メニューの「ディレクトリ」→「組織部門」に組織部門の一覧が表示されます。削除したい場合は、組織部門をポイントし、⋮をクリックして「削除」をクリックします。ただし、下位の組織部門やユーザー、デバイスが存在する場合は削除できません。また、組織部門を移動させる場合は、組織部門の一覧で、作成した組織部門をポイントし「組織部門を移動する」ボタンをクリックして移動先を指定します。

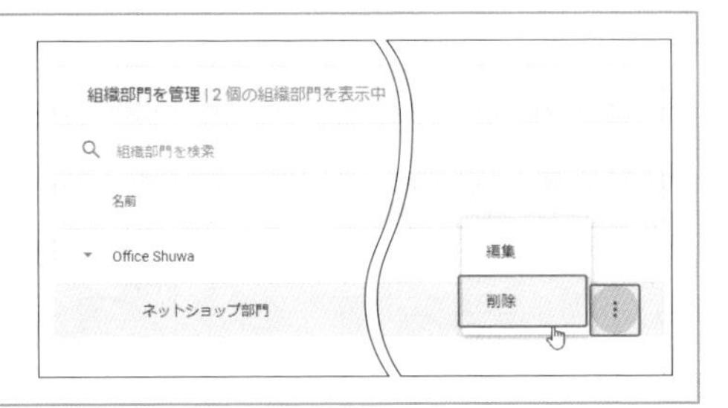

グループを作成する

グループを作成すればメーリングリストのように使える

組織内の特定のメンバーでチームを組むこともありますが、グループを作成すると、連絡事項がスムーズにいきます。メールを送信する際には、送信先にグループのメールアドレスを指定することで一斉送信が可能です。また、ファイルやカレンダーの共有の際にも役立ちます。

管理コンソールでグループを作成する

1 メニューの「ディレクトリ」→「グループ」をクリック。

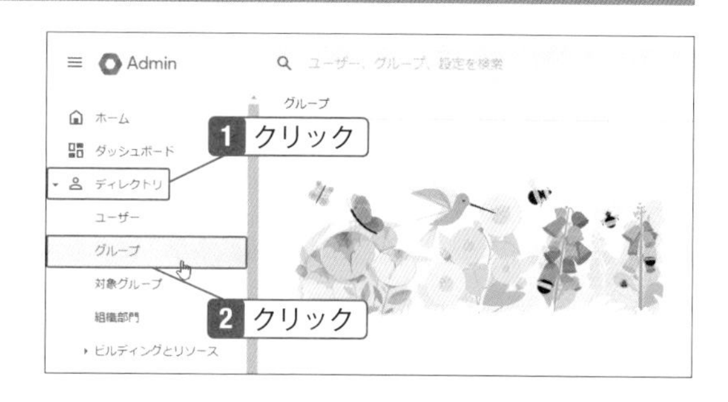

2 グループ一覧画面が表示される。「グループを作成」をクリック。

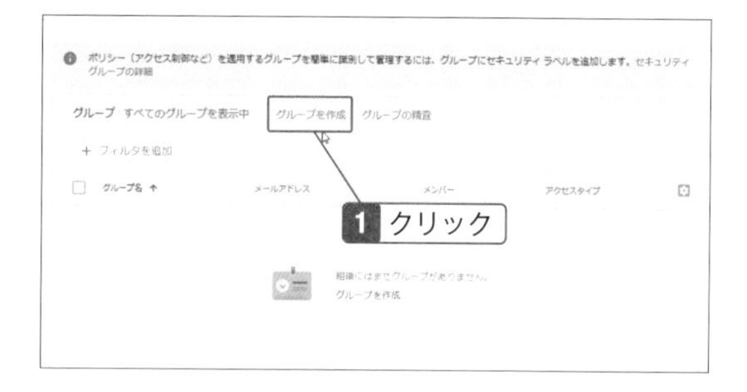

Check

グループの作成

グループを作成すると、1つのメールアドレスでメンバー全員にメール送信ができます。また、スプレッドシートやドキュメント、Googleカレンダーの共有でも使えます。

3 グループ名、グループのメールアドレス、説明を入力。

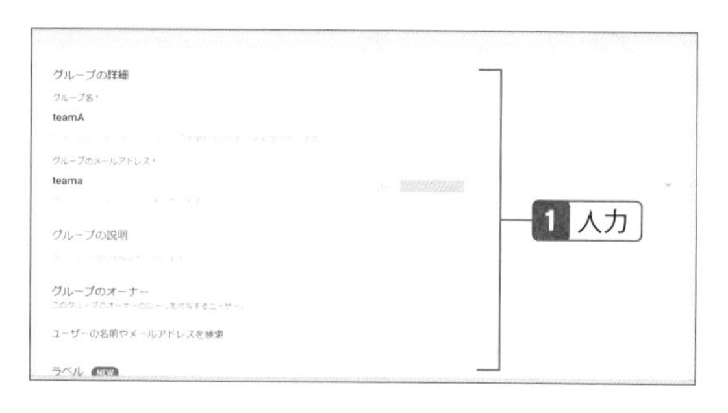

Check

グループ名の付け方

グループを識別するための名前を73文字以内で入力します。

4 グループの管理者のメールアドレスまたは名前を入力し、「次へ」をクリック。

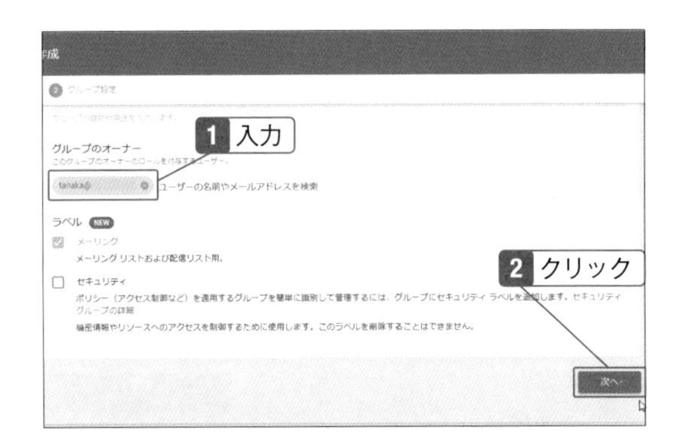

5 アクセスタイプを選択すると自動的に権限が選択される(次ページのCheck参照)。

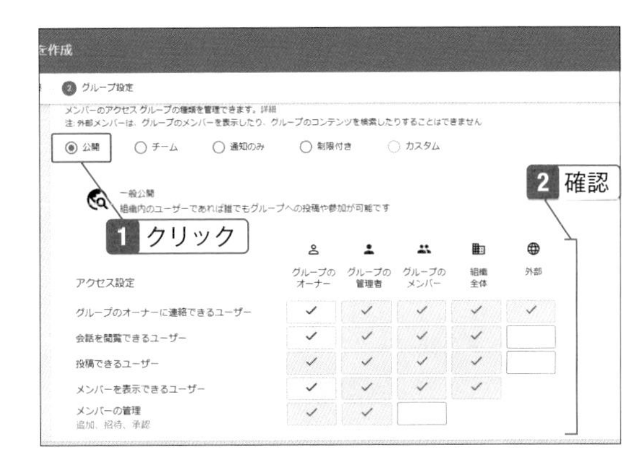

6 グループに参加できるユーザーを選択し、「グループを作成」をクリック。

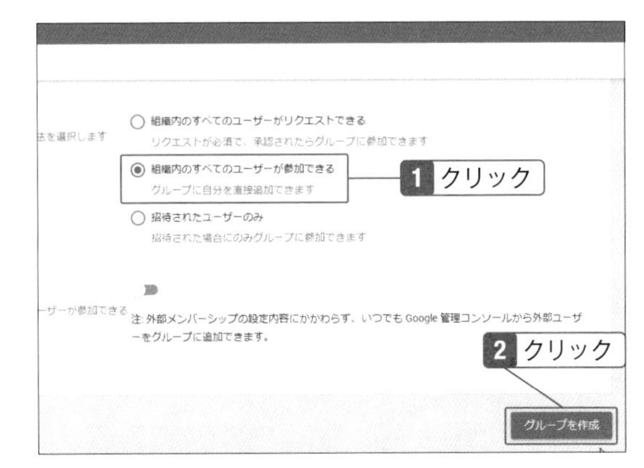

Check

グループに参加できるユーザー

グループに参加できるユーザーを「組織内のすべてのユーザーがリクエストできる」「組織内のすべてのユーザーが参加できる」「招待されたユーザーのみ」から選択できます。

Check

アクセスタイプ

グループを使用する目的に応じて「公開」「チーム」「通知のみ」「制限付き」から選択できます。

公開：すべてのユーザーがアクセスできるようにする
チーム：グループに参加しているユーザーがアクセスできるようにする
通知のみ：お知らせを受け取るのが目的の場合に選択する
制限付き：一部のユーザーのみがアクセスする場合に選択する
カスタム：アクセス設定を自由に選択できる

7 その場でメンバーを追加する場合は、「〇〇へのメンバーの追加」をクリックして追加する。「完了」をクリック。

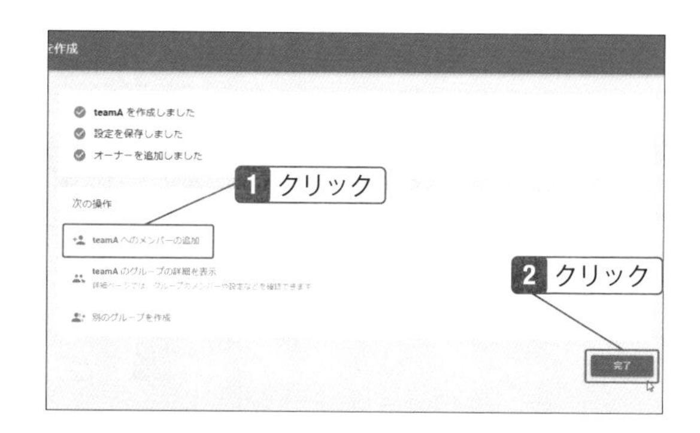

8 グループを作成した。

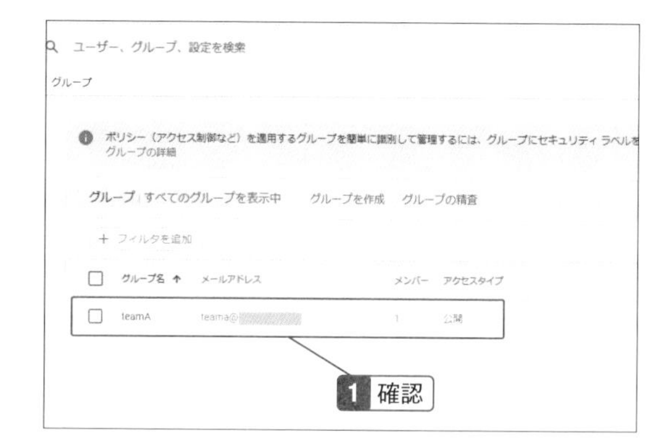

Check

グループを削除するには

グループ一覧から削除したいグループをポイントし、「その他のオプション」をクリックして「グループを削除」をクリックし、メッセージが表示されたら「グループを削除」をクリックします。

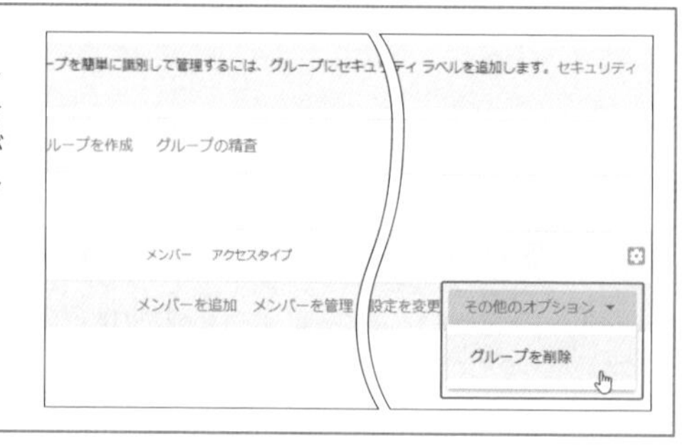

グループにメンバーを追加する

1 グループをポイントし、「メンバーを追加」をクリック。

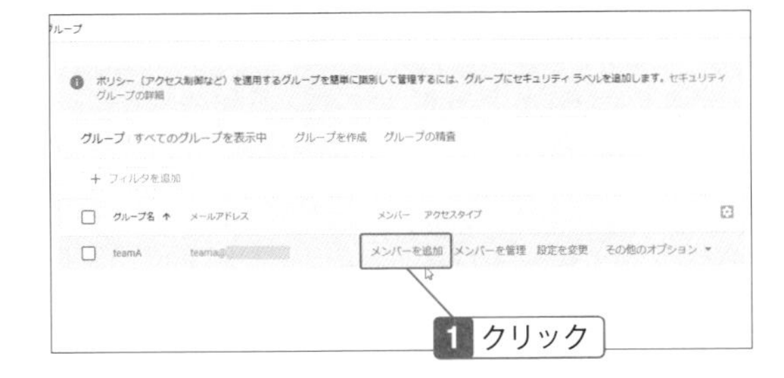

Hint

「ユーザー」画面でグループに追加するには

ユーザー画面（SECTION12-06の手順2）で、ユーザーをポイントし、「その他のオプション」→「グループに追加」をクリックし、グループを選択して追加することも可能です。

2 ユーザーを検索して指定し、「グループに追加」をクリックして参加メンバーを追加する。

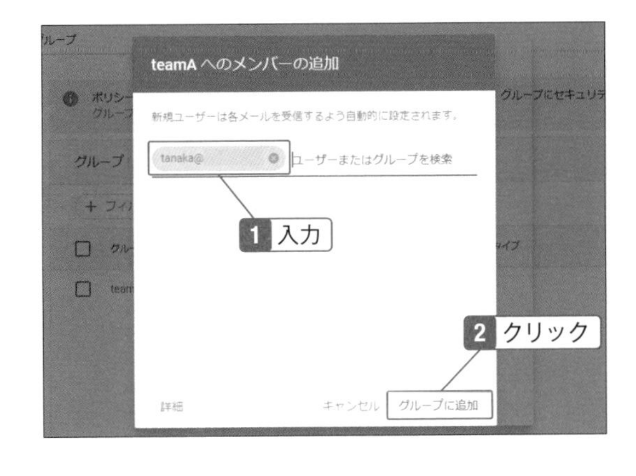

Hint

グループのアクセスタイプを変更するには

メニューの「ディレクトリ」→「グループ」をクリックし、変更するグループをポイントして「設定を変更」をクリックすると編集画面が表示されます。右上の✎をクリックするとアクセスタイプを変更できます。

3 「メンバーを管理」をクリックするとメンバーを確認できる。

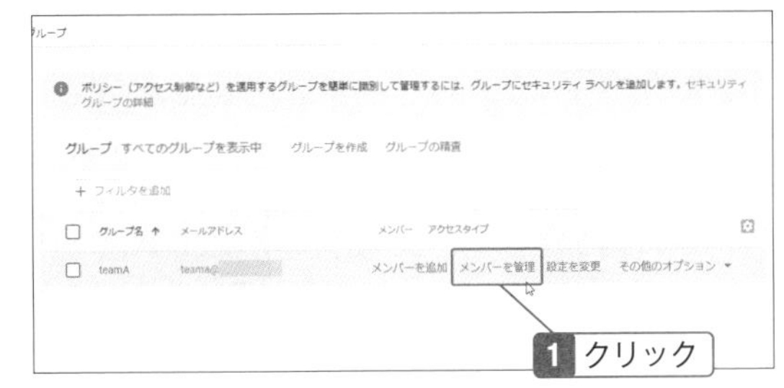

Check

グループからメンバーを削除するには

グループ一覧でグループをポイントし、「メンバーを管理」をクリックして表示される一覧から、削除するユーザーをポイントして「削除」をクリックします。メッセージが表示されたら「メンバーを削除」をクリックするとグループから削除されます。

Googleグループを使用する

1 Googleグループにアクセスすると、参加しているグループが「マイグループ」に表示されている。ここに表示されているメールアドレス宛にメールを送ると参加メンバー全員にメールが届く。グループをクリック。

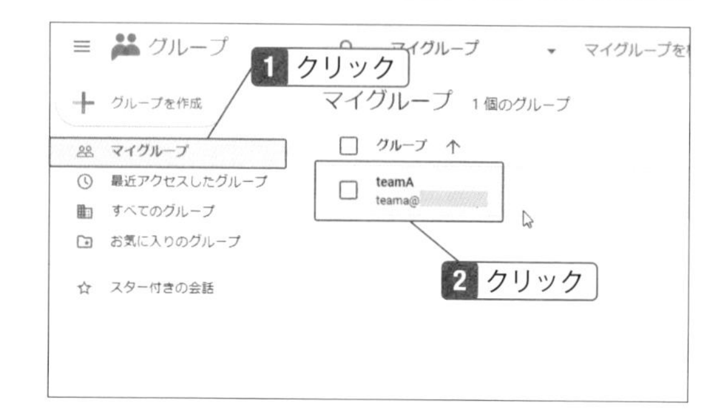

Note

Googleグループとは

Googleグループでは、メーリングリストのように、1つのメールアドレスでグループのメンバー全員にメールを送信することができます。Googleグループは、画面右上の「Googleアプリ」ボタンから「グループ」をクリックしてアクセスします。または、https://groups.google.com/ （あるいはカスタムURL） に直接アクセスすることも可能です。

2 「会話」をクリックするとグループの会話が一覧表示される。メニューに「会話」が表示されていない場合は、左上の「メインメニュー」ボタンをクリックするか、ウィンドウを最大化する。

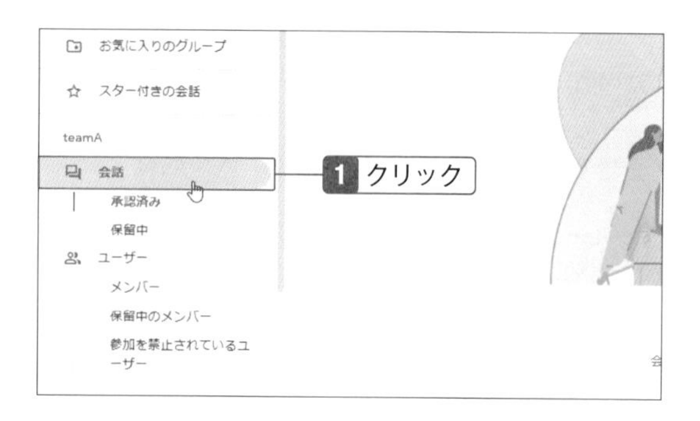

Googleグループでグループを作成する

1 「グループを作成」をクリック。グループ名とアドレス、説明を入力し、「次へ」をクリック。

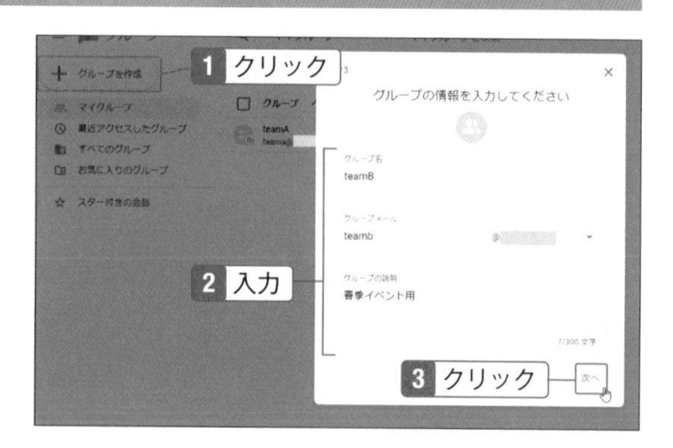

2 「グループに参加できるユーザー」を選択し、「次へ」をクリック。

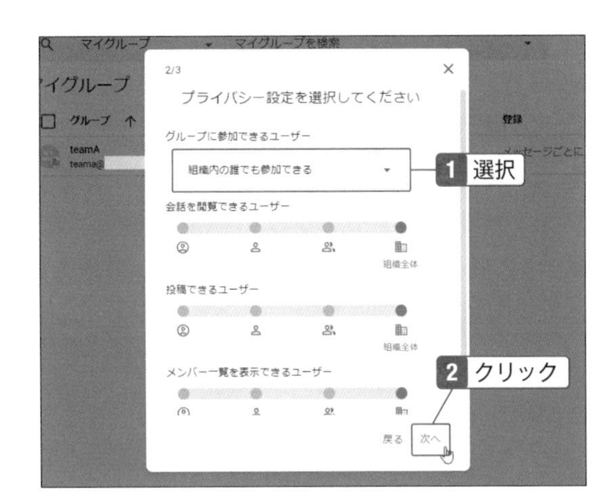

Hint

一般ユーザーによるグループ作成を不可にするには

一般ユーザーがGoogleグループの作成をできないようにするには、管理画面で「アプリ」→「GoogleWorkspace」→「ビジネス向けGoogleグループ」→「共有設定」で、「組織の管理者だけがグループを作成でできる」を選択して「保存」をクリックします。

3 メンバーに入れたいユーザーを指定し、「グループを作成」をクリック。

Check

グループから退会するには

グループから抜けたい場合は、左の一覧の「マイグループ」をクリックし、退会するグループをポイントして右端の「グループから退会」ボタンをクリックします。

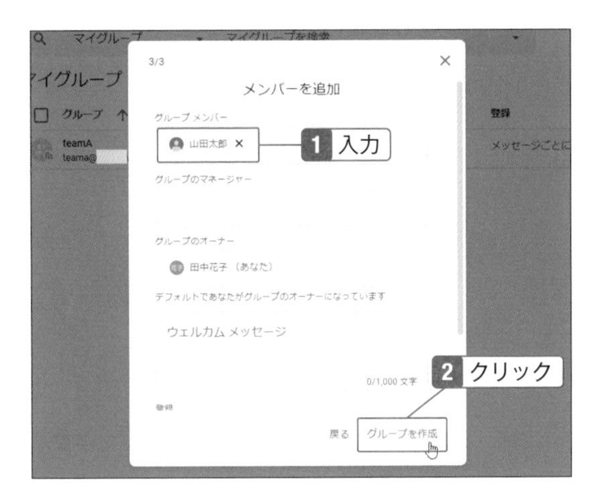

Hint

グループの活用例

ドキュメントやスプレッドシート、カレンダーを共有する際、共有先にグループのアドレスを指定すれば、複数のアドレスを指定しなくても複数人に送信することができます。また、グループを対象にサービスへのアクセスを設定できるので、SECTION12-08の組織部門を作成しなくてもカスタマイズできるというメリットもあります。

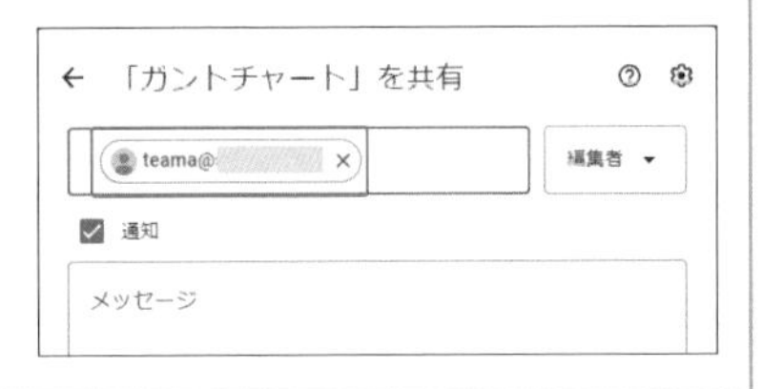

12-10

アプリを設定する

ユーザーが使用するアプリの機能を制限できる

組織で使用する各アプリの設定は「アプリ」画面で行います。社員に使わせたくないアプリがあれば使用不可にでき、ユーザーがそのアプリを使用しようとすると「○○へのアクセス権がありません」と表示され開けないようにできます。GmailやGoogleチャット、Googleカレンダーなどの使わない機能を個別に設定することも可能です。

使用不可のアプリを設定する

1 メニューの「アプリ」→「Google Workspace」→「サービスのステータス」をクリック。

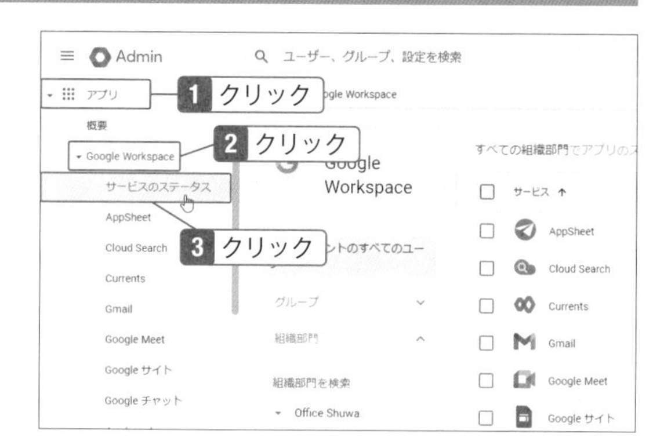

2 使用不可にするアプリ（ここではGoogleサイト）にチェックを付けて、「オフ」をクリック。

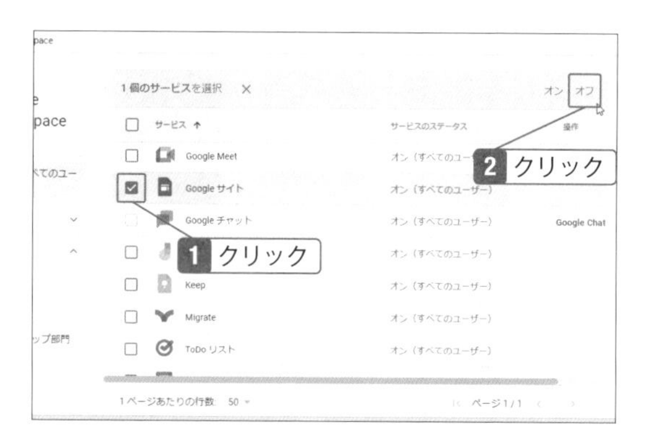

Check

アプリの設定

特定のアプリの使用をオフにしたり、利用できる機能を無効にしたりなど、細かく設定することができます。ユーザーからアプリの機能が使えないと報告があったときにはここでの設定を確認してください。なお、設定項目は、選択したアプリによって異なります。

3 「無効にする」をクリック。

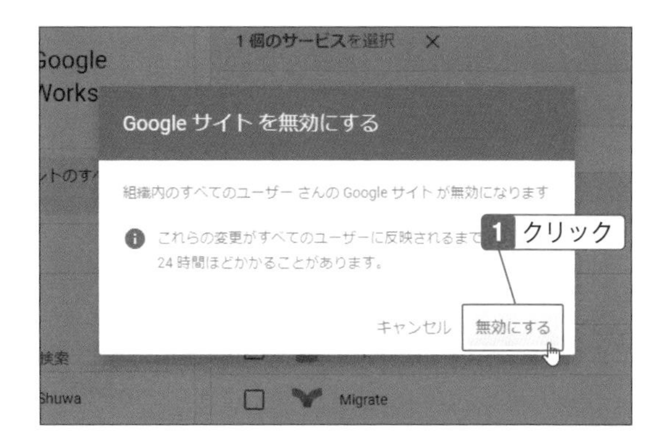

Hint

一般ユーザーによるGoogleサイトの作成を不可にするには

一般ユーザーがGoogleサイトの新規作成や編集をできないようにするには、手順2で「Googleサイト」をクリックし、「新しいGoogleサイト」をクリックした画面で設定します。

Gmailを設定する

1 「Gmail」をクリックし、「エンドユーザーのアクセス」をクリック。

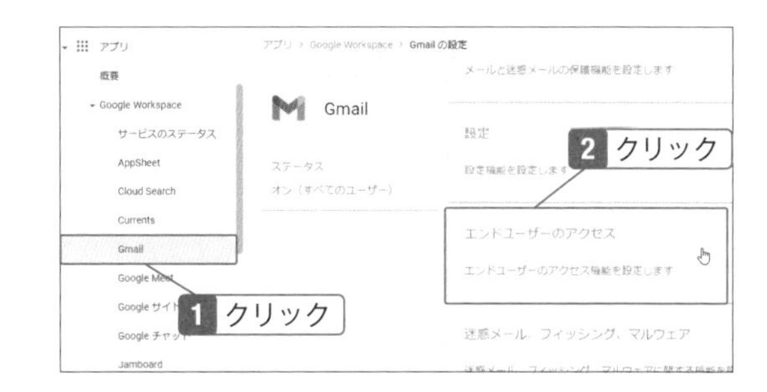

Check

Gmailの安全性の設定

手順1の画面で「安全性」をクリックすると、受信メール内のリンク先の画像を無効にしたり、IMAPで受信したメール内のリンクをスキャンしたりできます。

2 画面左側で組織部門を選択。IMAPのアクセスや自動転送を不可にできる。

Hint

グループが使用するアプリを制限するには

ここでは組織部門のアプリを制限しますが、SECTION12-09で作成したグループに制限をかける場合は、手順2の画面左にある「グループ」をクリックし、グループ名を検索して指定します。

Google Meetを設定する

1 「Google Meet」をクリックし、「Meetの動画設定」をクリック。

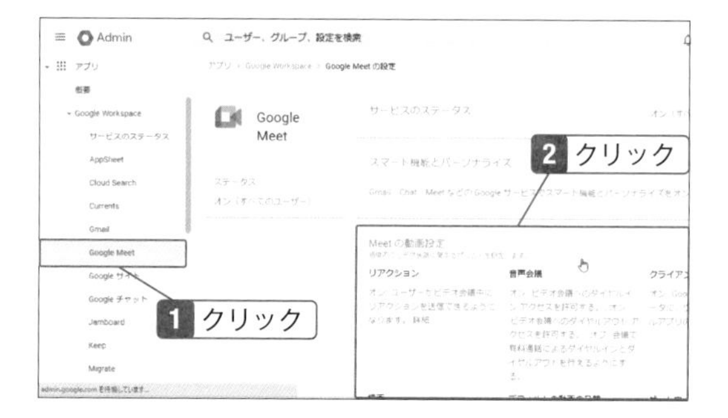

2 組織部門を選択。ビデオ会議の録画ができないようにするには、「録画」をクリック。

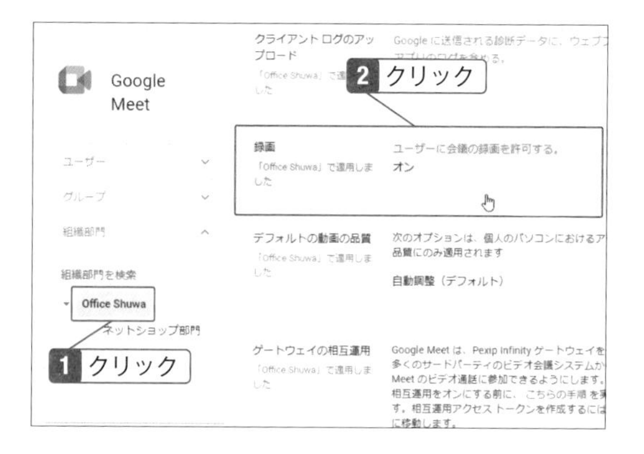

Check

Google Meetの設定

手順2で組織部門を選択すれば、一部の部門にMeetを使わせないようにもできます。重要な会議での録画を禁止したり、電話をかけて音声で聞くことを禁止したりも可能です。

3 チェックをはずし、「保存」をクリック。

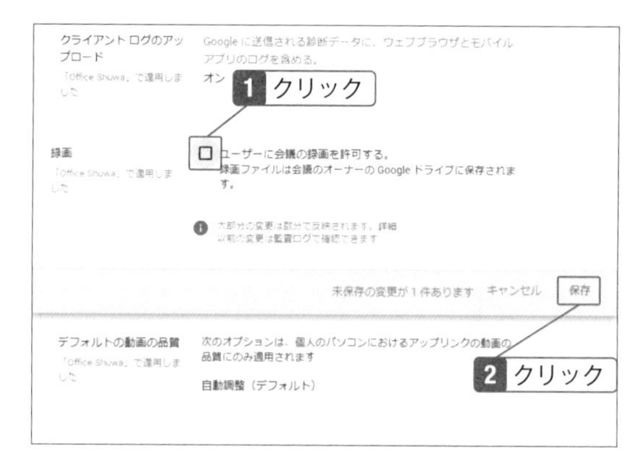

Hint

Googleチャットでの外部ユーザーとのやり取りを設定するには

手順1で「Googleチャット」をクリックし、「外部チャットの設定」をクリックした画面では、組織外のユーザーにGoogleチャットでメッセージを送信可能にするか否かを設定できます。また、「外部ユーザーを追加できるスペース」では組織外のユーザーをスペースに追加するか否かも設定できます。

Googleカレンダーを設定する

1 「カレンダー」をクリックし、「共有設定」をクリック。

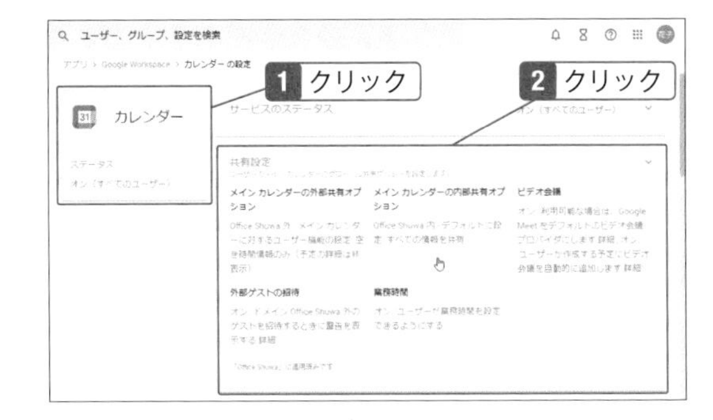

2 組織部門を選択。外部と内部のカレンダーの共有設定が可能。また、ビデオ会議、外部ゲストの招待、業務時間の設定を不可にできる。

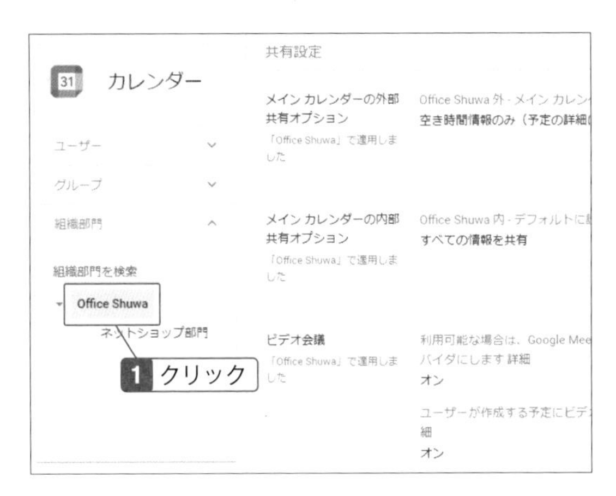

Hint

Googleドライブを組織外で共有不可にするには

Googleドライブ内には社内の重要なデータが保存されています。ユーザーが外部の人とGoogleドライブのファイルを共有できないようにするには、手順1の画面で「ドライブとドキュメント」を選択し、「共有設定」をクリックします。組織部門を選択し、「共有オプション」をクリックして、「○○の外部との共有」をオフにし、右下の「保存」をクリックします。

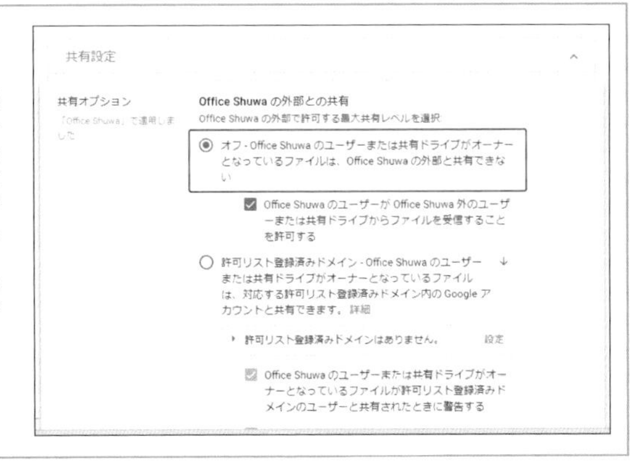

12-11

ユーザーを停止・削除する

休職者や退職者がいる場合は忘れずに操作する

SECTION12-06でユーザーの追加方法を説明しましたが、何らかの理由で一時的に社内データにアクセスできないようにしたい場合は、そのユーザーの利用を停止させることができます。また、退職者をGoogle Workspaceから削除したい場合は簡単に削除することが可能です。どちらも該当するユーザーを表示させて操作します。

ユーザーを停止する

1 メニューの「ディレクトリ」→「ユーザー」をクリック。停止するユーザーをポイントして、「その他のオプション」をクリック。

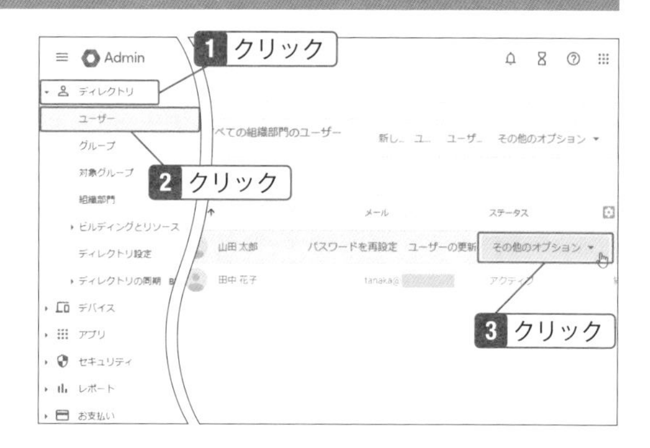

Check

ユーザーを停止するときの注意

ユーザーを停止した場合、メール、ドキュメント、カレンダーなどのデータは保持されますが、停止中は利用できません。再開する場合は、復元が可能です。なお、ユーザーを停止しても、利用料は発生します。完全に使用しない場合は次ページのように「削除」してください。

2 「ユーザーを停止」をクリック。次の画面で「停止」をクリック。

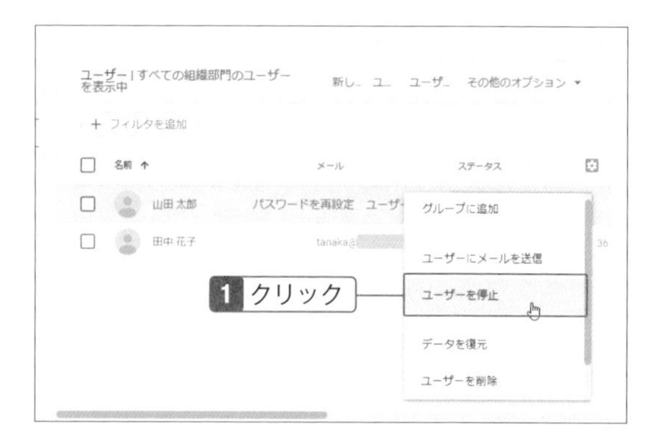

ユーザーを削除する

1 「その他のオプション」をクリックし、「ユーザーを削除」をクリック。

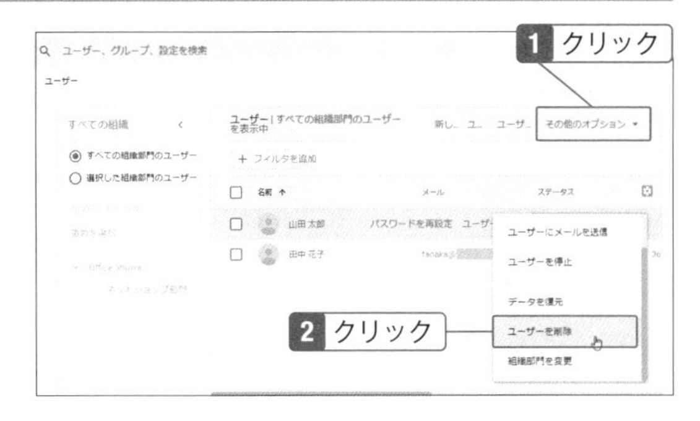

Check

ユーザーを削除するときの注意

ユーザーを削除すると、そのユーザーは組織のGoogle Workspaceサービスに一切アクセスできなくなり、データも削除されます。重要なデータが削除されると困るので、手順3でチェックを付けて他のユーザーへの移管を行ってください。なお、年間プランを契約している場合は、アカウントを削除してもライセンス数はそのままです。代わりのユーザーを追加して使うことはできます。

2 移管する相手を入力。

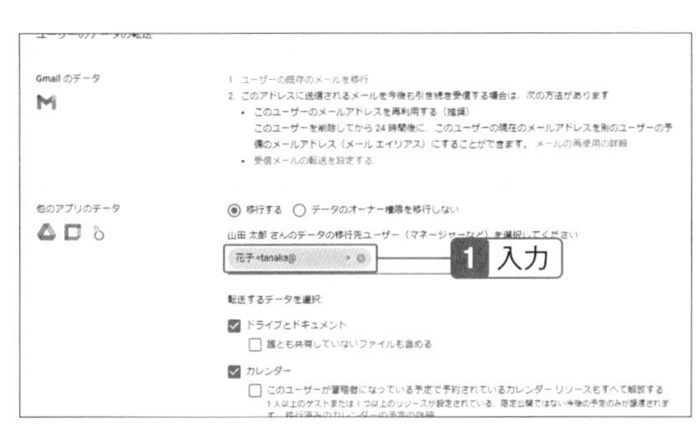

3 移管するデータにチェックが入っていることを確認し、「ユーザーを削除」をクリック。メッセージが表示されたら「OK」をクリック。

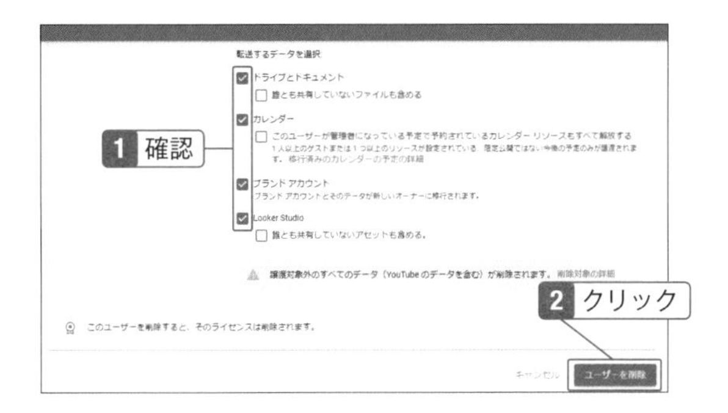

Hint

アカウントの復元

削除したアカウントは、削除後20日間以内であれば復元できます。手順1の画面左上の「フィルタを追加」をクリックし、リストの下部にある「最近削除されたユーザー」をクリックします。ユーザーをポイントして「復元」をクリックします。復元したら「ディレクトリ」→「ユーザー」の一覧に表示されるので、ポイントして「復元」をクリックします。なお、アカウントの復元は特権管理者のみが操作可能です。

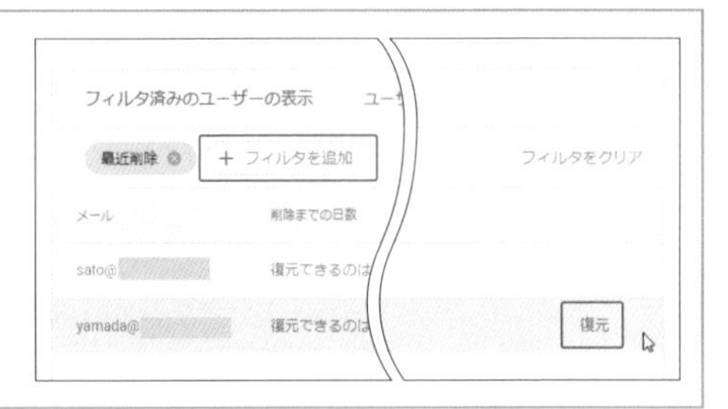

12-12 ビルディングやリソースを追加する

会議室や社用車を登録すれば簡単に予約できるようになる

会議室やプロジェクター、社用車などをリソースとして設定すると、ユーザーがGoogleカレンダーで予約できるようになります。会議室の場合は、建物名と階数を入力し、会議室に備わっている機器なども記載しておけばわざわざ調べる必要がなく、スムーズに予約ができます。

ビルディングを追加する

1 メニューの「ディレクトリ」→「ビルディングとリソース」をクリック。

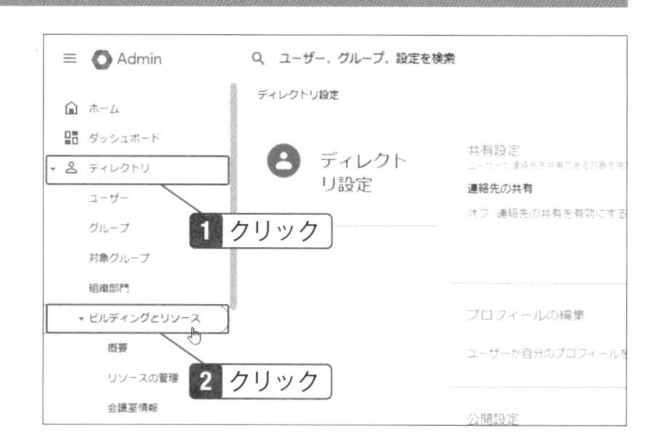

Check ビルディングとリソースの設定

会議や打ち合わせに使うビルを登録しておくことで、ユーザーがGoogleカレンダーの予定やGmailのメールで場所を指定できるようになります。また、会議室や応接室、社用車、プロジェクターなどをリソースとして登録しておけば、Googleカレンダーで予約することが可能です。

2 「リソースの管理」をクリックして「ビルディングを追加」をクリック。すでに作成済みの場合は下部の「ビルディングを管理」をクリック。

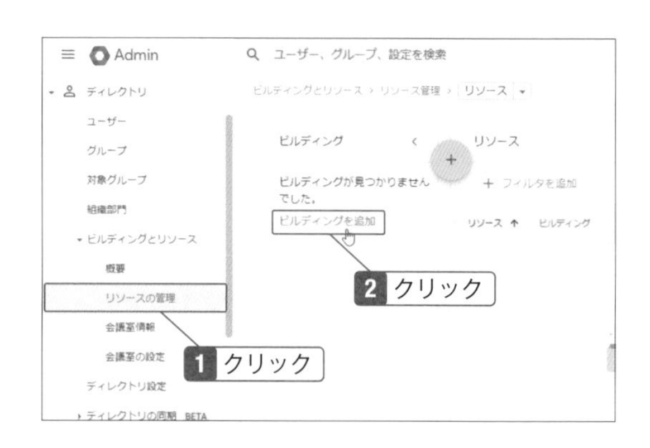

3 「ビルディングを追加」をクリック。

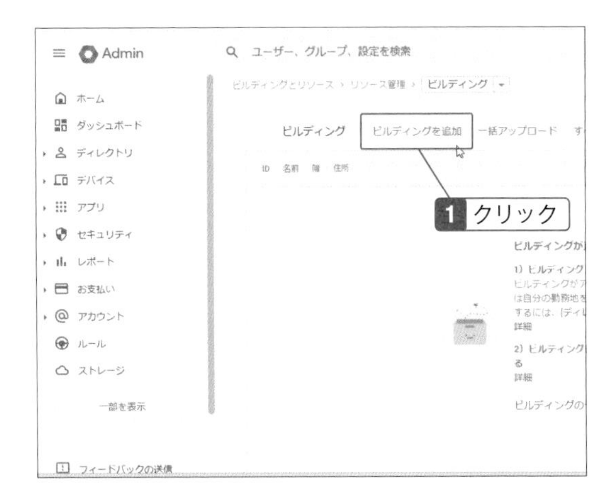

4 ビル名と説明、階数を入力し、✏をクリック。

Check

リソースの説明を入力する

会議室がどの建物の何階にあるか、会議室の設備（ホワイトボードやエアコンなど）や特徴などを入力しておくと、ユーザーは目的のリソースを探しやすくなります。

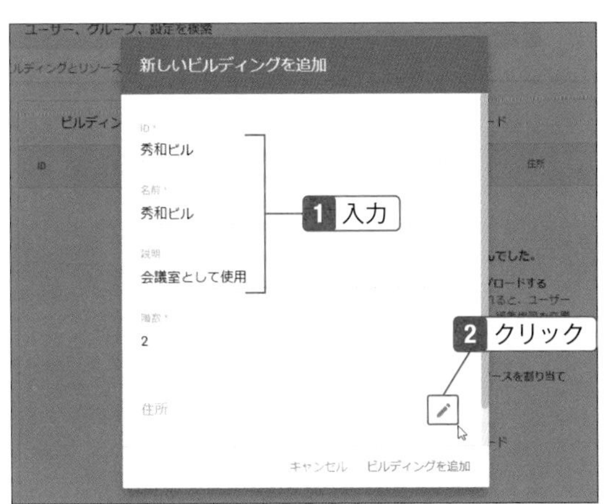

5 「日本」を選択し、住所を入力して「完了」をクリック。

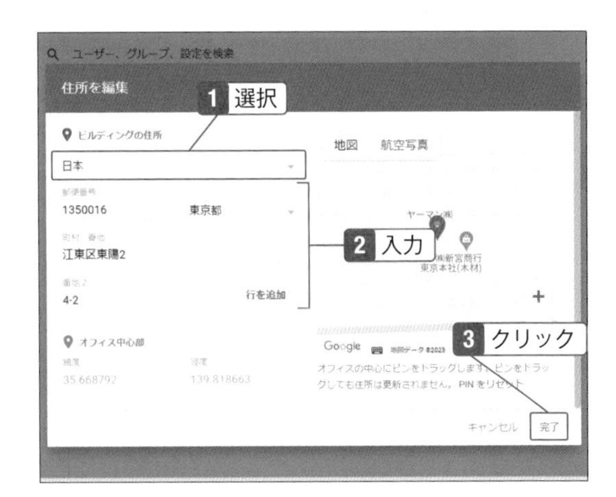

6 「ビルディングを追加」をクリック。

Check

ビルディングを修正するには

「リソースの管理」画面左下部の「ビルディングを管理」をクリックし、修正するビルディングをポイントして✎をクリックすると編集が可能です。

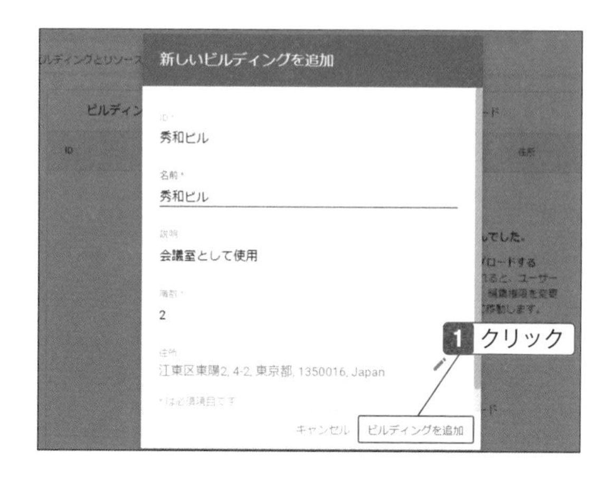

会議室を追加する

1 「リソースの管理」画面で「新しいリソースを追加」をクリック。

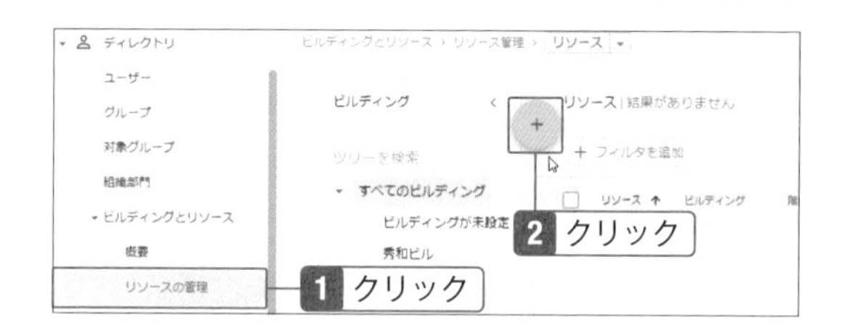

2 カテゴリの▼をクリックして「会議スペース」を選択。続いてビルディングを選択して、会議室の名前と収容人数を入力し、下部にある「リソースの追加」をクリック。

Check

リソースを削除するには

追加したリソースを削除する場合は、リソースの一覧から削除するリソースをポイントし、🗑をクリックします。

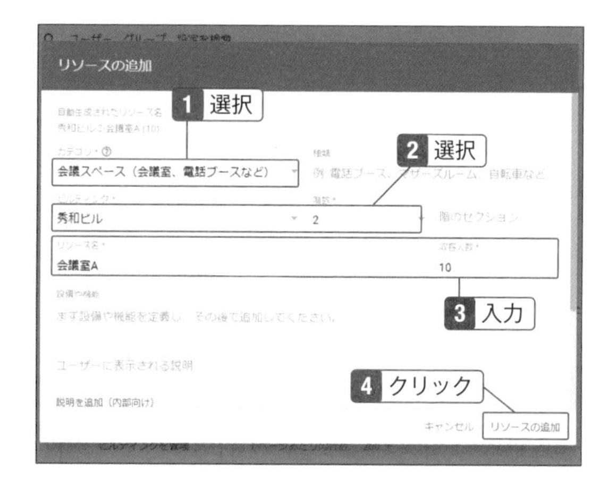

3 リソースを追加した。

会議室の使用状況を確認する

1 リソースをクリック。

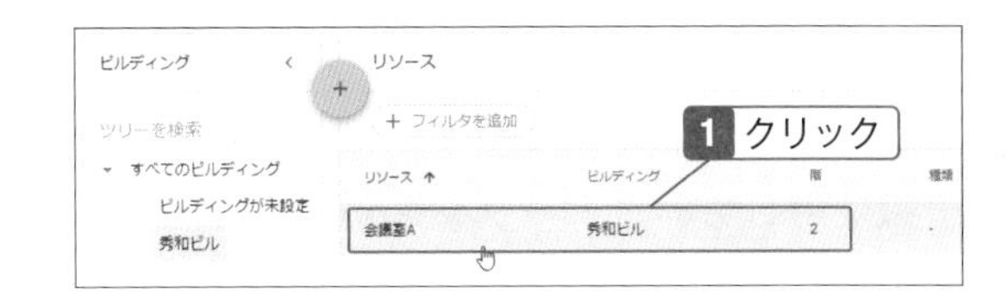

2 「リソースのカレンダーを表示」をクリック。

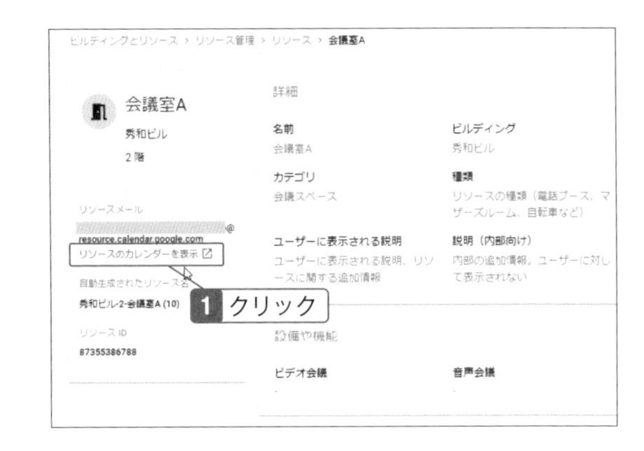

3 会議室の使用状況が表示される。

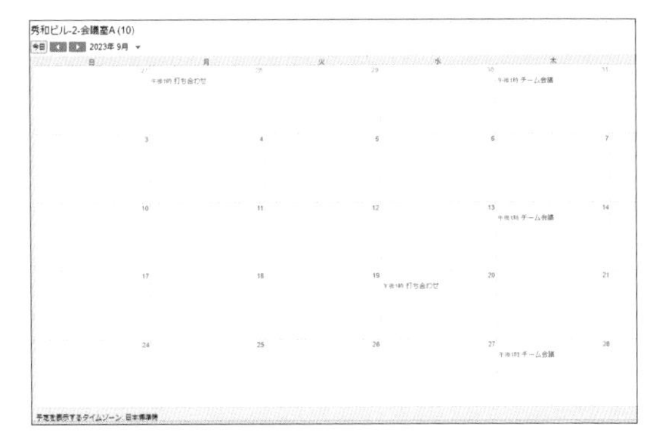

Hint

会議室の予約キャンセル

Enterpriseプランを利用している場合は、会議室のキャンセル機能を使えます。「ディレクトリ」の「ビルディングとリソース」→「会議室の設定」で設定することが可能です。

Hint

会議室の予約率を確認するには

「ディレクトリ」→「ビルディングとリソース」→「会議室情報」をクリックすると、各会議室の予約率や最も使用されている会議室などを確認できます。

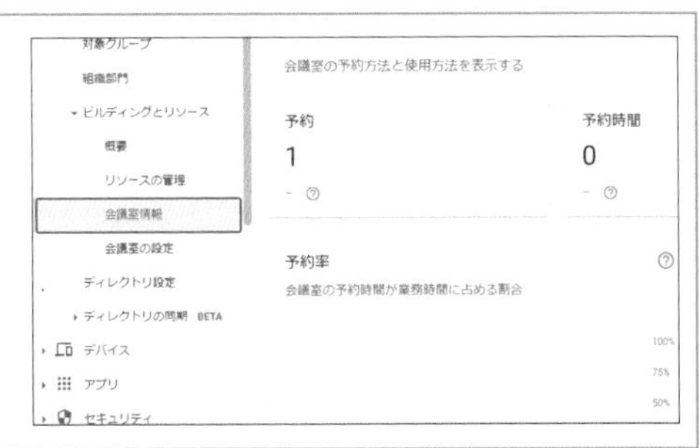

12-13

データを移行する

従来使用していたデータをGoogle Workspaceに移行できる

これまで利用していたメールのデータをGoogle Workspaceアカウントに移行することができます。Microsoft Office 365の場合は、メールの他、カレンダーと連絡先のデータの移行も可能です。いずれの場合も移行元のデータが削除されることはありません。なお、データの移行は特権管理者のみが操作できます。

Gmailのデータを Google Workspaceに移行する

1 メニューの「アカウント」→「データの移行」をクリックし、「データの移行を設定」をクリック。

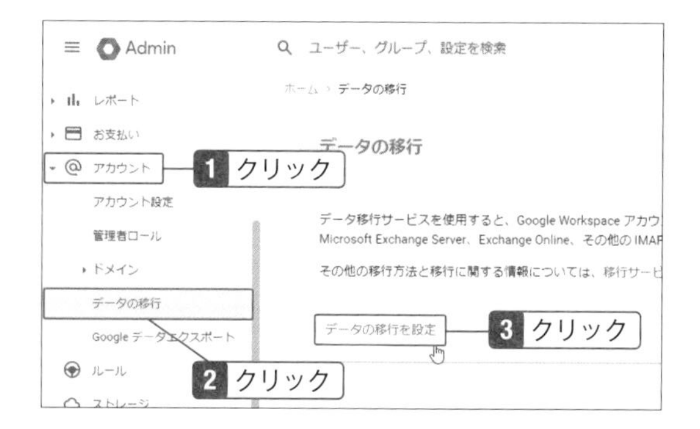

Check

データの移行

Google Workspace では、Gmail やMicrosoft Exchange などのデータをGoogle Workspaceに移行することができます。ここでは無料のGmailを移行元にしますが、手順2の「移行元」で「IMAPサーバー」を選択してプロバイダのメールを移行することも可能です。また、Microsoftアカウントの連絡先やカレンダーを移行する場合は、手順2の「移行元」で「Microsoft Office365」を選択し、データタイプで選択します。

2 移行元を選択し（ここではGmail）、右下の「開始」をクリック。

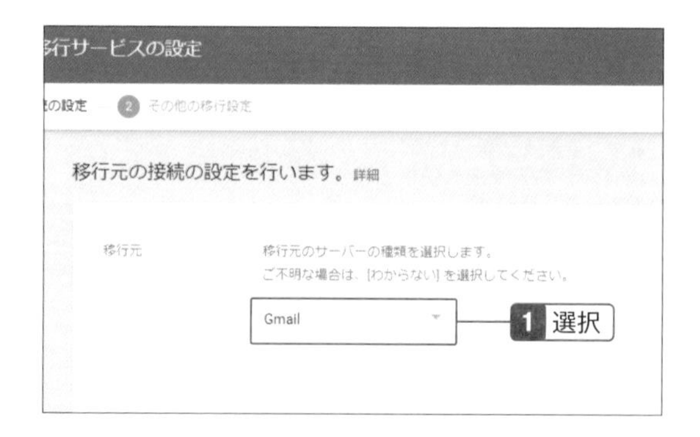

3 いつ以降にするかを選択し、右下の「ユーザーを選択」をクリック。

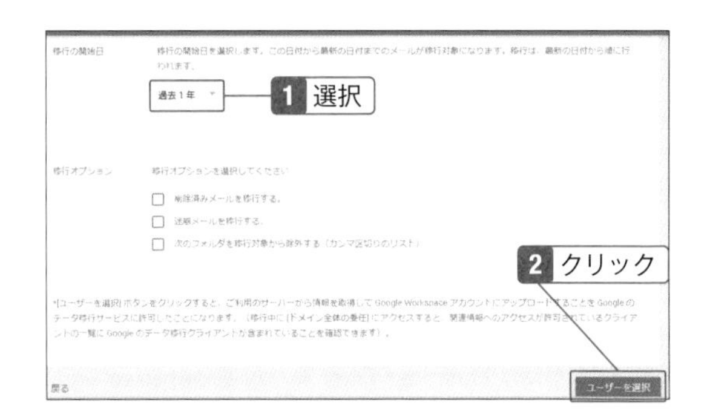

4 「ユーザーを追加」をクリック。

5 移行元のメールアドレスを入力し、「承認」をクリック。ログイン画面が表示されるのでログインし、「続行」をクリック。

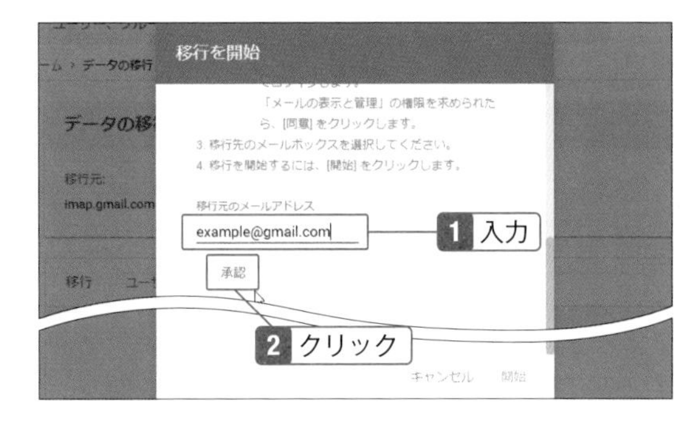

6 Google Workspaceのメールアドレスを入力し、「開始」をクリック。

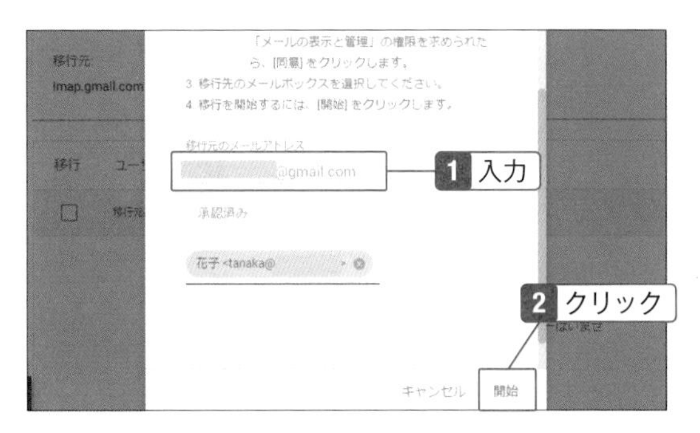

12-14 会社所有デバイスとしてAndroidを登録する

社員が使用するスマホを管理する

モバイル端末を登録すると、端末の種類や割当先などの確認をすることができ、万が一盗難にあった場合には、管理画面からデバイスをブロックすることも可能です。なお、このSECTIONはBusiness PlusまたはEnterpriseプランでないと使えません。

会社所有のデバイスをインポートする

1 メニューの「デバイス」→「モバイルとエンドポイント」→「デバイス」をクリック。続いて「会社所有のデバイスをインポート」(+)をクリック。

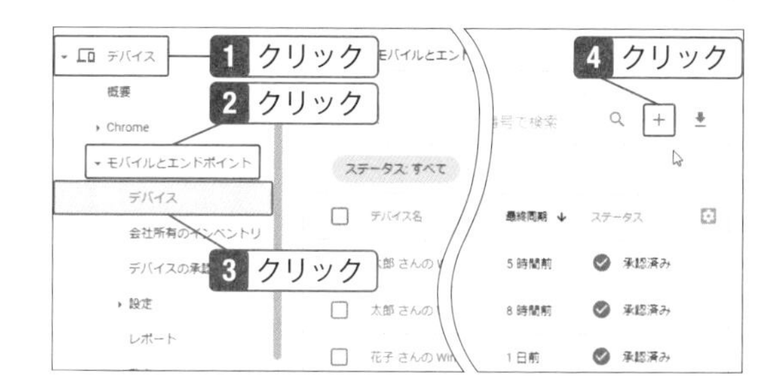

Check

Androidを会社所有デバイスとして登録する

会社で所有しているデバイスとして登録すると、組織のデータにアクセスする権限が自動的に付与されます。設定するにはBusiness PlusまたはEnterpriseプランが必要で、Business StandardとBusiness Starterでは使えません。プランを切り替える場合は、メニューの「お支払い」→「その他のサービスを利用する」をクリックした画面で申し込めます。

2 「デバイスの種類を選択」の▼をクリックして「Android」を選択。続いて「インポート用テンプレートをダウンロード」をクリックしてファイルをダウンロードする。

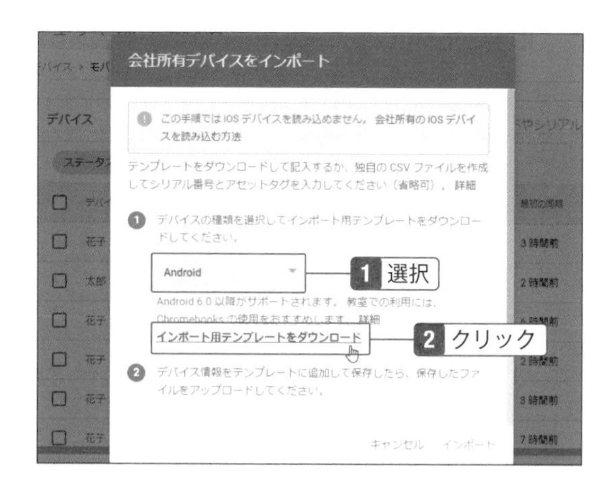

3 ダウンロードしたファイルを開き、Android端末のシリアル番号とアセットタグ(省略可)を入力して、ファイルを保存する。

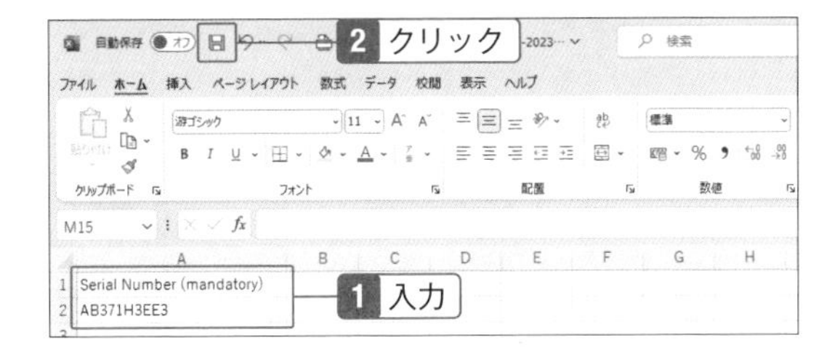

Check

テンプレートに記述する内容

テンプレートをダウンロードしたら、ファイルを開いて新しい行にAndroidのシリアル番号(Android端末の設定アプリを開き、「デバイス情報」→「モデル」にある)とアセットタグを入力します。デバイスごとに改行してください。アセットタグは、デバイスの追跡管理に使用する文字列のことです。省略する場合は、「AssetTag」の文字を削除してください。

4 「ファイルをアップロード」をクリックして、入力したファイルをアップロードする。続いて「インポート」をクリック。

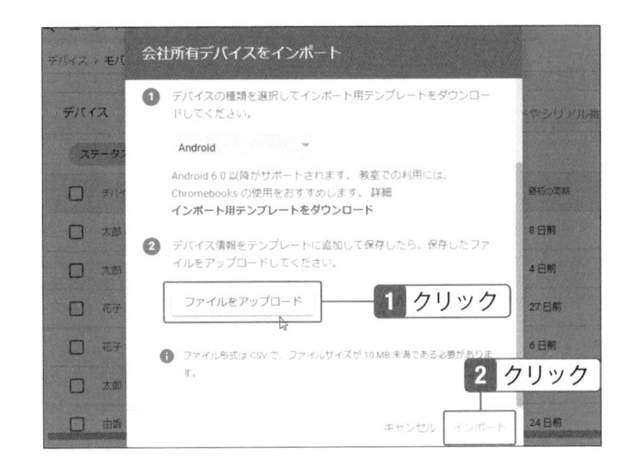

5 「デバイス」→「モバイルとエンドポイント」→「会社所有のインベントリ」をクリックした画面に端末が表示される。

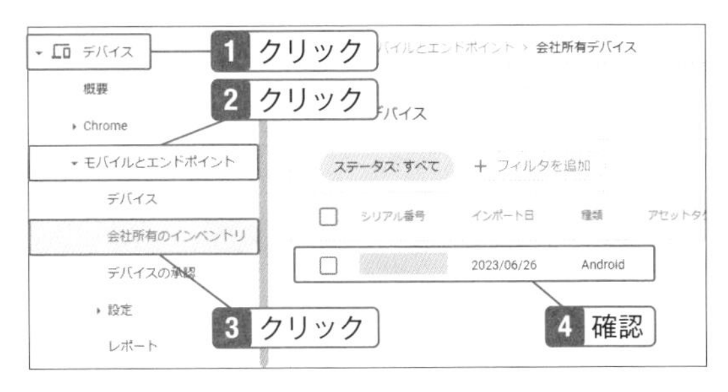

Check

端末を削除するには

登録した端末を削除するには、手順8の画面で端末をポイントし、右端の「デバイスを削除」をクリックします。

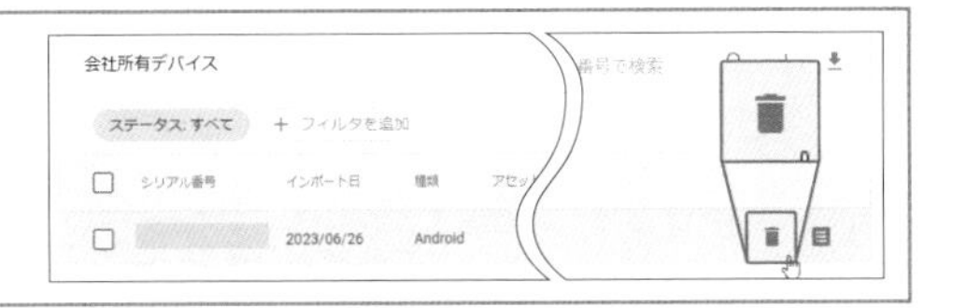

Androidの詳細設定をする

1 メニューの「デバイス」→「モバイルとエンドポイント」→「設定」→「ユニバーサル」→「全般」をクリック。

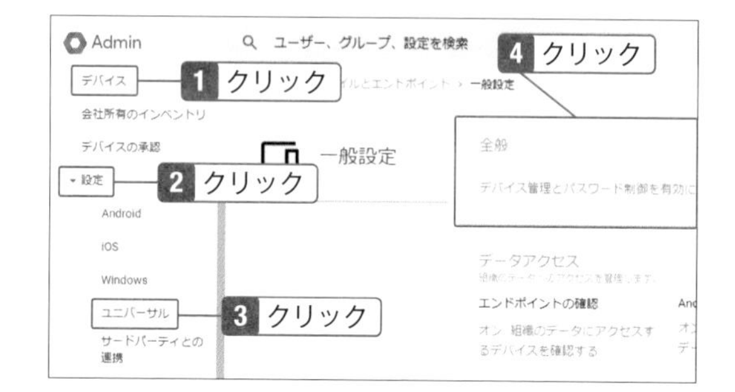

2 「モバイル管理」をクリック。

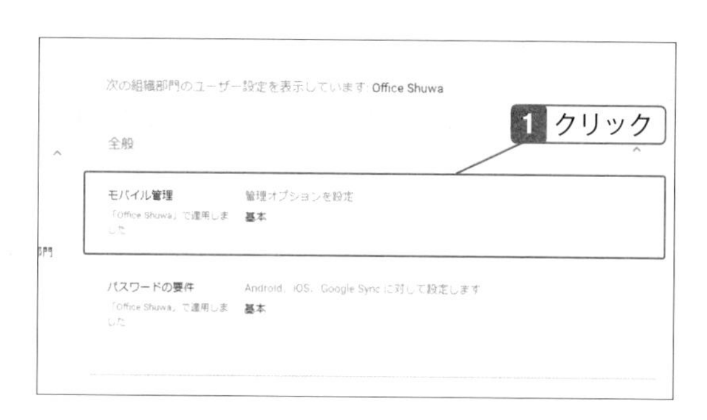

3 「カスタム」のAndroidを「詳細」にし、「保存」をクリック。

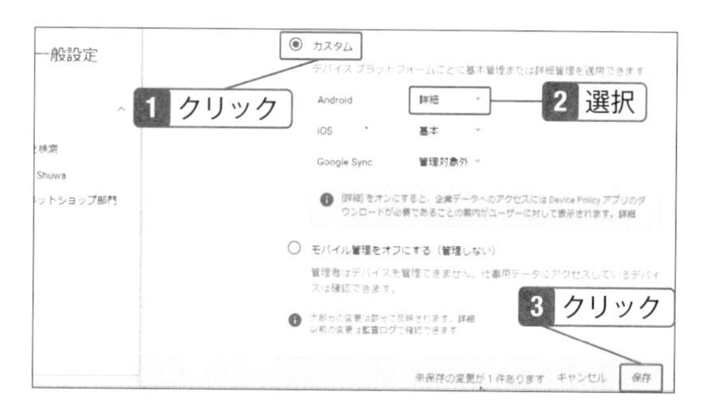

4 メニューの「デバイス」→「モバイルとエンドポイント」→「設定」→「Android」をクリックし、「全般」をクリック。

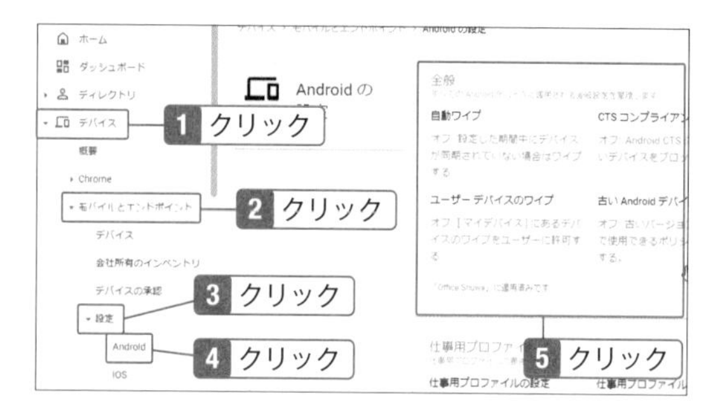

5 ワイプするまでの時間設定やアプリの監査を有効にできる。

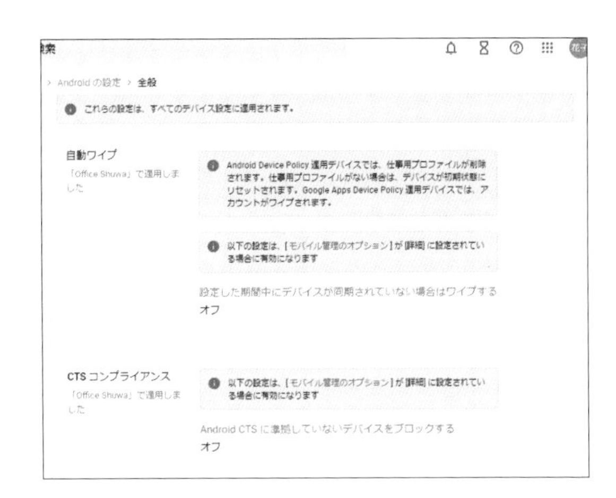

6 「アプリとデータ共有」では、使用できるアプリや画面キャプチャ、現在地の共有、USB経由のファイル転送などを許可するか否かを設定できる。

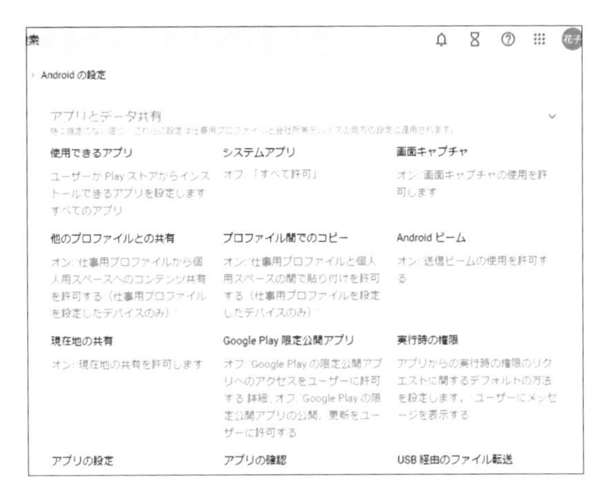

Hint

その他のAndroid設定

ここで紹介する以外にも、「ネットワーク」をクリックするとテザリングやBluetoothの設定を不可にできます。また、「ユーザーとアカウント」をクリックすると、ユーザーの追加・削除ができます。

Hint

iOSデバイスを会社所有デバイスとして登録するには

Enterpriseプランなら iPhoneや iPadを登録できますが、Appleプッシュ証明書が必要です。メニューの「デバイス」→「モバイルとエンドポイント」→「設定」→「iOS設定」の画面からAppleの証明書を設定してください。

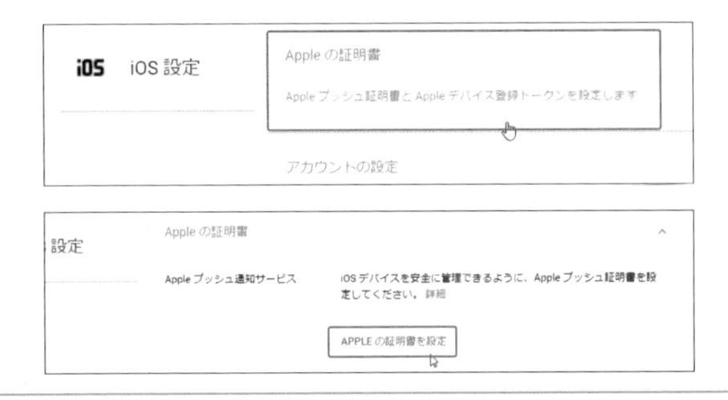

12-15 Androidに仕事用プロファイルを作成する

仕事用アプリとプライベート用アプリの使い分けができる

普段利用しているスマホでGoogle Workspaceにアクセスする場合は、仕事用プロファイルを作成します。仕事用とプライベート用を使い分けることで、組織のデータを守ることができます。仕事が終わったら、仕事用アプリをオフにすることも可能です。

「Android Device Policy」アプリをインストールする

1 「管理コンソール」アプリをインストールして開き、Workspaceのアカウントでログインする。利用についてのメッセージが表示されたら「同意する」をタップ。

2 インストール画面が表示されたら「インストール」をタップ。

Note

Android Device Policyとは

ユーザーの端末にセキュリティポリシーを適用するアプリです。プライベートで使用しているアプリと分けることで、組織のデータを守ることができます。個人用のデータや使用状況が組織に公開されることはありません。なお、管理コンソールの「デバイス」→「モバイルポイント」→「Androidの設定」→「仕事用プロファイル」で有効になっていることを確認してください。

3 「同意して続行」をタップ。次の画面で「次へ」をタップ。

4 仕事用のアプリにはバッグのアイコンが付く。

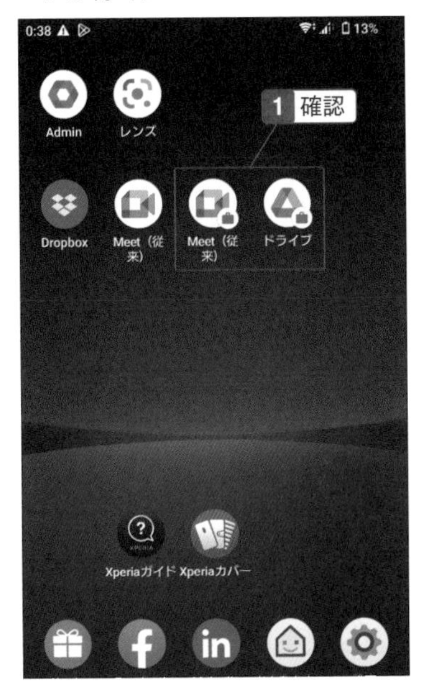

5 画面を上部にスワイプ。「仕事用」をタップすると仕事用のアプリ一覧が表示される。業務時間外は「仕事用アプリを一時停止」をタップして停止する。

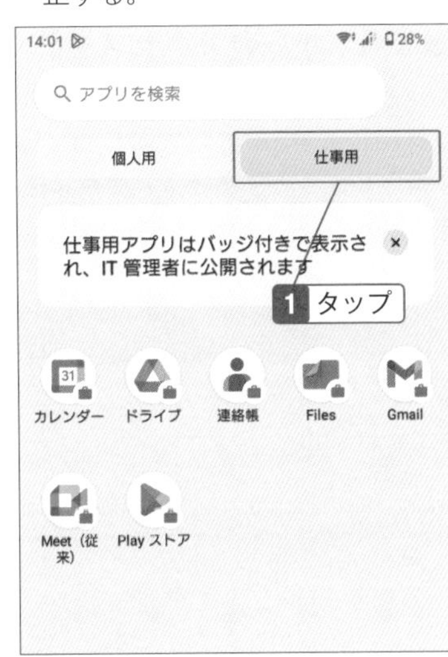

Hint

スマホでWorkspaceのデータを管理する場合

「Google管理コンソール」アプリは、管理者がGoogle Workspaceサービス全体を管理するためのアプリです。インストールするとユーザーやアプリの管理、セキュリティの設定が可能になります。使用するには、ブラウザの設定でJavaScriptが有効になっている必要があります（Chromeの場合は右上の ⋮ →「設定」→「サイトの設定」→「JavaScript」を許可）。

デバイスをブロックする

不審な端末からのアクセスを防ぐ

紛失や盗難にあった場合や見覚えのない端末からのアクセスがあった場合にデバイスをブロックします。その端末からWorkspaceのデータにアクセスできなくなり、ログインして操作しようとすると「アクセス権がありません」と表示されます。

デバイスをブロック中にする

1 メニューの「デバイス」→「モバイルとエンドポイント」→「デバイス」をクリックし、ブロックする端末をポイントして「デバイスをブロック」をクリック。メッセージが表示されたら「変更」をクリック。

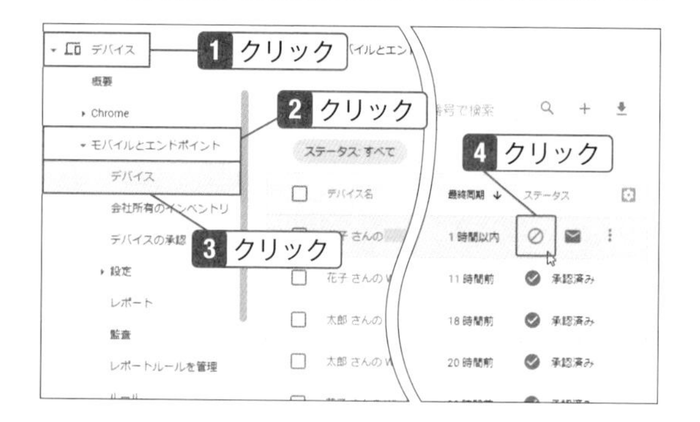

Hint

アカウントをワイプする

ユーザーが離職した場合は、ユーザーのスマホから仕事のデータを削除するために、手順1の画面で⋮をクリックし、「アカウントをワイプ」をクリックして切り離します。

2 ブロック中になった。ブロックを解除する場合は☑をクリックして「デバイスのブロックを解除」をクリック。

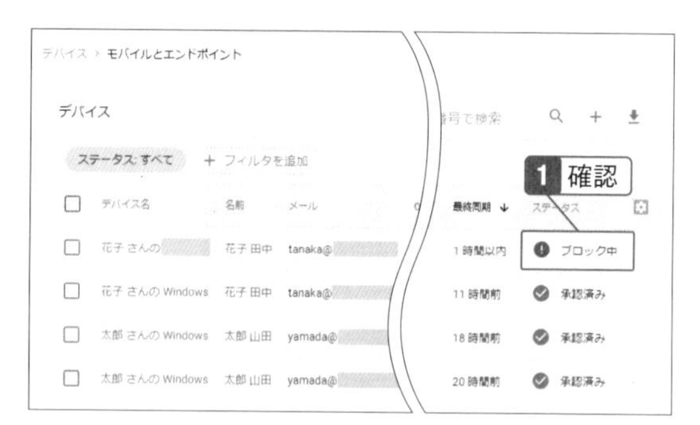

Hint

端末からのアクセスを承認制にするには

管理者の承認がないと、組織のデータにアクセスできないようにすることが可能です。「デバイス」→「モバイルとエンドポイント」→「設定」→「ユニバーサル」→「セキュリティ」をクリックし、続いて「デバイスの承認」をクリックします。その後「管理者の承認が必要」にチェックを付けて「保存」をクリックします。

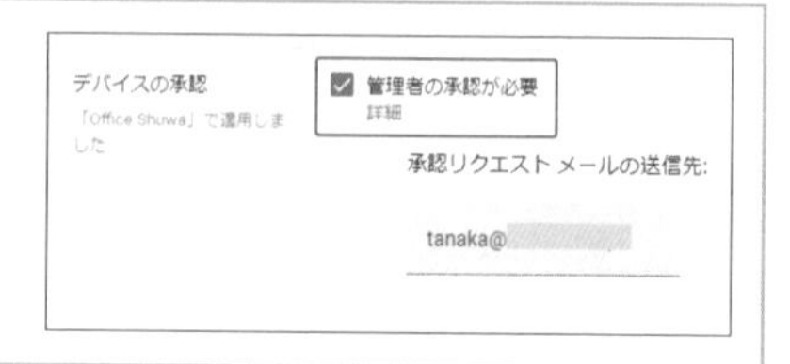

Chapter

13

安全に使うための管理とセキュリティ強化を行う

会社で利用しているデータが外部に漏洩したり、不正アクセスによって改ざんされたりなどはあってはならないことです。セキュリティを重視しているGoogle Workspaceなので安全性は確保されていますが、管理者側もユーザー側も十分に気を付けなければいけません。ログイン時の2段階認証、安全性の低いアプリへの制御、不審なログインの監視などの機能があるので活用しましょう。なお、設定によってはユーザーに影響が出ることもあるので、変更についての告知を忘れないようにしてください。

13-01

アプリやユーザーの利用状況を見る

各アプリと各ユーザーの使用状況を把握できる

レポートの画面で、アプリの使用状況をチェックできます。たとえば、Gmailでは、メールの送受信数や迷惑メールの数が見やすいグラフで表示されます。Googleドライブでは内部または外部との共有数、Googleチャットではチャットルームの数やアクティブユーザー数などをひと目で確認できます。

アプリのレポートを表示する

1 メニューの「レポート」→「レポート」→「アプリレポート」をクリック。

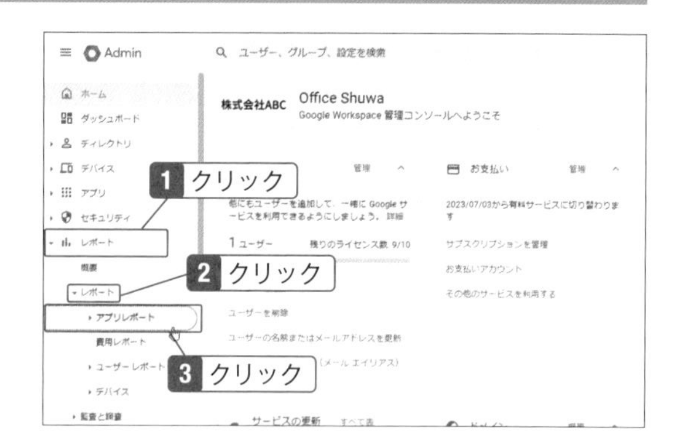

Note

レポートとは

アプリレポートでは、組織全体のアプリ使用状況をグラフと表で見ることができます。また、ユーザーレポートでは、各ユーザーのアプリの使用状況やセキュリティを確認できるので、問題が発生した際に、解決の糸口となります。

2 レポートを見たいアプリをクリック。「Gmail」では、受信メールや迷惑メールの件数が表示される。

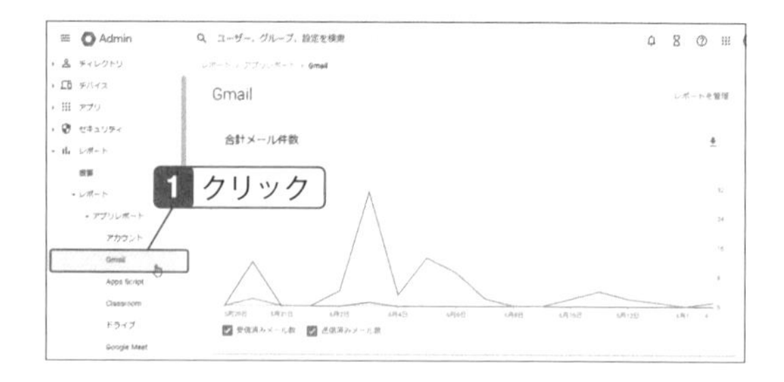

Hint

アプリのレポートをダウンロードするには

手順2の画面右上にある「↓」をクリックすると、Googleスプレッドシートまたはcsv形式でレポートをダウンロードすることができます。

3 「ドライブ」では、Googleドライブのファイルについて、内部と外部の共有数を確認できる。

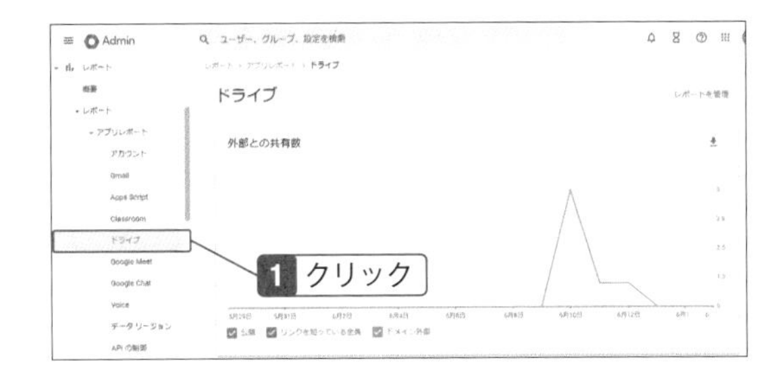

ユーザーのレポートを表示する

1 メニューの「レポート」→「ユーザーレポート」→「アカウント」をクリックすると、各ユーザーの管理者ステータス、2段階認証プロセスの登録などについて確認できる。下部にスライダがあり、右方向へドラッグすると他の項目が表示される。

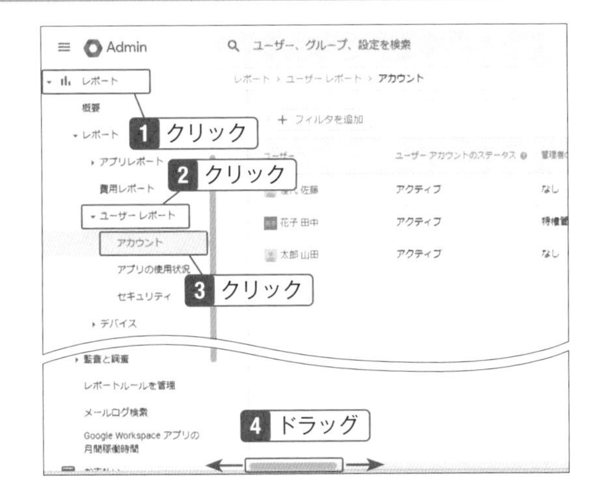

2 「アプリの使用状況」をクリックすると、各ユーザーのGmailやドライブ、写真の使用状況などが示される。

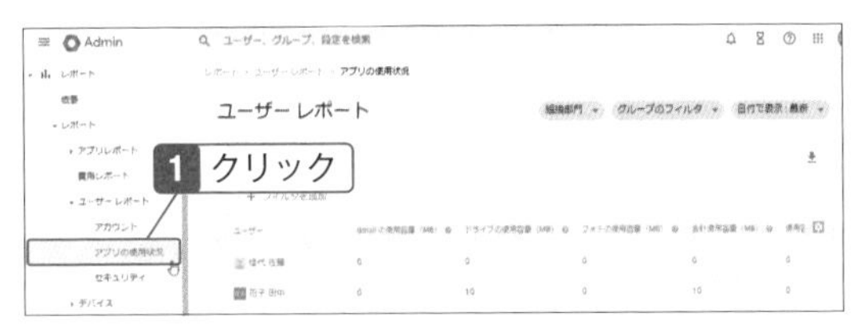

Hint

列を管理するには

手順2の右端にある「列を管理」ボタンをクリックすると、項目の並べ替えや削除ができます。

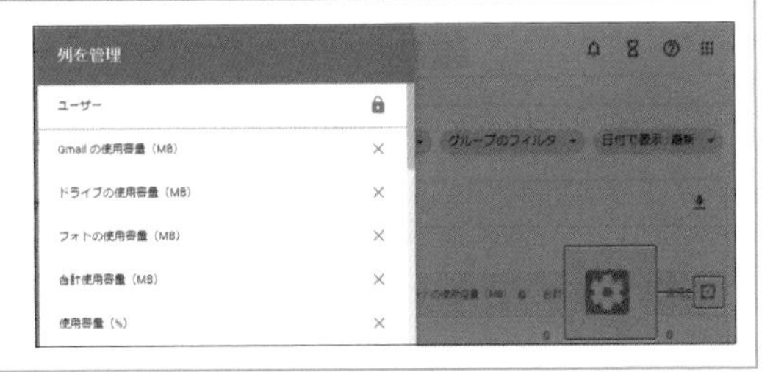

アプリやユーザーの操作記録を見る

アプリとユーザーのログを閲覧できる

ユーザーが各アプリにおいてどのような操作をしたかを調べたいときに役立つのが「監査と調査」のレポートです。オンライン会議に出席したユーザーの確認やカレンダーの予定を変更した日時なども、ログを見ればわかります。また、管理者のログイン履歴の確認も可能です。不具合や問題が起きたときの原因を突き止めるツールにもなるので、見方を覚えておきましょう。

アプリのログを表示する

1 メニューの「レポート」→「監査と調査」をクリック。

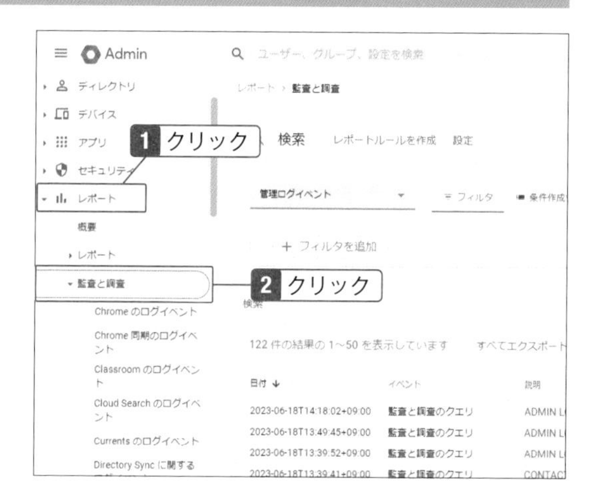

> **Note**
> **監査と調査とは**
> 「監査と調査」では、さまざまな操作ログを見ることができます。たとえば、管理者がユーザーを追加した日時やロールを割り当てた日時などを確認できます。また、ユーザーの操作記録も表示されるので、不審な操作の有無をいつでも確認できます。

2 「カレンダーのログイベント」をクリックすると、Googleカレンダーのログが表示される。

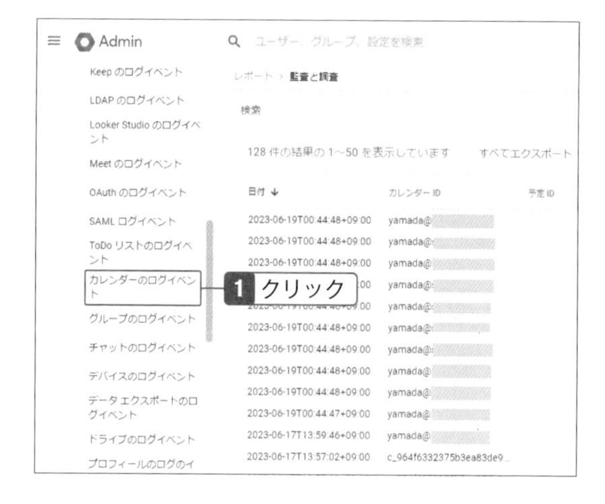

3 下方向にスクロールし、画面下部のスライダを右方向へドラッグすると、説明やIPアドレスを見ることも可能。

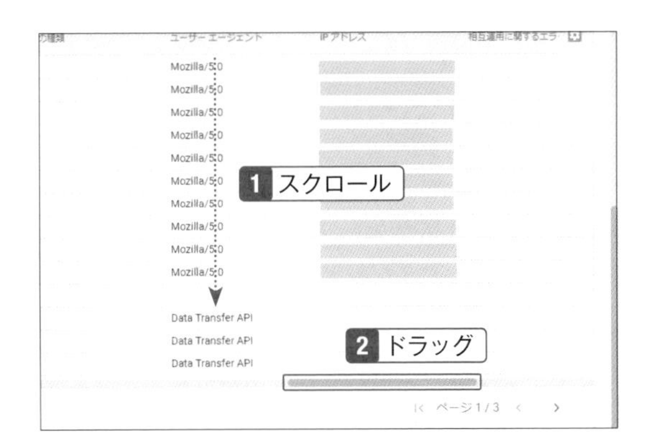

管理者とユーザーのログを表示する

1 「管理ログイベント」をクリック。管理者のログが表示される。「フィルタを追加」をクリックして組織部門やグループで絞り込むことも可能。

2 「ユーザーのログイベント」をクリックすると、ユーザーのログイン状況を確認できる。

Hint

Google Workspaceアプリの月間稼働時間

「レポート」→「Workspaceアプリの月間稼働時間」は、Google Workspaceの信頼性を高めるために公開している全世界のデータです。組織のデータではないので間違えないようにしましょう。

ユーザーのセキュリティや権限を確認する

組織内のユーザーを一元管理できる

「ディレクトリ」の「ユーザー」では、組織内のユーザー一覧が表示され、各ユーザーが属しているグループや共有ドライブなどの確認ができます。万が一、ユーザーがパスワードを紛失した場合、この画面から管理者が再設定することも可能です。また、Chapter12で解説したグループへの追加や組織部門の変更もでき、ユーザーに関する一連の操作ができるようになっています。

ユーザー情報を表示する

1 「ディレクトリ」をクリックし、「ユーザー」をクリック。

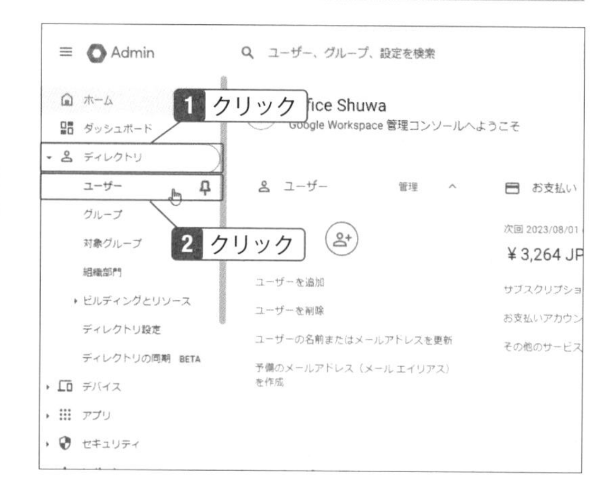

Check

ユーザーの追加

ユーザーの追加についてはSECTION12-06を参照してください。

2 ユーザー名をクリック。

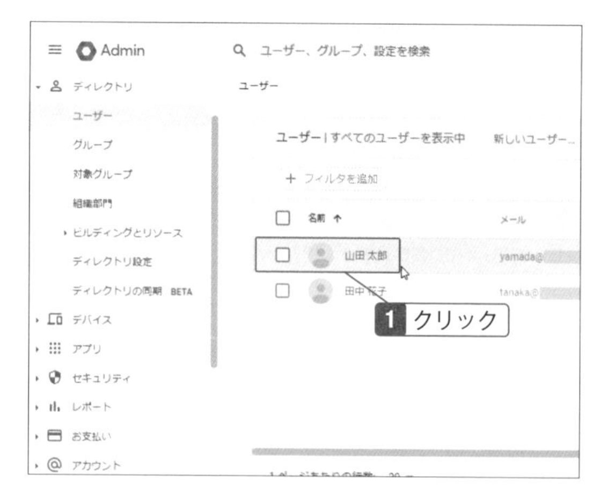

Hint

項目をピン留めする

手順1で、「ユーザー」をポイントすると画鋲の形をしたピンが表示されます。クリックすると、最上部に固定できるので、よく使用する場合は設定しましょう。

3 「セキュリティ」をクリックすると、ユーザーが使うパスワードの再設定や2段階認証プロセス、ログイン時の本人確認の設定ができる。

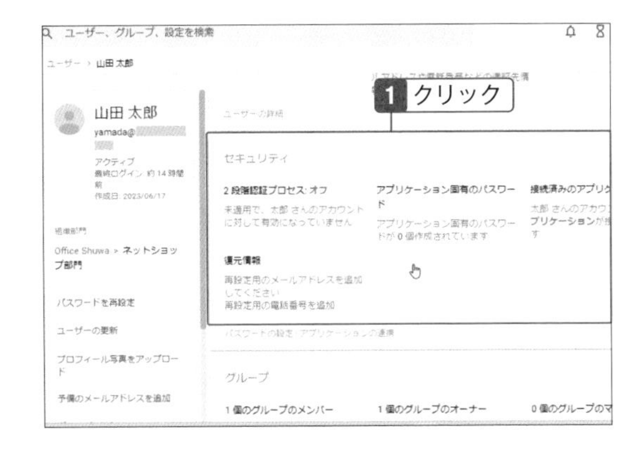

4 グループ（SECTION12-09）や管理者ロールと権限（SECTION12-07）をここから設定することも可能。

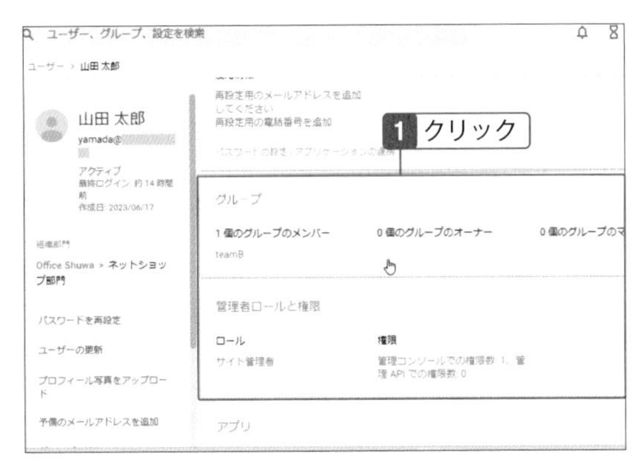

5 左の一覧から「ユーザーの更新」「ユーザーを停止」「ユーザーを削除」も可能。

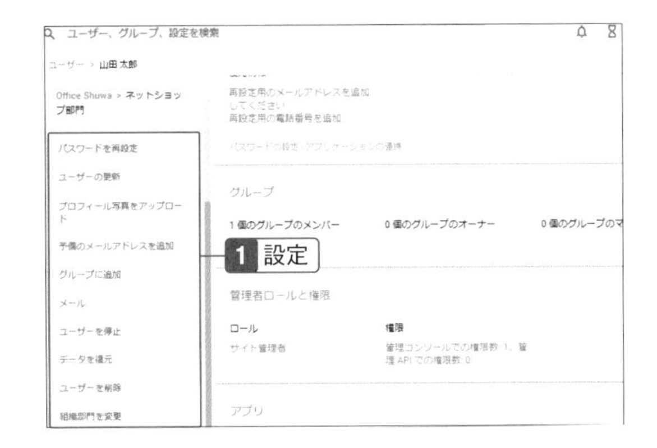

Hint

ユーザー情報の画面で組織部門を変更するには

SECTION12-08で組織部門の移動について解説しましたが、ユーザー情報の画面からも変更できます。手順5の画面左にある「組織部門を変更」をクリックし、組織部門を選択して変更します。

2段階認証を使用する

ログイン方法を厳重にすることでセキュリティを強化する

ユーザーのメールアドレスとパスワードを知られて、勝手にログインされることを防ぐために、ログイン方法を強化しましょう。2段階認証を使うと、携帯電話に送られてきたコードを入力しないとログインできないので、他人がログインすることができなくなります。まずは、管理者が2段階認証にする必要があります。

管理者が2段階認証を設定する

1. 管理者のアカウントで、画面右上の「Googleアカウント」のアイコンをクリックして「Googleアカウントを管理」をクリック。https://myaccount.google.com/に直接アクセスしても表示できる。

2. 「セキュリティ」をクリック。

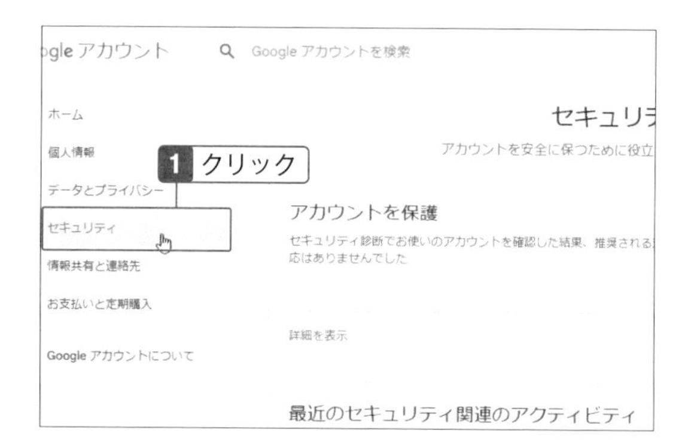

Note

2段階認証プロセスとは

通常は、ユーザー名とパスワードでログインしますが、2段階認証プロセスではパスワードとスマホに届いたコードの2段階でログインします。なお、ここでの操作は特権管理者の権限がある人のみが操作できます。

3 「2段階認証プロセス」をクリック。

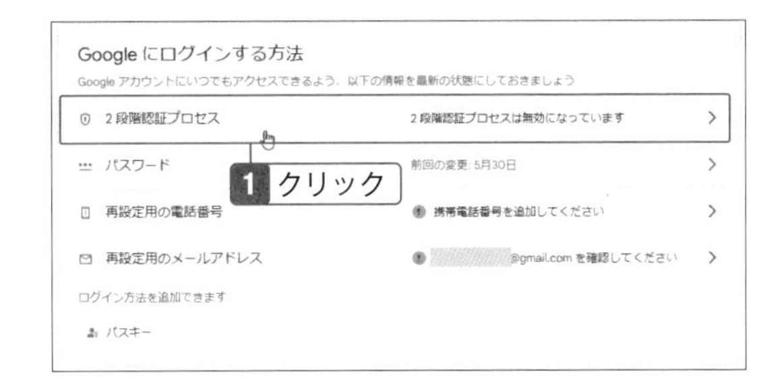

4 「使ってみる」をクリック。

Check

2段階認証を解除するには

解除して元に戻す場合は、手順3でオフに変更します。

5 パスワードを入力して、「次へ」をクリック。

Hint

Google Workspaceの安全性

Google Workspaceでは、Google AIによってサイバー攻撃を阻止します。また、Googleにはセキュリティとプライバシーを専門とする従業員が常勤し、システムにおけるセキュリティの脆弱性のチェックを行ったり、複数の独立した第三者機関による監査を定期的に受けたりなどで、安全性を確保しています。
https://workspace.google.co.jp/intl/ja/security/

6 「日本」を選択して携帯番号を入力し、受け取り方法を選択。「次へ」をクリック。

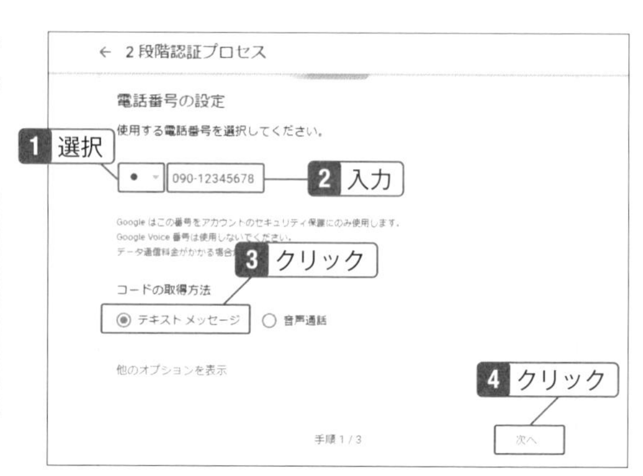

⚠ Check

2段階認証の方法

2段階認証の方法としてテキストメッセージや音声で確認コードを受け取る方法以外に、セキュリティキーを使う方法、スマホでGoogleからのメッセージを受け取る方法などがあります。

7 携帯電話に送られてきたコードを入力し、「次へ」をクリック。

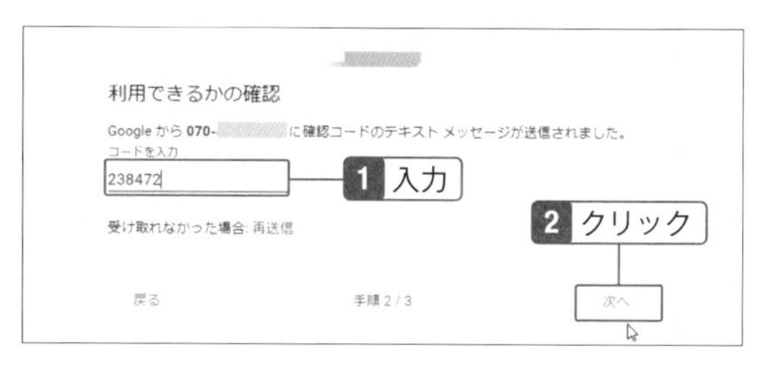

8 「有効にする」をクリック。

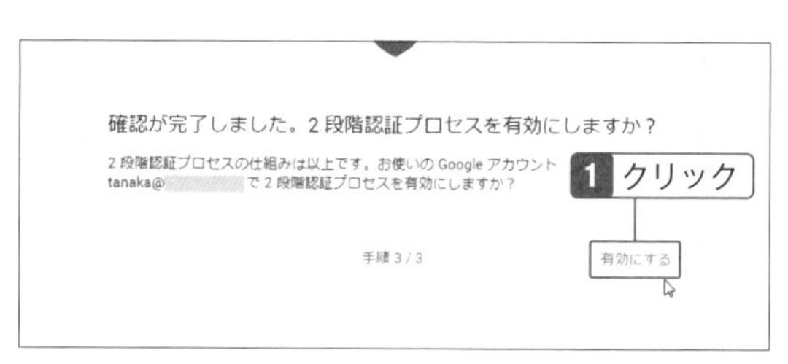

⚠ Check

2段階認証でログインするには

設定後ログインしようとすると、メールアドレスとパスワードを入力した後に、コードを入力する画面が表示されます。携帯に送られてきたコードを入力して「次へ」をクリックします。

ユーザーが２段階認証を設定する

1 メニューの「セキュリティ」→「認証」→「2段階認証プロセス」をクリック。

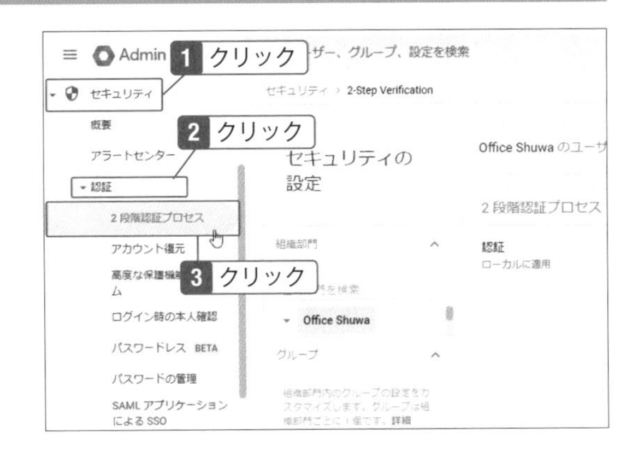

⚠Check

2段階認証プロセスの設定ができない

まずは、管理者が2段階認証にしないと設定できません。そのまま設定しようとすると、「まずご自身のアカウントに対して2段階認証プロセスを有効に～」と表示されます。

2 左側で「組織部門」または「グループ」を選択し、「ユーザーが2段階認証プロセスを有効にできるようにする」にチェックを付けて、「今すぐ強制」(または「指定日以降に強制」) を選択して日付を指定する。

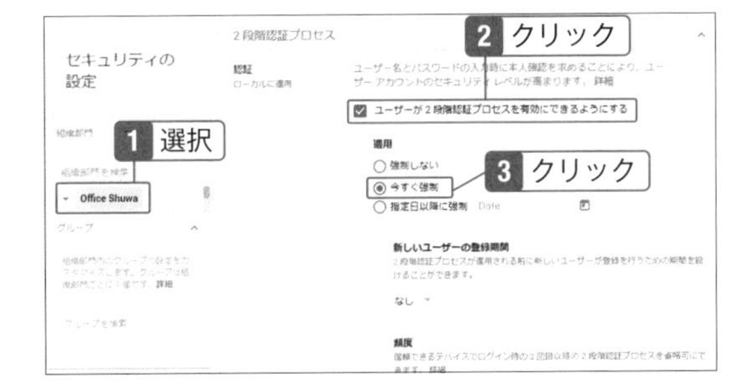

⚠Check

ユーザー側の2段階認証プロセス

管理画面で2段階認証プロセスの設定が済んだら、各ユーザーに2段階認証プロセスの設定を行うように伝えてください。設定は管理者が行った方法と同じです。

3 下部の「保存」をクリック。

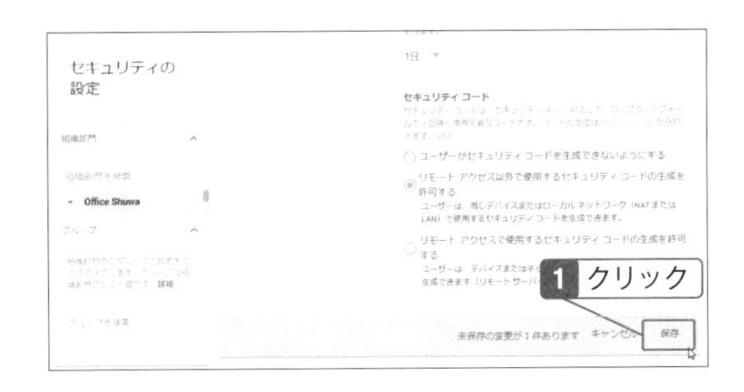

13 安全に使うための管理とセキュリティ強化を行う

パスワードを安全にする

パスワードの安全度を確認しておく

ユーザーが安全に使えるようにするには、パスワードを強化することも重要です。個人情報の流出を防いだり、メールやファイルのデータを改ざんされるのを防ぐことができます。重要な情報を扱う組織部門には、パスワードの文字数を多くしてセキュリティを強化するといったこともできます。

安全なパスワードを適用する

1 メニューの「セキュリティ」→「認証」→「パスワードの管理」をクリック。

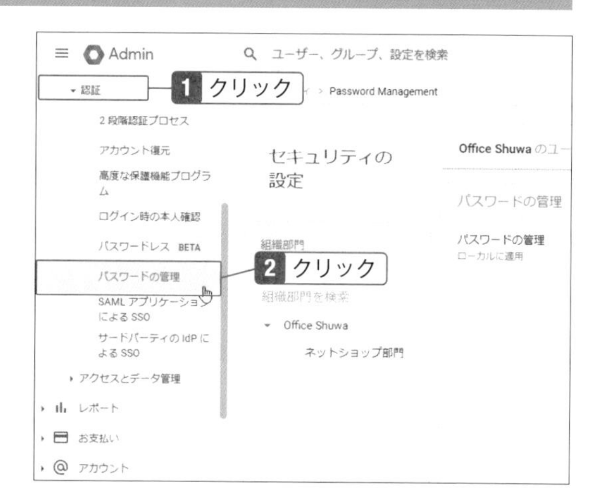

2 左側で適用する組織部門を選択し、「安全なパスワードを適用する」にチェックが入っていることを確認する。

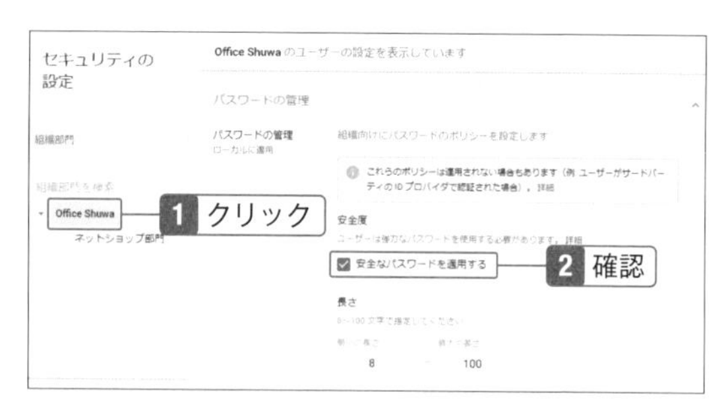

Check

パスワードの最小の長さを変更する

手順2の画面下部にある「長さ」で、パスワードの最小の長さを設定できます。

ユーザーのパスワードの安全度を監視する

1 メニューの「レポート」をクリックして「レポート」をクリック。

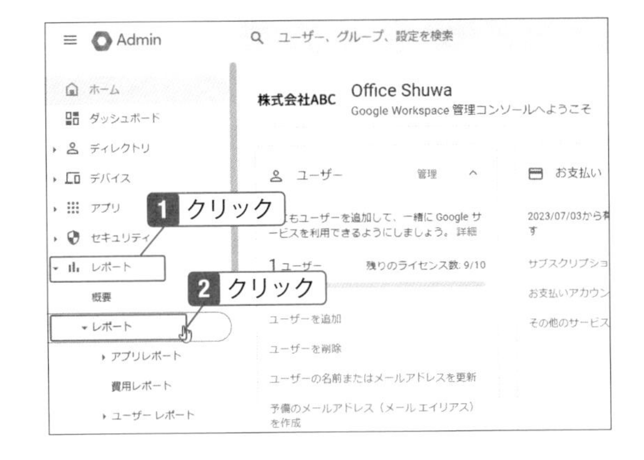

2 「アプリレポート」をクリックして「アカウント」をクリック。その後画面をスクロールする。

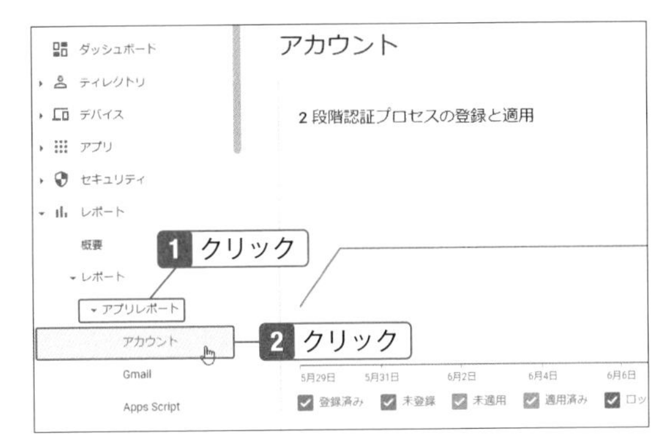

3 パスワードの安全度を確認できる。

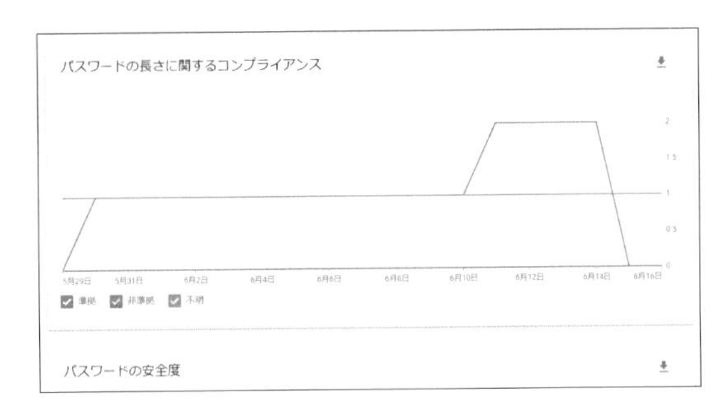

Check

ユーザーにパスワードの重要性を呼びかける

管理者は、各ユーザーにパスワードの重要性を説明する必要があります。たとえば、「誕生日や氏名などをパスワードに使わないようにすること」「単純な文字の羅列ではなく、文字、数字、記号を組み合わせて作成すること」「他のサービスと同じパスワードを使わないこと」などです。

13-06

ログイン時の本人確認を設定する

不正アクセス対策のセキュリティ強化

ここではGoogleアカウントへの不正なアクセスの疑いがあったときに、本人確認を行うことでセキュリティを強化する機能を紹介します。本人確認の質問として、従業員IDを使うことも可能です。その際、事前にユーザー情報の画面で従業員IDを設定しておく必要があります。

本人確認として従業員IDを使用する

1 メニューの「セキュリティ」→「認証」→「ログイン時の本人確認」をクリックし、組織部門を選択して「ログイン時の本人確認」をクリック。

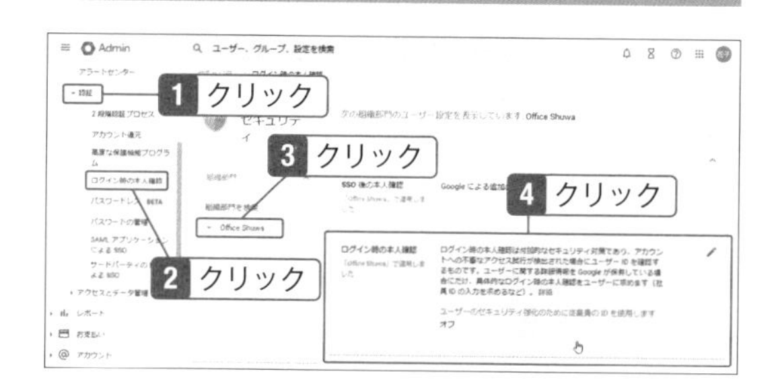

Check

本人確認に従業員のIDを使用するには

ユーザー情報の設定画面で従業員IDを設定しておく必要があります。メニューの「ディレクトリ」→「ユーザー」をクリックし、設定するユーザーをクリックして「ユーザー情報」をクリックします。続いて、「従業員情報」をクリックして従業員IDを設定します。なお、SSOプロファイルを設定している場合は、手順1の画面で「SSO後の本人確認」をクリックした画面で、従業員IDを入力した後に2段階認証を使用することも可能です。

2 「ユーザーのセキュリティ強化のために従業員のIDを使用します」にチェックを付けて「保存」をクリック。

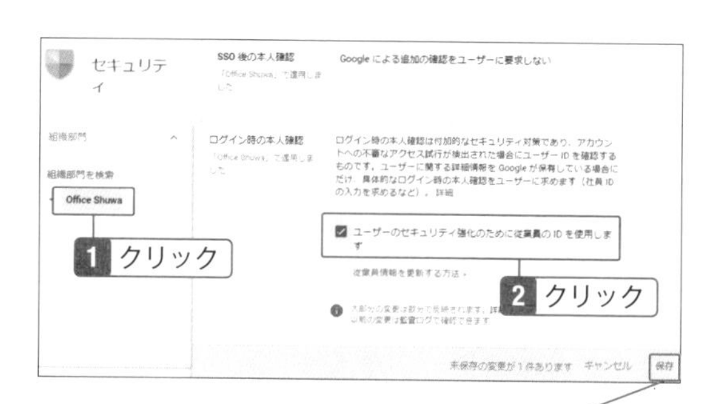

13-07

安全性の低いアプリへのアクセスを制御する

悪意のある侵入を防ぐために設定を確認しておく

安全に使えるWorkspaceですが、安全性の低いアプリの使用は不正アクセスのリスクが高まるので避けるべきです。デフォルトではアクセスできないようになっていますが、念のため確認しておきましょう。

安全性の低いアプリへのアクセスを無効化する

1 メニューの「セキュリティ」→「アクセスとデータ管理」→「安全性の低いアプリ」をクリック。

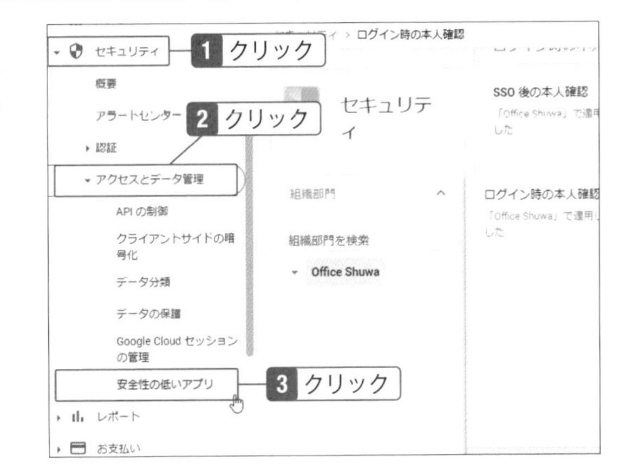

2 左側で組織部門を選択し、「安全性の低いアプリへのアクセスを無効化する」がオンになっていることを確認。

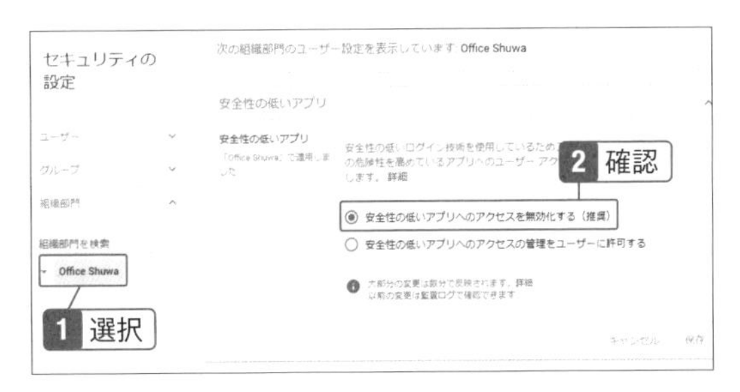

Check

安全性の低いアプリへのアクセス

安全性の低いアプリやデバイスからのログインをブロックすることができます。最新のセキュリティ標準（OAuth など）に対応していないアプリやデバイスを使うと不正利用されるリスクがあるので「安全性の低いアプリへのアクセスを無効化する」をオンにしておきましょう。

13-08

特定のアプリからのアクセスを制御する

信頼できるアプリのみアクセス可にする

ユーザーが使用しているアプリを介して、外部から不正なアクセスがあるかもしれません。社内の大事なデータを守るために、信頼できると判断したアプリのみがアクセスできるように設定しましょう。また、Gmail、Google ドライブなどの各サービスへのアクセスを個別に設定することもできます。

サードパーティ製アプリからのアクセスを制限する

1 メニューの「セキュリティ」→「アクセスとデータ管理」→「APIの制御」をクリック。続いて、「サードパーティ製アプリのアクセスを管理」をクリック。

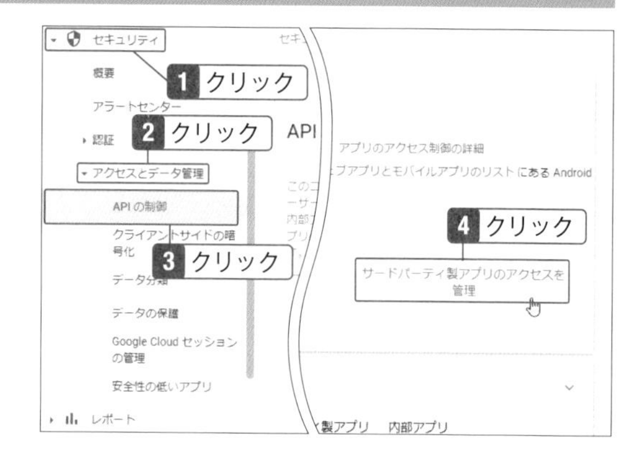

2 「アプリを追加」をクリックし、「OAuthアプリ名またはクライアントID」をクリック。

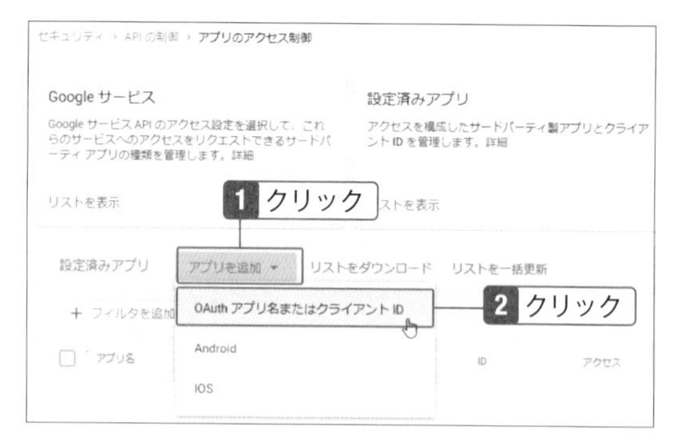

Check

サードパーティ製アプリのアクセス制御

Google Workspaceのデータにアクセスできる外部のアプリを制御できます。OAuth 2.0（アクセス認可の通信規約）を使用することで、Google Workspaceサービスへのアクセスを制御します。

3 アプリを検索して、「選択」をクリック。

4 項目にチェックを付けて、「SELECT」をクリック。

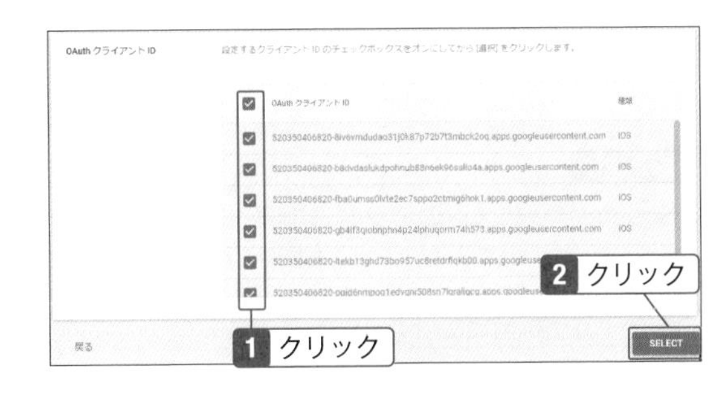

5 設定対象を選択し、「CONTINUE」をクリック。

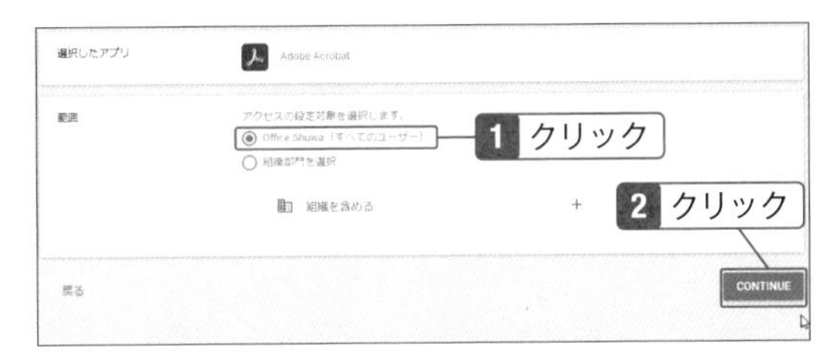

6 「信頼できる」をクリックし、「CONTINUE」をクリック。

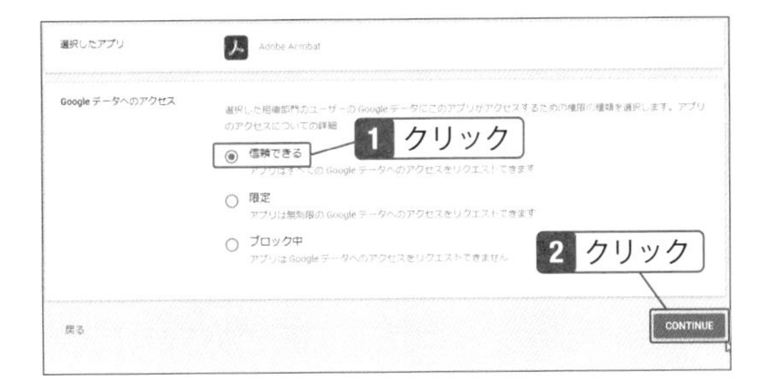

Hint

信頼できないアプリをブロックするには

解説とは反対に、Google Workspaceへのアクセスをブロックする場合は、手順6の画面で「ブロック中」を選択します。

各Googleサービスへのアクセスを制限する

1 P274の手順2の画面で「Googleサービス」の「リストを表示」をクリック。

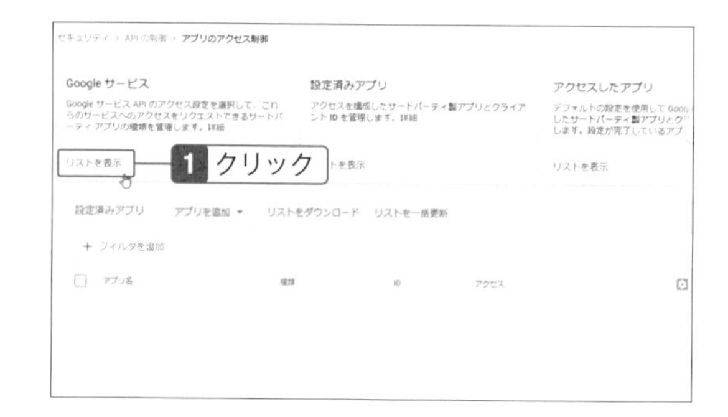

Check

Googleサービスへのアクセス制限

各Googleサービスへのアクセスを制限することが可能です。信頼できるアプリのみがサービスにアクセス可能にするには「制限付き」を選択します。「制限なし」の場合は、ユーザーが承認したアプリであればアクセス可能になります。

2 制限するアプリをポイントし、「アクセス権限を変更」をクリック。

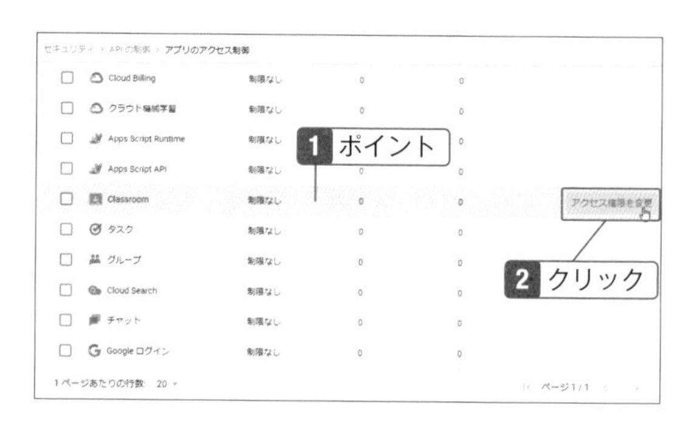

3 「制限付き」を選択し、「変更」をクリック。次の画面で「制限」をクリック。

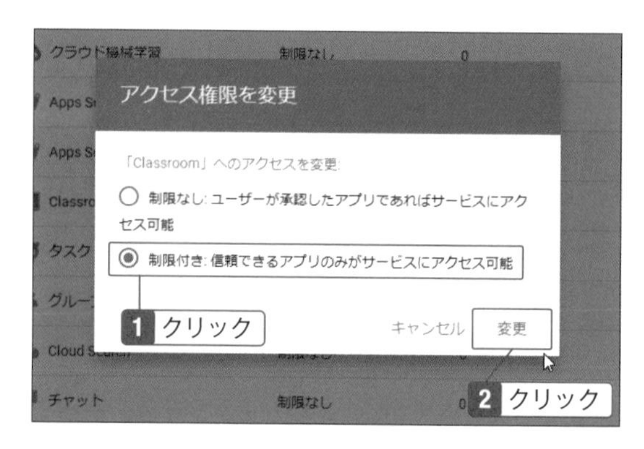

13-09

アラートセンターで不正行為をチェックする

不正行為をチェックし、見つけたら対策を施す

アラートセンターは、不正行為を把握できる画面です。「プログラムによる不審なログイン」や「デバイスの不審なアクティビティ」などのアラートがあった際には、ユーザーの停止やアプリへのアクセス制限などの対策を施してください。

アラートを確認する

1 「ルール」をクリックすると、アラートのルールが表示されている。

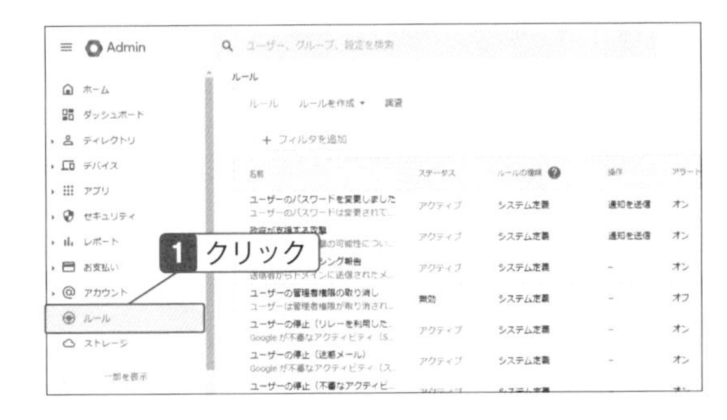

Note

アラートセンターとは

アラートセンターは、不正行為があったときにアラートが表示される画面です。メニューの「ルール」画面に、アラートの基準となるリストがあり、重要度や通知の設定ができるようになっています。あらかじめ用意されているルール以外に、「ルールを作成」をクリックして独自のルールを作成することも可能です。

2 「セキュリティ」をクリックし、「アラートセンター」をクリックすると、不正があった場合に通知が表示される。

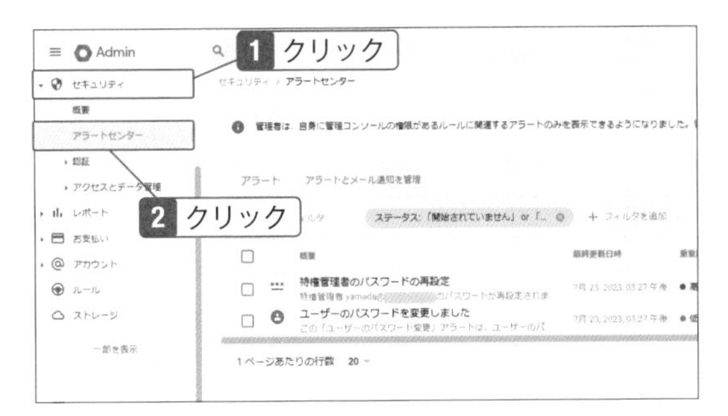

Hint

アラートが発生したときにメールで通知するには

重要度が低いルールはメールでの通知がありませんが、手順1でルールをクリックし、「操作」をクリックした画面で「メール通知を送信する」にチェックを付ければ届くようになります。メールの受信者を指定することも可能です。

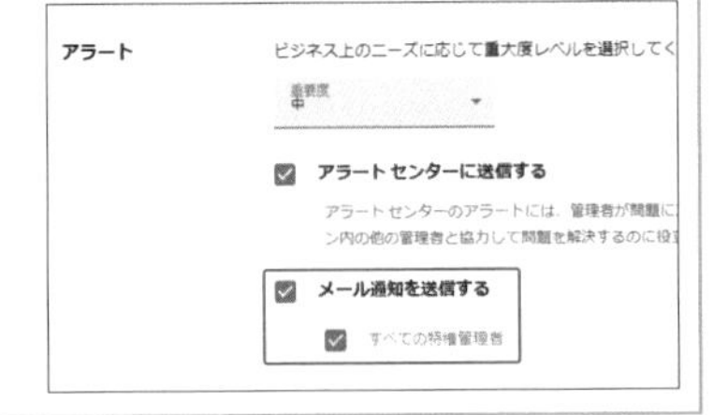

メールのログを見る

送信者や受信者を指定して履歴を表示できる

「メールログ検索」の画面で、メールの配信状況を確認できます。検索結果の一覧から任意のメールをクリックすると、送信元のアドレスや送受信の日時、添付されていたファイルの有無についても詳細画面に表示されます。

メールログを検索する

1 メニューの「レポート」をクリックし、「メールログ検索」をクリック。続いて▼をクリックし、オプションを選択して検索する。

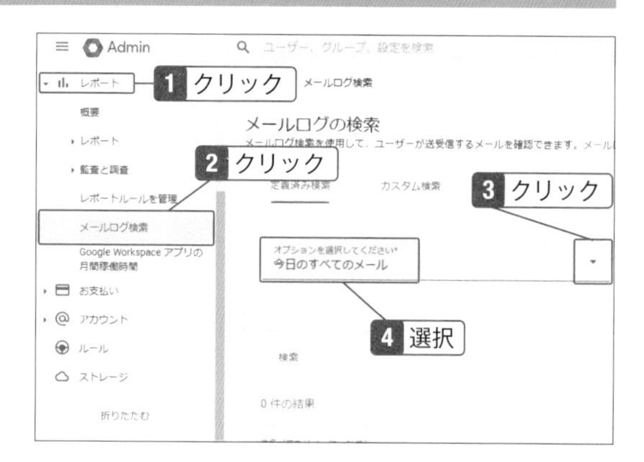

2 件名をクリックすると詳細が表示される。

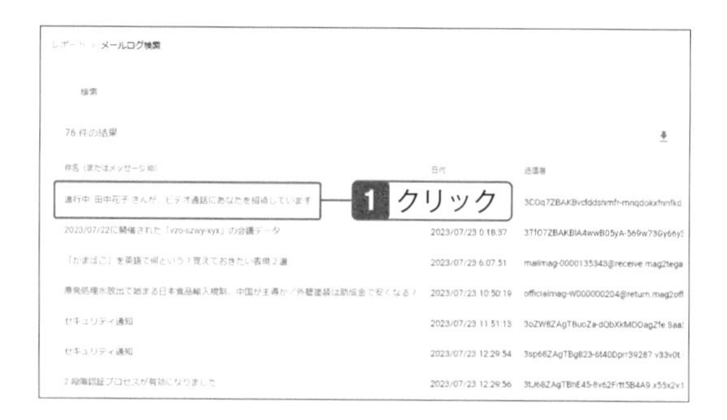

Hint

カスタム検索

手順1で「カスタム検索」タブをクリックすると、送信者IPアドレスやメッセージIDで検索できます。各メールのメッセージIDは、Gmailでメールを開き、右上の「その他」ボタンから「メッセージのソースを表示」をクリックして表示された画面の「メールID」欄に表示されています。

SPECIAL

プロに聞く「Google Workspace」で変わるビジネス

Google Cloud のプレミアパートナーとして、Google Workspace の導入を多く手掛けている吉積情報株式会社に、導入のコツやメリット、導入事例、導入の課題を解決するサポートサービス「GooTorial」などについて聞きました。導入の検討や運用にあたってのヒントにしてください。

プロが教える導入・運用のコツ

企業のGoogle Workspace導入状況について

2020年に始まった新型コロナウイルスの感染拡大は、2021年、2022年と長期的に猛威をふるってきましたが、2023年の5月に、5類感染症への指定に変わり、ようやく日常を取り戻すようになってきました。この数年間の新型コロナウィルスの影響もあって、企業にとってもそこで働く従業員にとっても、リモートワークが普及してきており、一般的に受け入れられるようになってきたと感じます。私の身近なところでも、リモートワークを前提に、都内で働いていた方が郊外や実家のある地方に移住した、という話を聞くことが多くなりました。

そんな中、企業にとっては、コミュニケーションを取る場所としてのオフィスのあり方を見直すとともに、従業員が自由に働く場所を選べるようにリモートワーク環境を整えておくことへの重要性が高まってきています。リモートワークを選択できる企業に求職者が多く集まるなど、採用活動にも影響が出てきており、企業がアフターコロナ時代の変化に対応するためには、出社とリモートワークを組合せるハイブリッドワークへの対応も含めての環境の整備は必須となりつつあります。

結果、リモートワークを簡単に実現できる手段としてのGoogle Workspaceのニーズは、コロナ禍に入ってからは、増加の一途を辿っています。これまでは「うちの従業員はITリテラシーが低いからテレワークは無理」と自ら決めつけてしまっていた企業も、「今こそがデジタル変革を図る絶好の機会」と捉え、積極的に導入を検討するケースが増えたように思います。また、導入の理由として、以前のようなコストや運用負荷の軽減を目的としたGoogle Workspace導入は年々減ってきており、セキュリティ向上やリモートワークによる働き方改革の実現を目指してGoogle Workspaceを活用しよう、という考え方がますます広まってきています。

多数あるグループウェアの中でも、Google Workspaceが特に優れている点は？

Google Workspaceが優れる大きな特徴とは、すべてのアプリケーションの機能や連携がブラウザで完結するフルクラウド型であることです。これによってユーザーおよび管理者共に「管理すべき」環境はブラウザとログインだけということになります。全体の管理コストは大きく低減されるわけです。

例えば、メールのトラブルがあった場合に、メールクライアントの可能性を切り分ける必要はなく、管理者はユーザーに対して「ブラウザをリロードしてください」で終わります。そのデータ先はGoogleが管理しており、基本的によほど大きな障害を除けば、更新ですぐ復帰します。そもそものトラブルもほとんど起きませんが、トラブルの際の対処が非常に簡潔でスムーズです。またこれは導入するPCのスペックが低くても動作することを意味します。Chromebookのスペックがまさにそれを表していますが、Chrome（もしくはブラウザ）さえ正常に動作する環境であれば端末を選ばない。これもフルクラウドの魅力です。

利用面にふれると、やや定性的にはなりますが、優れた操作感と連携性だと思います。Googleは法人よりも一般的なコンシューマーと向き合ってきた会社ゆえ、画面のUIも非常に洗練され、ユーザーにとって、多機能でどこから始めればいいかわからない、という戸惑いを少なくさせるものです。また、無料版のGmailやGoogleカレンダーを使ったことがある方も多くいらっしゃるので、ユーザー教育にかかるコストが低いこともメリットとなります。また多くのユーザーにとってはあまりにニッチな機能はあえて絞り込まれ、本当に利用されるべき機能が使いやすいように配慮されている操作感です。これは Google Workspaceを暫く使うとその操作のシンプルさや簡便さ、そして少しの操作がいろいろなアプリと相互連携する快適さを感じるはずです。

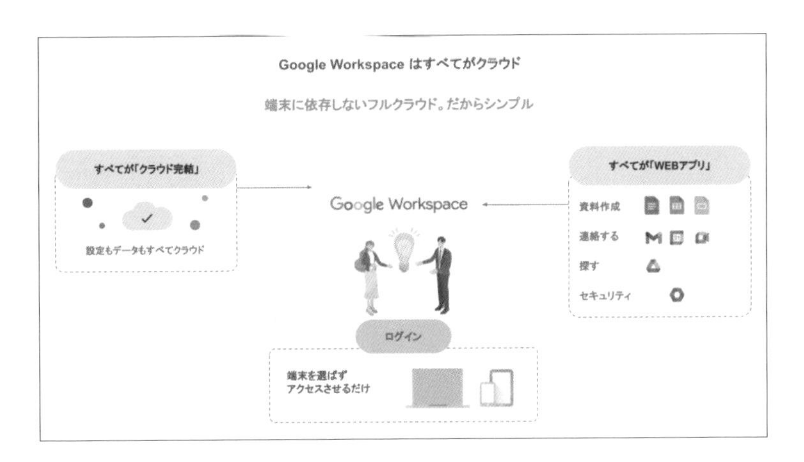

自宅とオフィスを両活用する、混合型のテレワークにおける、Google Workspace活用のメリットは？

もともとGoogle社の働き方そのものが「グローバルでどこにいても働ける」「チームとして効率的に連携していける」ということを前提にしています。Google Workspaceはその前提の中で生まれ、磨きあげられたツールなので、当然テレワークでの生産性やチームワーキングとはかなり相性が良く、優れています。

まずは、すべてがクラウド（インターネット）間でのやりとりで完結するという点です。データは基本的に、一人の固有のPCの中に存在するのではなく、ドライブという安全にチーム共有された場所の中において、ファイルなどのやりとりが行われます。その過程において、データは一度もローカルPCにダウンロードされることがありません。また、ドライブ上で同時に編集やコメントバックを行うといったコミュニケーションをとることができます。

クラウドというテクノロジーが作る「共同のコミュニケーション・ワークスペース」を作れることこそ、Google Workspaceの最大の魅力です。

従来の「添付ファイルを各自のPC内で編集し、送付し合う」というやり方は、大きなコミュニケーションロス・コミュニケーションコストを払い、本質的な業務の仕事を奪ってきましたが、そのほとんどをGoogle Workspaceは解決することができます。

Google Workspace 導入における、コストの考え方についてのアドバイス

何をコストと見るかは非常に重要です。ただ導入におけるエンジニア作業を省略してコストを抑えたい、ということであれば、Google Workspaceはそもそも複雑な管理システムを敷いておらず、非常にシンプルで効果的なクラウドで完結するダッシュボードで管理できるので、一般的なシステム導入よりスムーズでコストも低いでしょう。やろうと思えば担当者のみでも可能ではあります。

アドバイスとして申し上げられるのは「あまり最新のGoogle Workspaceが想定していない、従来型のシステムを無理やり適用、並行させようとする」ことをあえてしないということです。新しいサービス（Google Workspace）をあえて旧来の既存社内システムや既存の「やりかた」に押し込めることは機能を発揮できないばかりか、その折衷に大きな労力とコストがかかります。Google Workspaceを本来のままで使うこと、導入すること、それが一番のコスト低減にも繋がります。

そして、一番難しいのは「何が"Google Workspaceのベスト"であるのかを、担当者が導入前に掴むこと」であると言えます。そのため、信頼でき、経験豊富かつGoogle Workspaceの理想的な導入を知りつくしているパートナーに導入検討の早いタイミングで依頼することは、結局トータルコストを抑えることに繋がります。具体的には、WorkTransformation というスペシャライゼーション（Googleが認定するGoogle Workspace の導入支援に関する資格）を持っている企業に相談してみると良いでしょう。

結局、「無理やり入れたけれど、社内で効果的な使い方ができていない」ということこそ大きなコストを払っているといえるでしょう。ライセンスなどの費用だけでない、導入後の生産性などにも視点を持ったコスト感を意識していただきたいと思います。

無料版のGoogleアプリとの違いやメリットは？

まず、Google Workspaceでは独自ドメインでの運用が可能、という点が挙げられます。例えば無料版Gmailでは、ドメインはgmail.comに限定されます。しかし業務で利用するなら、自社ドメインでのメール運用は必須といえるでしょう。

また、Googleドライブに関しては、一人あたりで利用できる容量が違います。無料版は15GBなのに対し、Google Workspaceは一番低いエディションのBusiness Starterでも30GB、上位エディションであるBusiness Standardの場合、容量が2TB

となります。このレベルの容量があれば、ファイル管理の手間を軽減できますし、かなり大きなアドバンテージとなります。また、ファイルが増えてきても、検索で簡単に必要なファイルを取り出せます。さらに、Googleドライブを組織で利用する場合、社外へのファイル共有の可・不可や、特定ドメインへの共有許可（ホワイトリスト機能）など、管理者による細かい制御が可能です。これにより、セキュリティインシデントの発生リスクを抑えることができます。

	Google Workspace	
	無料	有料
Google コアサービス※1	✔	✔
ストレージ容量	15GB	30GB - 5TB ※2
Google Meet 主催時間	1時間※3	無制限
Google Meet 録画共有	なし	✔※4
SSO機能	なし	✔
ドライブ共有の制限機能	なし	✔
操作ログの収集・監査・アーカイブ	なし	✔
管理者によるパスワードリセット	なし	✔
マーケティング情報として利用	✔	なし
企業ドメインの利用	不可	可能
SLA	なし	99.9%

※1	Googleコアサービスは以下の種類 • Gmail • カレンダー • ドライブ • スプレッドシート • ドキュメント • プレゼンテーション • Google Meet • Google フォーム
※2	ストレージ容量は有料のGoogle Workspace のプランにより異なります。
※3	無料Googleアカウントでは1対1のMeetは24時間まで、3人以上のMeetで1時間までの制限となります。
※4	Google Meet の録画機能はBusiness Standard 以上のプランに付帯されます

Meet、フォーム、サイトなどGoogle Workspaceで活用したい機能について

無料版Meetには60分の時間制限がありますが、Google WorkspaceのMeetでは、最長24時間までの利用が可能です。

参加人数に関しても、無料版、及び有償版で最も安価なプランであるBusiness Starterでは100人までですが、Business Standardでは150人まで、それ以上のプランであれば最大250人まで参加が可能なります。

また、会議の模様を録画し、Googleドライブに保存することが可能です。最上位のEnterpriseエディションであれば、映像のライブストリーミング機能が利用できます。

これらは、大規模な全社集会などをオンラインで実施する際にとても有効です。
　機能面においても、ノイズキャンセルや背景のぼかし、バーチャル背景など、次々に追加されています。これらの機能を100%利用したい場合は、やはり有償版の選択がおすすめです。
　フォームやサイトでは、プログラミングのスキルがなくても簡単、かつ見栄え良くこれらを作成できます。フォームに至っては、データ集計まで自動でやってくれます。社内ポータルサイトを構築したり、社内アンケートも気軽に作成できることから、利用しているユーザー企業が多い機能です。これらも、組織内にのみ共有しておけば、外部からのアクセスを遮断でき、セキュリティ的にも安心というのもポイントです。

管理における、負担を軽減する運用のコツ

　まずは、どのような使い方が一番Google Workspaceのパフォーマンスを発揮できるのか、という「利用シーンやケーススタディの青写真」をしっかりイメージすることが大事です。
　Google Workspaceは、旧来のOAツールとはかなりコンセプトが異なります。もし、担当の方が「しっくりこない」と感じた場合、それはGoogle Workspaceが原因というよりも、ツールの使い方や理解が「従来の延長線上」になってしまっている可能性が非常に高くなります。そうした「従来の延長線上」で意思決定する管理や運用は、どうしてもGoogle Workspaceと相性が悪く、複雑化しやすくなります。結果、導入コストを大きく要してしまうでしょう。また同時に、利用者の多くも「どう使うべきか」の正解が示されず戸惑うでしょう。
「Google Workspaceは是非こうやって社内で利用したい」という状態をしっかりイメージし、それを基点に運用やポリシー、管理方法を考えていくのをおすすめします。
　Google Workspace に限りませんが、人が操作・管理するものは極力シンプルであるのが望ましく、複雑さを担当してくれるのは裏側のハイテクノロジーであるべきなのです。そのため、できるだけ複雑に計画せず、「シンプルであること」を心がけましょう。

Google Workspace 導入における、よくある相談・問い合わせ【1】

　多くいただくご相談は、過去メールの移行についてです。過去全てのメールを移行するとなると、かかる時間は勿論、担当者をはじめとしたユーザーの作業負担もかなり高いため、私達からは「二重配信」をおすすめしています。
　二重配信は、Gmailの受信トレイとGmail以外の受信トレイの両方に配信する設定です。「メールサーバーベース」、または「Google Workspaceアカウントに付属しているテストドメインのメールアドレスに受信メールを転送」のいずれかを設定します。
　なお、この方法において、Google Workspaceで両方の受信トレイでメールを受信する期間は、約1ヶ月〜2ヶ月ほどを選択される企業様が大半を占めます。
　これにより、直近業務に必要なメールはGmailの受信トレイにも保管され、業務を止

めることなくスムーズにメールの移行が完了します。

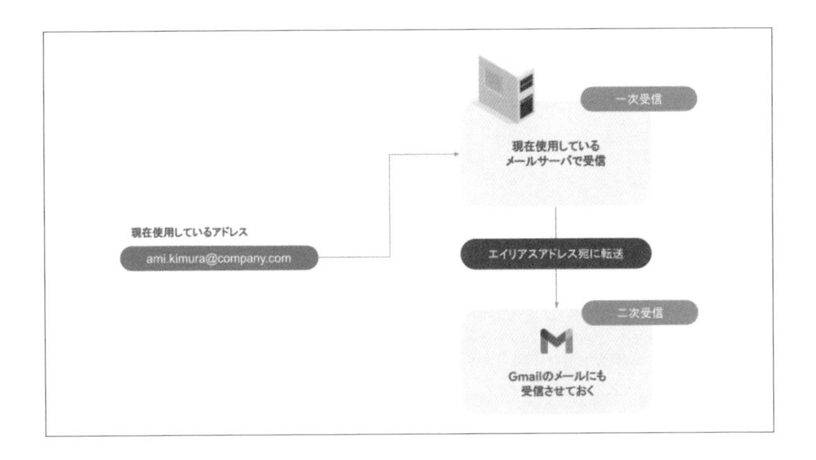

Google Workspace 導入における、よくある相談・問い合わせ【2】

メールの移行と同様、Google Workspaceに「メーリングリスト機能があるかどうか」という質問もよくいただきます。Google Workspaceでは「Googleグループ」というサービスを利用することで、メーリングリストが作成できます。

この場合、Googleグループのメンバーとして登録したメールアドレスがメールの配信先となります。なお、このメンバーにはドメイン外のアドレスも登録することが可能です。

また、Googleグループで作るメールアドレスはアカウント数に含まれず、いくつ作成しても無料です。用途に応じて気軽にグループアドレスが作成でき、さらにGoogleグループで作成したアドレスはGoogleドライブのファイル共有先のアドレスとしても利用できます。これらは業務効率UPの大きなポイントの一つといえます。

加えて、Googleグループはグループ単位で会話（フォーラム）を表示することができるので、メールの受信トレイより簡単・スピーディーに、グループアドレスでやり取りをしたメールを抽出、確認することができる点も、是非ご紹介したいポイントです。

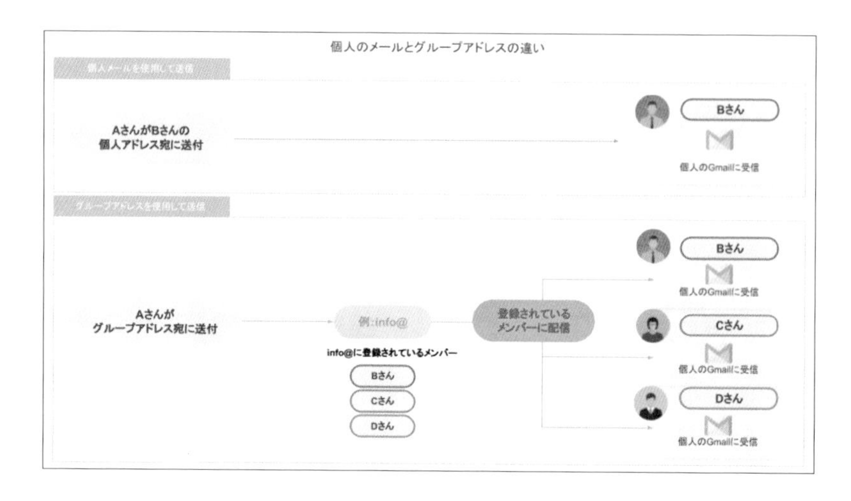

Google Workspace導入における、よくある相談・問い合わせ【3】

メールと同様に移行の希望が多いのが、カレンダーの予定です。

これらは、各ユーザー様で独自に対応いただくことになりますが、最も汎用的で簡単なのは、「移行元のアプリケーションから予定データを書き出し、書き出した予定データをGoogleカレンダーに読み込む」という方法です。Outlookカレンダーや Appleカレンダーをはじめ、多くのカレンダーアプリに予定の書き出し、読み込み機能が搭載されています。Googleカレンダーでは CSVファイル、または ICSファイルの読み込みに対応しています。

メインのカレンダー画面右上にある「歯車アイコン」から設定画面を起動し、左サイドメニューから「インポート／エクスポート」を選択します。続いて、読み込み対象のファイルと、読み込んだ予定を追加するカレンダー（通常はメインカレンダーが選択済み）を選択し、「インポート」ボタンをクリックするだけで完了です。

ただし、書き出し、読み込みができるのはあくまでも設定を行ったユーザー自身の予定となり、招待したゲストや、ドキュメントなどは移行の対象外となる点には、少し注意が必要です。

Google Workspace 導入事例

事例 1　三建設備工業株式会社様

業種	建設 . 設備・設備工事関連
企業規模	1,000 名～ 2,000 名
導入時期	2017 年 11 月

従来のポータルサイトでは、目的の文書を見つけるのが難しく、スケジュールも使いづらかったのが問題でした。また、社外からの接続も手間がかかり、社員からの不満も多く、利用率も低かったです。これらのことから、社内外でもセキュリティを確保しつつ、利便性の高いポータルサイトが必要でした。

Google Workspaceは、ポータルサイトだけでなく、メーラーやスケジューラーなども含めて、グループウェアとして利用されています。導入に際しては、全社員にスマートフォンが支給され、メールやスケジュールチェックが場所に依存せずに簡単に利用できるようになりました。頻繁に届いていた迷惑メールも、切り替え後は大幅に減少しました。

これまでウィルス対策ソフトの定義ファイル更新までの間に、ウィルスに感染するケースもありましたが、導入後はそのような心配がなくなり、非常に安全なメールサービスとなりました。

また、従来のファイルサーバーでは、検索しても目的の文書が見つけられないことが多かったのですが、Google Workspaceでは、検索エンジンを利用する感覚で検索できるため、目的の文書を見つけやすく、非常に快適になりました。

事例2　HIGUCHI GROUP様

業種	外食、アミューズメント事業、他
企業規模	1,500名～2,000名
導入時期	2022年2月頃

社内の情報共有基盤として使っていたグループウェアが古くなり、様々なツールも乱立し、本部門・店舗も含め多くのコミュニケーションロスが発生、社員が本質的な業務・サービスに取り組めていないと感じていました。

老朽化したグループウェアの変更を目的にせず、社員全体にグローバル最前線の働き方とイノベーション（価値創造）を生む環境を提供したかったのでGoogle Workspaceの導入を決定しました。

吉積情報の導入手法・方針やサポート内容が明確で、安心して「任せて・乗る」ことができると感じたからです。

導入後は、コミュニケーションや各自の生産性で予想以上に大きな改善効果を感じています。

これまでバラバラだったスケジュール管理はGoogleカレンダー に統一され、社員が、部門をまたがったスムーズなミーティング調整ができたり、連携したビデオ会議（Google meet）を使って行っています。リモート環境や拠点間のコミュニケーション環境は、かなり整いました。

また、これまでのグループウェアから大きな変化であったメール（Gmail）も、特に若手を中心に「とても使いやすい」と大変良い感触です。Gmailのシンプルな処理、モバイルでスキマ時間に確認・処理できるなどもとても良いですね。

加えて従来のメール依存に起因するうんざりするほどの社内周知メールの量も一部がチャット・スペースに分散したことも大きいと思っています。

一番活用したかったGoogleドライブへ同時編集も、想定していたよりも混乱やハレーションもなく、大半の社員がきちんと「これは便利だね」とポジティブな反応をもって使いはじめているといった状況です。

事例3　オフィスコム株式会社様

業種	オフィス関連トータルコンサルティング業
企業規模	100名～300名
導入時期	2020年10月頃にG suiteを導入

当初はGoogle Workspace、もっと言えばグループウェアを全社変更するという話はありませんでした。きっかけは営業部門の顧客管理システムの刷新です。

顧客管理システムのクラウド化を機にグループウェアも本格的にクラウド連携でシステム統合を考えた際に、連携APIも豊富で、スピーディな更改、進化を感じるサービスであるGoogle Workspaceはとても魅力的でした。
吉積情報さんの説明で、この魅力を最大限に理解できたことも幸いでした。

導入するにあたっては、吉積情報の「技術課題」よりもまず「社員の利用促進へのケア」が導入促進には大事であるという方針に共感し、支援を依頼しました。
Googleのカルチャーを理解した圧倒的デモンストレーションで、数々の社員説明会にてしっかりと理解と共感をさせてくれました。その時に撮っていただいた動画※は、今でも社内で活用しています。（※吉積情報では実施した説明会の動画の一部を録画して納品させていただいています。）
そのおかげで社員は驚くほど、Google Workspaceを受け入れて、どんどんその利便性を活用してくれています。私もその結果に少なからず驚いていますし、入れてよかったな、と嬉しい限りです。

導入後も吉積情報さんの支援でMDMを実装し、社内のデバイス管理も推進できておりセキュリティレベルも向上しました。今後もGoogle Workspaceの機能をフル活用して運用とセキュリティを改善していきたいと思います。

事例4　こころネット株式会社様

業種	冠婚葬祭事業
企業規模	500名～600名
導入時期	2021年8月頃

オンプレミスのグループウェアからGoogle Workspaceへの切り替えを検討した理由は、既存のグループウェアのサポート終了とコロナ禍による働き方の変化に対応するためです。Google Workspaceはクラウドシステムで直感的な操作性があり、最新機能の提供や検索の強み、共有・共同編集の概念が魅力だったからです。

ただ、老朽化したシステムの置き換えが目的ではなく、社員の働き方をDXで大きく変え、「生産性向上の実現」と「環境変化に対応できる会社の基盤作り」をしたかったこともあり、Google Workspace の本質やコンセプトの説明、導入から活用までの内製化を一緒に考えてくれる吉積情報に導入支援を依頼しました。

Google Workspace導入後に得られた具体的な効果としては、情報共有や意思決定のスピードが飛躍的に向上したことが上げられます、また、メールやスケジュール、オンライン会議システム等のコミュニケーションツールが統一され、利用者の利便性向上や管理者の業務削減が実現しました。

利用者に導入後のアンケートを取っていて、「Google Workspaceを導入して働き方が大きく変化した」「一部変化した」と回答している人が8割でした。

残りの2割の人も決してネガティブな意見ではなく、「ITを活用する人財育成や仕組み作りが必要」「これからを期待している」等の前向きな意見が多かったのも印象的でした。

Google Workspace導入の課題を解決するサポートサービス「GooTorial」

吉積情報では、当社の担当者自身が、長年Google Workspaceの導入に関わる中で、その現場から感じている課題を解決するためにコンサルティングサービスとしての導入支援を行ってきました。

中小・中堅企業のご担当者の多くは、IT やクラウドの専門知識を有しているわけではなく、他の主業務に加えて兼務しているという大変負荷が高い状況下でGoogle Workspaceを検討されています。
そうした時、限られた予算の中では、多くの作業やアドバイスをすべてパートナーに求めるのは難しく、結局、限られたリソースの中で、自己流の中途半端な状態で導入する他なくなります。そうして何とか導入・システム移行というプロジェクトを終えても、その後、期待に沿った効果を出せないケースがほとんどなのが現状です。
私達はむしろ「導入後の効果こそ一番大事」と考え、それを実現するために、ご担当者にどのようなサポートがもっとも有効であるのかを考えたサービスを考え続け、2023年にあらたにできたサービスが「GooTorial」です。

今まではトレーナーによるオンラインでの講習を中心にコンサルティングサービスを行っておりましたが、予算や時間など様々な都合上、吉積情報でGoogle Workspaceを導入する全ての企業様に支援ができるわけではありませんでした。

Google Workspaceはできる事がたくさんあるからこそ、最初につまずいてしまい、最小限の利用になってしまうことが、大変もったいないのです。そのつまずきを解消するべく、吉積情報でご契約いただいた企業様には、Google Workspaceのe-ラーニングサービス（動画学習コンテンツ）と利用マニュアルの提供を開始しました。Google Workspaceのチュートリアルという意味を込めて「GooTorial」というサービス名になります。

コンテンツの内容としては、ただのマニュアル解説ではなく、Googleのカルチャーへの理解が深く、世界で３名しかいないGoogle Cloud Authorized Trainer（2022年12月時点）のGoogle公式認定資格をもつ丹羽 国彦が監修した、Google Workspaceの導入にあたってのベストプラクティス解説になります。管理者向けだけではなく、社内展開にも利用できるユーザー向け動画とマニュアルを用意しております。Business Standard エディションの企業様が網羅的に学習できる内容となっております。

もちろんこれまで通り、企業様の個別課題に合わせて運用設計したいなどのニーズには引き続き、専用のコンサルティングサービスも提供しております。

コンサルティングサービスを利用するべきか悩む担当社様がいましたら、まずは「GooTorial」を試していただき、ご自身の理解度などをはかった上でご検討いただくことも可能です。

まさにこれから自社のテクノロジー化、テレワーク化の重責を担うご担当者様を、効果的に支援するための特別プログラムです。

詳しくは是非、下記よりお問い合わせください。

https://www.yoshidumi.co.jp/contact

企業紹介

吉積情報株式会社は、Google Cloudのプレミアパートナーとして「Google Cloud と心理的安全性による働き方改革を追求する」をミッションに、2010年よりGoogleが提供するグループウェアであるGoogle Workspaceのライセンス販売と導入支援を通じて、業種・規模を問わず多くのお客様の働き方改革を支援して参りました。

また、Googleが働き方改革分野に関して高い能力を持つ会社を認定するWorkTransformationを2020年6月に日本で初めて取得しており、Googleが働き方改革分野に関して高い能力を持つエンジニアを認定するGoogle Cloud Professional Collaboration Engineerの有資格者も多数在席しております。

https://www.yoshidumi.co.jp/

◆主なサービス

・Google Workspaceのライセンス販売
・Google Workspaceセルフ導入パッケージ「My Start for Google Workspace」による導入支援コンサルティング
・Google Workspace向けシングルサインオンサービス「繋吉（つなよし）セキュアログインパック」の開発・販売
・Google Workspace 向けファイル共有サービス「Cmosy（クモシィ）」の開発・販売　https://cmosy.jp/
・文字起こしエディタサービス「もじこ」の販売　https://mojiko.ai/
・ノーコードツールAppSheetのライセンス販売及び導入・活用サポート

◆執筆・制作協力者

吉積情報株式会社　代表取締役　秋田晴通
吉積情報株式会社　事業推進部　小山裕樹
吉積情報株式会社　営業部　赤羽亮
吉積情報株式会社　相談役　丹羽国彦
吉積情報株式会社　営業部　阪口優美

用語索引

記号・数字

アルファベット

あ行

か行

さ行

た行

な行

は行

ま行

や行

ら行

目的別索引

数字・アルファベット

あ行

か行

さ行

た行

は行

ま行

や行

ら行

※本書は2023年8月現在の情報に基づいて執筆されたものです。
本書で紹介しているサービスの内容は、告知無く変更になる場合があります。あらかじめご了承ください。

■著者
桑名由美（くわなゆみ）
著書に「はじめてのGmail」「PDF完全マニュアル」「YouTube完全マニュアル」など多数。2023年8月、合同会社ワイズベストを設立。書籍・Webメディアの執筆、書籍・Webメディアの執筆、SNS運用支援などを事業内容とする。

■監修
吉積情報株式会社

■イラスト・カバーデザイン
高橋 康明

Google Workspace 完全マニュアル[第3版]

発行日	2023年　9月25日	第1版第1刷
	2024年　5月17日	第1版第2刷

著　者　桑名　由美
監　修　吉積情報株式会社

発行者　斉藤　和邦
発行所　株式会社　秀和システム
〒135-0016
東京都江東区東陽2-4-2　新宮ビル2F
Tel 03-6264-3105（販売）Fax 03-6264-3094
印刷所　三松堂印刷株式会社　Printed in Japan

ISBN978-4-7980-6690-5 C3055

定価はカバーに表示してあります。
乱丁本・落丁本はお取りかえいたします。
本書に関するご質問については、ご質問の内容と住所、氏名、電話番号を明記のうえ、当社編集部宛FAXまたは書面にてお送りください。お電話によるご質問は受け付けておりませんのであらかじめご了承ください。